U0619284

航空航天金属材料基因工程

李金山　袁睿豪　编著

科学出版社

北 京

内 容 简 介

　　金属材料及其构件是航空航天领域必不可少的组成部分。本书结合先进高通量计算模拟技术和材料基因工程方法，系统梳理并介绍了高通量计算模拟、高通量制备、高通量表征及大数据技术的原理，以及它们在航空航天金属材料领域中的应用，包括材料的高通量计算模拟、制备与表征、性能及结构预测、成分设计等。本书是航空航天金属材料基因工程领域的新作，涵盖了相关研究的新成果，旨在完善材料基因工程在金属材料领域的理论体系，推动金属材料的应用和发展，进而促进航空航天技术的创新与进步。

　　本书可供金属材料与材料基因工程领域的科研人员、工程师阅读，也可供高校及研究院所材料学科的师生参考。

图书在版编目（CIP）数据

　　航空航天金属材料基因工程 / 李金山，袁睿豪编著. -- 北京 ：科学出版社，2025.6. -- ISBN 978-7-03-079712-4

　　Ⅰ . V25

中国国家版本馆 CIP 数据核字第 20243MM338 号

责任编辑：祝　洁　罗　瑶 / 责任校对：崔向琳
责任印制：徐晓晨 / 封面设计：陈　敬

科 学 出 版 社 出版
北京东黄城根北街 16 号
邮政编码：100717
http://www.sciencep.com
北京建宏印刷有限公司印刷
科学出版社发行　各地新华书店经销

*

2025 年 6 月第 一 版　开本：720×1000　1/16
2025 年 6 月第一次印刷　印张：18 1/4
字数：367 000
定价：228.00 元
（如有印装质量问题，我社负责调换）

前　　言

　　航空航天工业是一个高度复杂且对技术要求极高的领域,对材料的性能有着极为严苛的要求。金属材料作为航空航天构件的关键组成部分,其优异的机械性能、耐高温性能、抗蠕变性和轻量化特性直接影响着航空航天器的性能和安全性。传统的金属材料开发过程周期长、成本高,难以满足快速发展的技术需求。

　　材料基因工程技术是一种融合计算机模拟、大数据分析和实验研究的新兴技术,其目标是通过对材料基因组数据的分析与应用,加速新材料的研发、设计、优化和应用,从而缩短材料研发周期,降低成本,提升性能。材料基因工程的发展,不仅为传统金属材料的改进提供了新的路径,也为新型航空航天金属材料的开发开辟了广阔前景。正是在这一背景下,撰写了本书,旨在系统介绍和探讨这一前沿领域的最新进展和应用,为从事航空航天金属材料研发的人员提供参考。

　　本书系统地介绍了材料基因工程的基本概念、基础理论和应用方法,特别是其在航空航天金属材料领域的具体应用。全书分为三个部分,第一部分(第1~2章)阐述金属材料的发展历程、研发方法及材料基因工程关键技术,相关理论可帮助读者理解材料基因工程的核心思想和技术手段。第二部分(第3~5章)分别介绍金属材料高通量计算模拟、高通量制备和高通量表征的技术原理,并结合具体案例展示这些方法在材料研发过程中的巨大作用。第三部分(第6章)着重介绍机器学习这一大数据技术在金属材料中的应用,特别是在金属材料的强度、塑性、抗疲劳性和抗蠕变性等基本力学性能预测、成分设计及工艺优化等方面,展示材料基因工程在优化性能、提高材料可靠性和降低开发成本等方面的巨大潜力。

　　本书旨在为从事材料基因工程研究的科研人员、工程师和师生提供有价值的参考、有力的技术支持和方案,激发更多创新思维,推动航空航天金属材料领域的持续进步。本书力求将理论与实践紧密结合,深入介绍材料基因工程的关键技术,并全面展示其在金属材料实际应用中的巨大价值。随着材料基因工程的不断发展,不仅将催生更多高性能的新型金属材料,还将推动航空航天技术的重大革新与进步,为人类探索未知领域和推动科技进步贡献重要力量。

　　本书撰写得到了西北工业大学稀有金属材料与加工研究团队全体师生的大

力支持和协助，文字整理等工作得到了赵上、廖玮杰、纵榜伐、袁汀焕、周长璐、苏宝龙、王萍、吴洋、申不二一、侯伯豪、孙鹏、姜源等研究生的支持与帮助，在此向他们表示衷心的感谢。

限于作者学识与经验，书中难免有不妥之处，敬请读者批评指正。

目　　录

第1章 绪 论

1.1 金属材料简介

1.1.1 金属材料的发展历程

金属材料是人类赖以生存和发展的物质基础,对人类社会的发展具有重要的推动作用。金属材料的每一次重大突破,都会引起社会生产力的鲜明变革。原始社会人类主要用石器作工具,随着人类文明的进步,我们的祖先又发明了陶瓷,使得生产力得到了一定的提高。烧制的陶器和瓷器为冶炼技术的产生提供了技术支撑,随着人类冶炼矿石,出现了铜及其合金——青铜。在冶炼铜及其合金的过程中,人类不仅获得了宝贵的经验,还大幅提升了社会生产力,迈入了铁器时代。铁器时代迅猛发展,并逐渐过渡到钢铁时代。一个国家的工业水平往往由其钢铁工业的发展程度决定。

钢铁的发展促进了科学技术的进步,反过来又推动了钢铁和其他有色金属的发展。随着社会的进步,各种合金不断涌现,常见的合金有钢铁、铜合金、钛合金、镁合金等,特种合金有耐蚀合金、磁性合金、耐热合金和镍基高温合金等,新型合金有轻质合金、储氢合金、超耐热合金、形状记忆合金等。合金是通过合金化工艺将其他金属或非金属元素添加到一种或两种基础金属中形成的具有金属特性的材料。

合金的分类通常以含量较大的主要金属(基础金属)元素命名,如铜合金和铝合金,其性能主要保持基础金属的特性,但少量的其他元素会对合金性能产生显著影响。例如,铁中添加少量碳元素能大幅提高强度,铁磁性合金中的少量杂质会显著改变磁性。合金具有以下特性:首先,大多数合金的熔点低于其单一金属的熔点;其次,合金的硬度通常更高;再次,合金的导电性和导热性较低,因此适合制造高电阻和高热阻材料;最后,一些合金还具备出色的耐腐蚀性。例如,在铁中加入15%的铬和9%的镍制成的高铬高镍不锈钢非常适合用于化学工业。合金因其优异的性能被广泛应用于日常生活、工业生产及国防等各个领域。例如,铝合金被广泛应用于汽车、飞机等制造行业,镁合金被广泛应用于医疗器械、健身器材等领域。合金的应用极大地提高了人们的生活水平,加快了社会的发展。

1.1.2　航空航天金属材料

许多金属材料因其优异的力学性能(如高强度、良好的塑性、韧性和导电性)被广泛用作结构材料。结构材料是以力学性能为基础,主要以制造受力构件所用的一类材料。金属材料不仅是国家建设的基础材料,也是用量占比最大的结构材料,更是支撑我国制造业转型升级和跨越发展的关键因素。面向国家重大需求,截至 2023 年,我国金属材料领域的科学家和工程技术专家在材料设计、材料制备、材料应用、材料表征、模拟计算等方面均取得了重要进展。航空航天金属结构材料,主要包括先进高强钢、镍基高温合金、高强钛合金等,比传统金属结构材料具备更优异的抗疲劳、耐腐蚀和耐高温等特性。下面针对先进高强钢、镍基高温合金、高强钛合金三种典型的航空航天金属结构材料进行详细介绍。

1. 先进高强钢

随着汽车工业的不断进步,燃油经济性、低碳排放及对安全性更高的要求,均对车身轻量化提出了新的挑战。未来汽车工业的发展方向主要是轻量化和节能降耗,而高强钢的发展和应用仍是汽车用钢的核心方向和钢铁企业的竞争力所在。目前,钢铁在国内整车质量中的比例为 65%～70%,即使考虑到非钢轻量化材料的替代作用,钢铁仍将在相当长的时间内继续作为我国汽车生产的主要材料[1]。先进高强钢具有高强度和良好的成形性能,已广泛应用于车身结构件和安全件中。使用先进高强钢旨在实现汽车质量更轻、材料更薄、燃油效率更高,同时具备良好的耐碰撞性,最大程度保障乘客的安全。先进高强钢能够帮助汽车制造商满足日益严格的安全、减排和性能要求,并且具有成本优势。汽车先进高强钢的研发及其在轻量化中的应用技术,是实现汽车节能减排和提高被动安全的重要途径,也是全球各大钢铁和汽车企业争相开发的技术高地。

根据国际上对汽车用钢的研究,汽车用高强钢的抗拉强度为 270～780MPa,而抗拉强度在 780MPa 以上的钢称为超高强钢。汽车用先进高强钢包含高强钢和超高强钢。汽车用先进高强钢主要包括双相(dual phase,DP)钢、相变诱发塑性(transformation induced plasticity,TRIP)钢、复相(complex phase,CP)钢、孪晶诱发塑性(twinning induced plasticity,TWIP)钢、马氏体(martensitic,M)钢和淬火延性(quenching-partitioning,QP)钢等。与传统高强钢相比,先进高强钢主要通过相变强化钢种,而传统高强钢则多以固溶、析出、细化晶粒等方式强化钢种[2]。

先进高强钢同时具备高强度和优良成形性能,从而使强塑积(抗拉强度与伸长率的乘积)成为衡量汽车用钢的重要性能指标。根据强塑积的不同又将先进高强钢分为三代:第一代以 DP 钢和 TRIP 钢为代表,强塑积为 10～15GPa%;第二代以

TWIP 钢为代表,强塑积在 40GPa% 以上;第三代以 QP 钢为代表,强塑积在 15～40GPa%。DP 钢具有低屈强比和高加工硬化性能,是结构类零件的首选材料之一,应用广泛。TWIP 钢是一种高锰奥氏体钢,具备高强度和极高伸长率,但因合金含量高,生产成本高且工艺复杂,限制了其广泛应用[2]。

DP 钢的显微组织为铁素体和马氏体,马氏体组织以岛状弥散分布在铁素体基体上,具有低的屈强比和较高的加工硬化性能,在同等屈服强度水平下,低合金钢具有更高的强度,是结构类零件的首选材料之一。在已开发的先进高强度钢板产品中,高强度 DP 钢板是汽车中应用最广泛的钢材之一。为满足汽车工业发展需求,本着降低汽车自重、减少能源消耗、提高防腐蚀性能、降低生产成本的目的,汽车用双相钢正向着高强化、镀锌化、细晶化方向发展[3]。

TWIP 钢是一种高锰奥氏体钢,其锰含量(质量分数)在 15%～30%,室温下为奥氏体组织,在塑性变形过程中,通过产生孪晶来细化晶粒,阻碍位错运动,从而提高材料的加工硬化率,得到高强度和极高伸长率,同时具有高的能量吸收能力。由于 TWIP 钢的合金元素含量高、强度大,冶炼、连铸难度大,轧制和板形控制困难,因此如何实现 TWIP 钢的工业化生产是一个难题。此外,TWIP 钢的冶炼、连铸工艺,钢材的延迟断裂、切口敏感性及可涂镀性能都是阻碍这种钢材得到广泛应用的生产技术难题。

QP 钢由 TWIP 钢发展而来,通过淬火-碳分配工艺得到由马氏体和残余奥氏体组成的组织,具备超高强度和相变诱发塑性效应,可用于车身骨架件和安全件。QP 钢相比 DP 钢,在强度、延展性、冲压成形性能方面表现更优异,广泛应用于汽车轻量化领域。然而,高强钢在氢环境中易发生氢致延迟断裂(氢脆),导致突然脆断,科研机构和相关企业正在深入研究解决这一问题的方法[4]。

总之,高强钢在汽车工业中发挥着重要作用,通过其高强度和优良成形性能,有助于实现车身轻量化、节能降耗和提升汽车安全性。随着技术的不断进步,先进高强钢的应用将更加广泛,推动汽车工业的发展。

2. 镍基高温合金

在现代燃气涡轮发动机中,高温合金材料使用量超过 50%,其中镍基高温合金就占到了 40%。镍基高温合金因其在中温、高温环境下表现出的优异综合性能,被广泛应用于航空航天领域中的工作叶片、涡轮盘和燃烧室等关键结构部件。这些合金能够在高温下长时间工作,同时具备出色的耐腐蚀性和抗磨蚀性能,因此对我国航空航天事业的发展具有重要意义。

镍基高温合金以镍为基体元素,在 650～1000℃ 表现出较高的强度和良好的抗氧化性、抗燃气腐蚀能力。为了满足 1000℃ 左右的高温需求,在 $Cr_{20}Ni_{80}$ 合金的基础上,加入多种强化元素,如钨(W)、钼(Mo)、钛(Ti)、铝(Al)、铌(Nb)和钴

(Co)等，从而确保其优越的高温性能。强化机制包括析出强化、晶内弥散强化和晶界强化。添加 Cr 提升抗氧化性和耐高温腐蚀性能。镍基高温合金广泛应用于航空航天、汽车、通信和电子工业，随着性能要求的提高，新加工工艺，如等温锻造、挤压变形等被开发[5, 6]。

镍基高温合金根据制造工艺可以分为变形高温合金、铸造高温合金和粉末冶金高温合金，根据强化方式则分为固溶强化高温合金、时效强化高温合金和氧化物弥散强化高温合金。镍基合金通过与其他元素组成不同的体系，如 Ni-Cr 系、Ni-Fe-Cr 系、Ni-Cr-Mo 系等，展现出各异的性能。

镍基变形高温合金的基体是面心立方结构的奥氏体(γ 相)，其主要强化相为 γ'(Ni$_3$(Al，Ti))相，体积分数为 20%~55%。此外，还有一种强化相为 γ''(Ni$_3$Nb) 相，在 700℃以下发挥主要强化作用。由于变形高温合金的塑性较低、变形抗力大，尤其是 γ'相含量高的强时效强化型镍基变形高温合金，需要采用钢锭直接轧制、钢锭包套直接轧制和包套镦饼加工等新工艺。加入镁元素进行微合金化和弯曲晶界热处理工艺也有助于提高塑性。

随着使用温度和强度需求的提升，高温合金的合金化程度不断增强，这使得热加工成形变得更加困难，因此需要采用铸造工艺来生产，尤其是对于内部具有复杂型腔结构的空心叶片，只能通过精密铸造工艺来制造。镍基铸造高温合金以 γ 相为基体，通过添加铝、钛、铌、钽等元素形成强化的 γ'相。同时，钴元素的加入有助于提高 γ'相的溶解温度，从而提升合金的使用温度。钼、钨、铬等元素通过强化固溶体来增强合金的强度，而铬、钼、钽形成的碳化物可以强化晶界，铝和铬则有助于提高合金的抗氧化性。然而，铬含量过高可能会降低 γ'相的溶解度和高温下的强度，因此需要适当控制铬的含量。铪元素的添加可以改善合金在中温下的塑性和强度，适量添加硼、锆等元素则可以进一步强化晶界[7]。

粉末冶金工艺生产高温合金能够解决合金成分偏析和组织性能不均匀的问题。由于粉末颗粒小、冷却速度快，有利于消除偏析，改善热加工性能，使得原本只能铸造的合金变成可热加工的变形高温合金，从而提高屈服强度和抗疲劳性，为生产更高强度的合金提供了新途径。

3. 高强钛合金

钛合金因其密度小、比强度高、耐腐蚀性和成形性好、成本低等优点，在航空、航天、船舶、核工业及兵器工业等领域有广泛应用，被列为国防科技关键技术及重点发展的基础技术。在航空领域，钛合金是飞机机体结构的主要材料。例如，我国第二代战斗机机体结构用材中钛合金占 80%以上，第三代战斗机机体结构用材中钛合金仍占 60%~70%。钛合金在航空应用方面取得了显著进展[8]。

高强钛合金指抗拉强度在 1000MPa 以上的钛合金，代表国际先进水平，在飞机上实际应用的高强钛合金主要有 β 型钛合金(如 Ti-1023、Ti-15-3、β-21S)、α-β 型两相钛合金(如 BT22)及我国的 TB10 等[9]。表 1-1 为几种典型高强钛合金的性能和特点。

表 1-1 典型高强钛合金的性能和特点[9]

合金类型	$(\alpha+\beta)/\beta$ 相转变温度(T_β)/°C	性能和特点
Ti-1023	790～805	具有较大的淬透性，显著的热处理强化效果
Ti-15-3	750～770	合金成形后能立即进行时效处理，较小的裂纹形成敏感性
β-21S	793～810	高强度、良好的蠕变强度和热稳定性，冷状态下具有良好的变形能力
BT22	860～990	良好的加工性能和焊接性能
TB10	810～830	良好的淬透性和断裂韧性

我国对高强钛合金的研究始于 20 世纪 60 年代，国内一些科研单位自主研制了多种高强钛合金，并取得了一定的成就。其中，北京有色金属研究总院自主研发的 TB10 合金是最具代表性的成果之一。TB10(Ti-5Mo-5V-2Cr-3Al)合金是在改进 TB2(Ti-5Mo-5V-8Cr-3Al)合金的基础上研制而成的高强高韧近 β 型钛合金，具有高比强度、良好的断裂韧度和高淬透性等优点，其 Φ60mm 棒材目前已经在我国航空领域得到了实际应用。由于航空航天工业需要轻质且高强度的钛合金，高强钛合金成为全球多国争相研究的重点领域之一。然而，现有钛合金在强度(尤其是强韧性匹配)方面仍未完全满足航空航天工业的要求，此外，高强钛合金成本较高、性能对工艺参数敏感等问题也限制了其应用。

1.2 金属材料的研发

事实上，材料科学领域的发展与几个世纪以来科学和技术的总体发展是一致的。几千年来，实验研究几乎都是纯经验主义的，这与冶金学在"时代"(石器、青铜、铁、钢铁)上的观察一致。几个世纪前出现了经验科学和理论科学(模型)，其特征是用数学方程的形式表述各种定律；在材料科学中，热力学第一定律就是一个很好的范例。对于许多科学问题，理论模型随着时间的推移变得过于复杂，解析解不再可行。随着计算机的出现，第三范式的计算科学变得非常流行。这使得基于第二范式的理论模型对复杂现实世界现象模拟成为可能，材料科学中这方面的优秀范例是密度泛函理论(density functional theory，DFT)和分子动力学(molecular dynamics，MD)模拟。这些科学范式反过来促进了以前的范式发展，这些范式作为理论、实验和计算的分支几乎在所有的科学领域都很流行。进入 21 世纪之后，这些实验和模拟产生的数据量已经产生了科学的第四范式，即大数据科学，它利用了理论、实验和计算/模拟的前三种范式积累的丰富数据。数据驱动的方法在材料科学领域也越来越受欢迎，并引领了材料信息学这一新领域的出现[10]。图 1-1 显示了这四种科学范式。

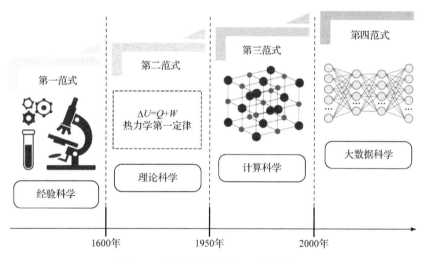

图 1-1　材料科学研究的四种范式[10]

ΔU-系统的内能增量；Q-进入系统的热；W-进入系统的功

1.2.1　基于经验的材料研发

基于试错法的材料研发是一种实验导向的方法，通过反复实验和调整，逐步改进材料性能，其核心思想是在不断尝试中获取经验，从失败中学习，最终找到最优解决方案。一般步骤包括设定目标、制订计划、进行实验、分析结果、调整方案、重复实验、总结经验、逐步优化。这种方法要求研究人员有耐心、灵活性和对实验结果的深入分析能力。尽管需要大量实验和时间，但能积累丰富经验，找到最适合的材料解决方案。镍基高温合金的发展就是基于试错法的典型例子。20 世纪 30 年代末到 21 世纪 20 年代，为满足喷气式飞机对高温合金性能的需求，各国逐步改进合金成分和生产工艺。英国于 1941 年首次生产出镍基合金 Ni75，随后通过添加铝元素提高其蠕变强度，研制出 Ni80。此后，美国、苏联和中国也在不同时期各自研发出镍基高温合金。镍基高温合金的发展经历了合金成分的改进和生产工艺的革新。20 世纪 50 年代初，真空熔炼技术的发展使得含高铝和钛的镍基合金成功炼制。50 年代后期，熔模精密铸造工艺的进步促进了高温强度良好的铸造合金研发。60 年代中期，定向结晶和单晶高温合金及粉末冶金高温合金相继问世。为满足舰船和工业燃气轮机的需求，60 年代以来，还开发出一批耐高温腐蚀性能良好且组织稳定的高铬镍基合金。这些合金在高温下具有出色的性能和稳定性，广泛应用于各种高温环境中[11]。

高温合金的研发过程中，采用了试错法这一典型研究方法。通过添加适量的铝(Al)、钛(Ti)、钽(Ta)等元素，以确保充足的 γ' 强化相，并加入大量的钨(W)、钼(Mo)、铼(Re)等难熔金属，可以显著提高合金的强度。为提高合金的组织稳定性，加入了钌(Ru)；通过添加钨(W)、钽(Ta)等难熔金属来保持较高的铬(Cr)含量，从而增强合金的耐腐蚀性。经过几十年的研究和开发，为满足航空发动机设计需求，成功研制出了密度小的单晶高温合金，如 CMSX-6、RR2000、TMS-61 等。其中，RR2000 是在 IN100(K17)合金的基础上发展而来的，密度仅为 7.87g/cm^3。尽管试错法能够合理设计出适用于不同温度和领域的材料部件,但通常需要大量的时间、人力和物质资源。反复的实验和调整可能会导致资源浪费，尤其是在实验未取得显著进展的情况下[12]。

1.2.2 基于理论计算的材料研发

新材料的研发是推动材料科学进步的核心任务。传统的材料科学依赖于经典的实验手段，通常受限于实验室条件。然而，随着计算机在科学研究中的快速普及，计算材料科学改变了传统的研究模式。通过多种计算方法，科学家们可以模拟和预测材料的物理化学性质，从微观到宏观多个尺度深入理解材料的现象与特征，优化和设计新材料。这种方法有效服务于材料的定量构效关系及理论研究。如图 1-2 所示，第一性原理计算可以帮助人们掌握微纳米尺度物相的性质，是材料成分设计的重要工具；相场模拟可以用于研究相的组成与演化及结晶生长，从

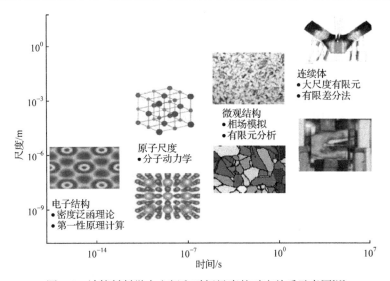

图 1-2 计算材料学在空间和时间尺度的对应关系示意图[13]

而实现材料组织的调控；有限元分析可以模拟结构设计和工艺优化。这些计算方法有助于直观理解金属材料的微观机理，解释材料的性质与成分、结构之间的内在关系，从而推动金属材料的研发与应用。由于其强大的功能和应用前景，计算材料学已经成为新材料研发的重要工具[13]。

在钢铁材料研究中，计算材料学的发展使得研究者能够通过计算优化材料成分与工艺，调控组织与性能，快速预测材料的结构、性质及其变化规律。例如，印度国家冶金实验室通过计算设计出高性能钢[14]；荷兰代尔夫特大学开发出新型耐热钢[15]；美国西北大学 Olson 研究团队基于计算材料学方法开发出一系列高强度钢铁材料，其中 S53 钢已应用于美国军用飞机[16]。随着计算机技术的发展，材料计算模型技术将突破现有限制，实现从微观到宏观的更精确模拟，成为高通量时代材料设计的重要研究方法。

1.2.3 基于数据驱动的高通量材料研发

材料基因工程通过高效计算、高通量实验、大数据等技术，可以显著提高新材料研发效率，缩短研发周期并降低成本。这种模式催生了材料信息学，一个基于数据驱动的材料学科，通过机器学习和人工智能技术，实现数据分析和模型构建，形成材料成分、工艺、结构和性能间的定量关系模型(图 1-3)，指导新材料的快速设计与研发。

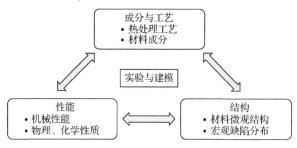

图 1-3　材料成分、工艺、结构和性能定量关系

2011 年，美国提出材料基因组计划(Materials Genome Initiative，MGI)，之后欧盟、日本、印度等组织和国家也启动了类似计划。中国于 2015 年启动"材料基因工程关键技术与支撑平台"重点专项，成立了上海大学材料基因组工程研究院、材料基因工程北京市重点实验室等多个研究单位，并建立了多个材料数据库平台，取得了大数据分析和人工智能算法的关键技术突破，成功开发并应用了多种高性能材料。基于材料基因工程的材料信息学研究能够设计新材料，预测未知材料性能，发掘新知识，在短时间内突破高性能新材料的研发瓶颈。

机器学习作为材料基因工程的关键技术之一，能自动发现材料数据中的模式和规律，构建成分-结构-性能映射，并推广到未知数据，广泛应用于材料研究。

例如，上海大学施思齐教授团队通过融合聚类算法、热力学计算和回归模型，预测镍基单晶高温合金的蠕变寿命[17]。北京理工大学于兴华教授团队通过机器学习建模，提高了对 Cr-Mo 钢蠕变寿命的预测精度[18]。南京工业大学 Tan 等利用集成算法预测了 9%(质量分数)Cr 马氏体耐热钢的蠕变寿命[19]。这些研究表明，机器学习在材料研发中的应用前景广阔，有助于快速研发和优化新材料。

新一代数据驱动的高通量材料研发方法显著提高了金属材料的开发速度并降低了研发成本。然而，该方法的发展时间较短，仍面临许多问题。高通量实验技术与材料模拟计算和数据库的充分融合能使各自的效果倍增。研究理论计算、数据库和实验一体化的新技术路线，以介观尺度为基点，探索微观-介观-宏观材料跨尺度组合与表征实验系统，有助于加速材料研究进程。以海量数据为基础构建材料成分-工艺-结构-性能之间的机器学习模型，结合大数据处理和数据挖掘技术，开展新材料研发、材料改性及工艺优化的新方法。高通量实验技术的普及需要制备与表征仪器的创新和发展。材料基因组方法对实验方法与仪器装置提出了新的要求，开发精准、快速的制备及表征仪器对推广高通量实验技术至关重要。高通量实验仪器的开发需要多领域顶尖人才的共同参与。

材料信息数据库的建设刻不容缓。我国在材料科学研究领域已经积累了大量数据，但这些数据的收集质量和共享程度仍有待提高。为确保数据的高质量和共享程度，需要加强数据收集和共享的力度，对数据质量严格把关，并妥善管理数据的知识产权。高通量材料计算模拟、高通量制备与表征技术是有效补充材料信息数据库数据量的重要手段。通过发展高通量计算平台、高通量制备技术和高通量表征技术，可以缓解数据收集的难度，简化数据收集过程，并增加材料数据的总量。

目前，我国的材料信息数据库建设采用"边建设边使用"的模式，优先建立热门材料体系的专题数据库，以满足国家科技重大专项和国防建设的紧急数据需求。材料数据库的建设是材料基因工程的重要组成部分，但我国在这一领域与发达国家相比还有较大差距，发展空间仍然广阔。

参 考 文 献

[1] 佘章国. 先进高强度汽车用钢板研究进展与技术应用现状[J]. 河北冶金, 2016(1): 1-7.

[2] 王海东, 严江生. 浅谈先进高强钢发展现状与工程创新[J]. 冶金设备, 2021(5): 51-54.

[3] 王少飞, 黄华贵, 窦爱民, 等. 高强 DP 钢的关键轧制技术开发与应用[J]. 中国冶金, 2019, 29(4): 38-42.

[4] 李金许, 王伟, 周耀, 等. 汽车用先进高强钢的氢脆研究进展[J]. 金属学报, 2020, 56(4): 444-458.

[5] HARDY M C, DETROIS M, MCDEVITT E T, et al. Solving recent challenges for wrought Ni-base superalloys[J]. Metallurgical and Materials Transactions A, 2020, 51: 2626-2650.

[6] REED R C. The Superalloys: Fundamentals and Applications [M]. Cambridge: Cambridge University Press, 2008.

[7] 史世凤, 胡博炜, 范强, 等. 合金成分和工艺参数对镍基铸造高温合金 GMR235 组织和性能的影响[J]. 稀有金

属材料与工程, 2011, 40(11): 2038-2042.

[8] HEINZ A, HASZLER A, KEIDEL C, et al. Recent development in aluminium alloys for aerospace applications[J]. Materials Science and Engineering: A, 2000, 280(1): 102-107.

[9] 沙爱学, 王庆如, 李兴无. 航空用高强度结构钛合金的研究及应用[J]. 稀有金属, 2004 (1): 239-242.

[10] AGRAWAL A, CHOUDHARY A. Perspective: Materials informatics and big data: Realization of the "fourth paradigm" of science in materials science[J]. APL Materials, 2016, 4(5): 053208.

[11] 胡壮麒, 刘丽荣, 金涛, 等. 镍基单晶高温合金的发展[J]. 航空发动机, 2005, 31(3): 1-7.

[12] 孙晓峰, 金涛, 周亦胄, 等. 镍基单晶高温合金研究进展[J]. 中国材料进展, 2012, 31(12): 1-11.

[13] 周少兰, 李忠盛, 丛大龙, 等. 计算材料学在钢铁材料研究中的应用[J]. 兵器装备工程学报, 2022, 43(8): 55-61.

[14] PATTANAYAK S, DEY S, CHATTERJEE S, et al. Computational intelligence based designing of microalloyed pipeline steel[J]. Computational Materials Science, 2015, 104: 60-68.

[15] WALBRÜHL M, LINDER D, ÅGREN J, et al. Diffusion modeling in cemented carbides: Solubility assessment for Co, Fe and Ni binder systems[J]. International Journal of Refractory Metals and Hard Materials, 2017, 68: 41-48.

[16] OLSON G. Genomic materials design: The ferrous frontier[J]. Acta Materialia, 2013, 61(3): 771-781.

[17] LIU Y, WU J, WANG Z, et al. Predicting creep rupture life of Ni-based single crystal superalloys using divide-and-conquer approach based machine learning[J]. Acta Materialia, 2020, 195: 454-467.

[18] WANG J, FA Y, TIAN Y, et al. A machine-learning approach to predict creep properties of Cr-Mo steel with time-temperature parameters[J]. Journal of Materials Research and Technology, 2021, 13: 635-650.

[19] TAN Y, WANG X, KANG Z, et al. Creep lifetime prediction of 9%Cr martensitic heat-resistant steel based on ensemble learning method[J]. Journal of Materials Research and Technology, 2022, 21: 4745-4760.

第 2 章　材料基因工程关键技术

　　材料基因工程是材料科学技术发展中的一大飞跃，被誉为新材料发展的"推进器"。高通量算法是材料基因工程的主要研究方法之一，采用高通量并行迭代方法，取代传统试错法中的多次顺序迭代，实现了由"经验指导实验"向"理论预测与实验验证相结合"的研究模式转变。材料基因工程提高了新材料的研发效率，目标是将新材料研发周期缩短一半，同时将研发成本降低一半，加速新材料的"研究—开发—生产—应用"进程。通过开发快速、可靠的计算方法和相应的计算程序，部分替代和指导高通量实验方法，可以建立从微观组织结构预测宏观性能的桥梁。这使得研究人员能够在更广泛的组分范围和更复杂的微观结构中，深入了解材料体系的特性，并确定影响材料性质的"材料基因"。进而，通过构建标准的材料基因研究数据库，可以显著缩短材料从设计到应用的时间周期。这一过程不仅增强了我国在新材料领域的知识与技术储备，还提升了应对高性能新材料需求的快速反应和生产能力，对于我国新材料研发具有重要意义。材料基因工程的研究能取得众多成果离不开先进的加工表征技术、计算机技术的快速发展。本章针对材料基因工程研究过程中采用的关键技术和方法进行介绍，具体包括高通量计算模拟技术，如分子动力学、第一性原理等；高通量实验，如高通量制备和高通量表征；材料数据库与大数据技术，如数据挖掘、机器学习等。

2.1　高通量计算模拟技术

　　高通量计算模拟技术是一种快速、高效的计算方法，已经成为材料科学、化学、生物学等领域的重要研究工具。传统的材料研究和开发通常依赖实验和试错法，这种方法需要耗费大量的时间、资源和人力，并且面临实验条件限制、材料合成困难等挑战。高通量计算模拟技术在研究和设计新材料、预测材料性质、探索化学反应机制等方面展现出巨大的潜力。

　　高通量计算模拟技术基于数值计算和模拟方法，利用计算机来模拟和预测材料的结构、性质和行为。它可以在相对较短的时间内对大量的材料进行计算预测，并提供有关材料性质、相互作用和动力学行为的重要信息。通过高通量计算模拟技术可以对材料进行全面的探索，加速新材料的研发和优化，以及深入理解材料的微观机制。高通量计算模拟技术的应用范围非常广泛。在材料科学领域，它可以用于预测材料的力学性能、热学性能、电子结构等重要性质，为材料设计和优化提供有力支持。

高通量计算模拟技术也面临着一些挑战。例如，计算模型的准确性和可靠性、对计算资源的需求、数据处理和分析的复杂性等方面都需要进一步研究和发展。尽管存在挑战，高通量计算模拟技术在材料科学和相关领域的应用前景仍然广阔。随着计算机性能的不断提升和算法的不断改进，高通量计算模拟技术将在未来发挥越来越重要的作用，推动材料研究和创新，加速新材料的研发和应用[1]。

2.1.1 电子结构计算

材料电子结构计算是一种基于量子力学原理的计算方法，用于研究材料中电子的行为和性质。通过计算材料的电子结构，可以预测材料的能带结构、电子态密度、电子轨道分布等信息，从而理解材料的导电性、光学性质、磁性等特征[2]。

材料电子结构的计算方法可以分为半经验计算方法和第一性原理计算方法两大类。半经验计算方法通过总结和归纳实验数据，拟合出适用于不同体系的计算参数。相较之下，第一性原理计算方法则不依赖实验数据、经验或半经验参数，只需要提供原子及其位置信息，即可通过求解体系的薛定谔方程来获得材料的宏观性质。理论上，任何材料的结构和性能都可以通过求解相应的薛定谔方程得到，因此第一性原理计算在材料计算与模拟领域具有重要意义。它为研究材料的电子结构提供了一个强大的工具，能够深入理解材料的微观机制，并预测其宏观性质。

第一性原理计算经历了几十年的发展。最初出现的是电子结构理论计算方法，如哈特里-福克(Hartree-Fock)方法。之后提出的密度泛函理论则使用电荷密度代替电子波函数作为研究的基本变量[3]。相比多电子波函数的 $3N$ 个变量(N 为总电子数，每个电子有三个空间变量)，电荷密度只是具有三个变量的函数。因此，密度泛函理论在概念和实际应用上都比传统的哈特里-福克方法更方便处理[4]。密度泛函理论假设电子的波函数和能量可以通过材料的电子密度来确定，将材料的多体问题转化为求解电子密度的问题。常见的 DFT 包括局域密度近似(local density approximation，LDA)和广义梯度近似(generalized gradient approximation，GGA)等[5]。

材料电子结构计算的基本步骤包括：①选择合适的计算模型。确定计算所需的材料结构信息，包括晶体结构、原子坐标、晶格参数等。②建立计算模型。根据所选的计算方法和理论，建立材料的电子结构模型，包括选择适当的基组、波函数展开方式等。③进行计算。通过求解科恩-沈方程(Kohn-Sham equations)或者其他等效的方程，计算材料的电子能级、电子态密度等电子结构信息。④分析计算结果。根据计算得到的电子结构信息，分析材料的能带结构、能带间隙、电子态密度等特征，进一步理解材料的性质[6]。

在实际的材料电子结构计算中，为了提高计算效率和准确性，常常使用一些近似和方法，如平面波基组方法、赝势方法、尺度扩展方法等。电子结构计算是材料科学和计算化学领域的重要研究工具，它可以用来预测和解释材料的电子结构、能带结构、能级分布等关键性质。随着计算机技术的不断发展和算法的不断改进，电子结构计算在材料设计、催化研究、能源存储、光电器件等领域发挥着越来越重要的作用。从以下几个方面对电子结构计算进行展望。

(1) 提高计算效率：随着计算机性能的不断提高，电子结构计算的速度将进一步加快，计算规模将进一步扩大。

(2) 多尺度模拟：电子结构计算通常基于第一性原理方法，可以准确地描述材料的电子结构和性质。未来的发展将更加注重多尺度模拟，将第一性原理计算与经验模型和连续介质模型相结合，以便更好地模拟复杂材料和大尺度系统。

(3) 异质材料界面和界面效应研究：材料界面在许多应用中起着关键作用，如光电器件、催化剂等。电子结构计算可以提供对界面的详细描述和阐解，以便优化材料性能和界面反应。

(4) 数据驱动的材料设计：随着高通量计算和材料数据库的发展，数据驱动的材料设计将成为一个重要的趋势。通过大规模的电子结构计算和机器学习方法，可以建立材料性质与结构之间的关联，加速新材料的研发和设计。

(5) 量子计算的应用：量子计算是一种新兴的计算技术，具有处理复杂问题和模拟量子系统的潜力。在电子结构计算领域，量子计算可以用于解决目前传统计算方法无法处理的问题，如模拟大分子体系和材料的量子效应。

综上所述，电子结构计算在材料科学和计算化学领域的应用前景广阔。随着计算机技术的不断进步和算法的不断发展，电子结构计算将继续发挥重要作用，推动新材料的研发和设计，加速材料科学的进展，并为解决能源、环境和医疗等重大挑战提供重要的支持和解决方案[7]。

2.1.2　原子尺度材料设计与模拟方法的发展

1. 原子尺度模拟概述

原子尺度模拟是一种通过计算方法研究和模拟物质行为的技术，它基于原子和分子水平上的相互作用力和运动规律，模拟和预测材料的性质和行为。原子尺度模拟可以提供详细的原子结构、动力学行为和物理化学性质，对于理解材料的微观机制、设计新材料以及解决实验无法观测到的现象非常有用。

原子尺度材料设计与模拟通常基于分子动力学模拟、密度泛函理论、第一性原理计算和统计学方法等。下面是一些常用的方法和技术[8]：

(1) 分子动力学模拟：在给定初始条件(原子位置和速度)的情况下，通过数值积分牛顿第二定律来模拟材料中原子的运动和相互作用，可以模拟材料的结构演化、热力学性质、动态行为等。

(2) 密度泛函理论：基于量子力学原理，通过求解科恩-沈方程计算材料的电子结构和能量。DFT 可以预测材料的能带结构、电子态密度、光学性质等。

(3) 第一性原理计算：基于量子力学原理，从头计算材料的性质，不依赖于经验参数。通过求解薛定谔方程或科恩-沈方程，可以计算材料的能带结构、晶体结构、力学性质等。

(4) 统计学方法：使用统计学方法，如蒙特卡罗模拟、机器学习和人工智能等，对材料进行建模和预测。这些方法可以通过学习和分析大量的实验和计算数据，总结材料的结构-性能关系，加速材料设计和优化过程。

原子尺度模拟可以用于研究多种材料系统，包括晶体、纳米颗粒、蛋白质和生物分子等。通过模拟原子的运动和相互作用，可以获得材料的结构、热力学性质、动力学行为及电子结构等信息。

原子尺度模拟的优势在于它能够提供原子级别的细节和动态信息，揭示材料的微观机制和行为。它可以帮助研究人员理解材料的相变、力学性能、热传导、电子输运等，并指导材料的设计和性能优化。此外，原子尺度模拟还可以与实验相结合，通过对比模拟结果和实验数据，验证理论模型的准确性，解释实验现象，为实验设计提供指导。

原子尺度模拟也存在一些挑战和限制。由于计算资源和算法的限制，原子尺度模拟通常只能模拟较小的系统和较短的时间尺度。此外，模拟结果的准确性受到模型的选择、力场参数的精确性和计算误差的影响。因此，原子尺度模拟通常需要与实验数据和其他模拟方法结合，以获得更全面和可靠的材料行为描述。

2. 原子尺度材料设计的方法与精度

原子尺度材料设计最常用的方法是密度泛函理论，其核心是通过求解科恩-沈方程来实现[9]。在科恩-沈方程框架中，多体问题被简化为一个没有相互作用的电子在有效势场中运动的问题。该有效势场不仅包括外部势场，还包括电子间库仑相互作用的影响，即交换和关联相互作用。

密度泛函理论的近似求解方法经历了从局域密度近似到广义梯度近似(GGA)、含动能密度的广义梯度近似(meta-GGA)、杂化泛函的广义梯度近似(hyper-GGA)及随机相近似的发展过程。新发展的交换关联泛函和第一性原理计算方法克服了原有方法的缺陷和不足，提供了更高的计算精度。因此，通过不断修正交换关联泛函或改进计算方法，可以显著提高材料模拟和计算的精度。这形成了一个可以达到理想计算精度的"天堂"，被称为"雅可比阶梯"(图 2-1)[10]。

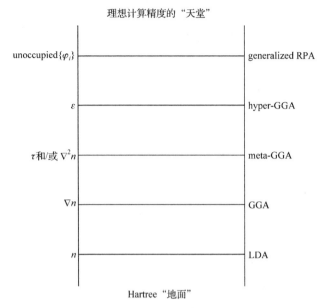

图 2-1　密度泛函理论的 "雅可比阶梯"[10]

generalized RPA-广义随机相近似；LDA-局域密度近似；unoccupied{φ_i}-未被占用的轨道；ε-单电子能量；τ-轨道动能密度；$\nabla^2 n$-电子密度的拉普拉斯函数；∇n-电子密度的梯度；n-电子密度

3. 原子尺度材料设计的发展趋势

随着时间的推移，密度泛函理论经历了显著的发展。普遍规律表明，追求更高计算精度的算法往往伴随对计算资源更大的需求。在寻求理想化高精度解决方案的过程中，所需的计算能力呈现出指数级的增长。尽管如此，当前基于第一性原理的电子结构模拟在处理小规模体系或具有周期性边界条件的系统方面已取得了一定进展，但对于包含大量原子的复杂体系，这类计算仍然面临重大挑战。

密度泛函理论作为一种强大的工具，其精度的提升往往以消耗更多的计算资源为代价。在探索理论精度的极限时，所需的计算资源量急剧增加，形成了一种类似于 "雅可比阶梯" 的概念，其中 "天堂" 象征着理论上的完美精度。实际上，对于包含众多原子的大体系进行第一性原理模拟，目前仍然是一个难以攻克的难题，这限制了第一性原理在更广泛系统中的应用。为了突破这些限制，研究人员正在探索新的算法和计算策略，使其在不牺牲计算精度的前提下减少资源消耗。这包括改进现有的近似函数、开发更高效的数值方法、利用并行计算架构及采用机器学习技术来辅助预测和优化计算流程。通过这些创新方法，可以期待未来对更大、更复杂的体系进行精确的第一性原理模拟成为可能。

原子尺度材料设计是一个不断发展和演进的领域，目前存在以下主要发展趋势：

(1) 多尺度模拟方法在原子尺度材料设计中变得越来越重要，可以将原子尺度的模拟与宏观尺度的实验和观测结果进行关联，提供更全面的材料行为理解。

(2) 机器学习和人工智能技术的发展为原子尺度材料设计带来新机遇，利用大数据和智能算法，可以加速材料搜索、优化和预测过程，提高设计速度和效率。

(3) 高通量计算技术可以自动地对大量材料进行计算和筛选，加快材料研发和优化的过程，并设计以往难以预测的材料。

(4) 随着量子计算技术的进步，它可能在原子尺度材料设计中发挥重要作用，提供更精确和准确的计算结果。

(5) 多功能材料设计成为一个重要的研究方向，通过结合不同的材料组分和结构，设计出具有多种功能和性能的材料，满足不同领域的应用需求。

(6) 可持续发展和环境友好性在原子尺度材料设计中越来越受关注，研究人员致力于设计和开发具有低能耗、高效率和可再生性的材料，以减少对环境的影响并推动可持续发展。这些趋势的发展将进一步推动原子尺度材料设计的创新和应用，并为解决关键科学和工程问题提供新的解决方案。

在未来的研究中，计算模拟技术将与实验观测达到高度一致，为材料科学研究提供精确的指导。随着计算模型的不断优化和实验技术的同步发展，模拟结果的准确性将得到显著提升，进而在新材料的探索和开发过程中发挥关键作用。通过设定具体的性能指标，研究者将能够在庞大的材料数据库中进行高效筛选和匹配，识别出符合特定应用需求的候选材料。进一步地，利用高级计算模拟技术，如第一性原理计算、分子动力学模拟和机器学习算法，可以对这些候选材料的性能进行深入分析，预测其在实际应用中的潜力，并优化其合成路径。这种方法不仅能够显著提高材料选择的针对性和效率，还能够在材料开发过程中实现对实验设计的精确指导。通过计算模拟与实验验证的紧密协作，可以快速迭代优化材料的性能，实现从理论设计到实验合成再到应用实现的快速转化。

此外，随着计算能力的增强和算法的创新，预计计算模拟技术将在材料的多尺度行为研究中扮演更加重要的角色。从原子尺度的电子结构到宏观尺度的材料性能，计算模拟技术能够提供连续一致的描述，为理解材料的复杂行为提供深入的见解。这种计算驱动的材料设计范式将极大地加速新材料从概念到实际应用的进程，缩短研发周期，降低研发成本，推动材料科学领域的创新和发展。这不仅将为科学研究带来革命性的变化，也将为工业应用和技术创新提供强大的动力[11]。

2.1.3　分子尺度材料设计与模拟方法的发展

1. 分子尺度材料模拟概述

分子尺度材料设计与模拟是一系列计算方法，专注于分子层面的相互作用和动态行为，以预测和优化材料的结构、性质和功能。这些方法通过模拟分子的结构、动力学和能量，以及它们与外部环境的相互作用，为材料性能的深入理解提供了理论基础[12]。1957 年，Alder 等在硬球模型的基础上首次成功应用经典分子动力学模拟方法研究气体和液体的状态方程，分子动力学作为一种计算工具逐渐进入科学界的视野，并展现出其重要性。特别是 20 世纪 80 年代末期，随着计算机技术的迅猛发展，分子动力学模拟技术取得了快速进步，并迅速扩展到材料科学、物理学、化学、生物学及医学等多个学科领域，成为研究和开发中不可或缺的工具。

分子动力学模拟的发展得益于其能够从原子或分子层面提供对复杂系统行为的深入洞察。这项技术通过数值积分牛顿第二定律，模拟粒子在给定势能场中的运动轨迹，从而预测材料的宏观性质和行为。随着计算能力的显著提升，分子动力学模拟不仅在理论上得到进一步的完善，而且在实际应用中也变得更加高效和准确。

在材料科学领域，分子动力学模拟已经成为理解和预测材料结构、力学性能、热学性质、扩散过程和相变等现象的重要手段。在生物领域，分子动力学模拟揭示了生物大分子的动态行为和相互作用机制，为药物设计和疾病机理研究提供了重要信息。此外，分子动力学模拟还在化学工程、环境科学及能源研究等领域发挥着重要作用，推动了跨学科研究的深入发展。

随着算法的不断优化和计算资源的日益丰富，分子动力学模拟正朝着更高效率、更高精度和更大体系的方向发展。未来，这项技术有望在更广泛的科学问题和工程应用中发挥更大的作用，为人类加深对自然界的认识和技术创新提供更加强大的计算支持。

以下是一些常用的分子尺度材料设计与模拟方法和技术。

(1) 分子力场模拟：使用力场模型描述分子内相互作用，包括键伸缩、键角弯曲、二面角扭转等，以及分子间非键相互作用。通过优化力场参数，可以模拟和预测材料的结构、稳定性、机械性质等。

(2) 分子动力学模拟：通过数值积分牛顿第二定律模拟分子在给定温度和压力下的运动和相互作用。分子动力学模拟可以研究材料的热力学性质、动态行为、相变等。

(3) 量子化学计算：使用量子力学方法计算分子的电子结构和能量。常用的方法包括密度泛函理论、哈特里-福克方法及相关的多体微扰理论和耦合簇方法等。量子化学计算可以预测分子的电子结构、光学性质、化学反应等。

(4) 蒙特卡罗模拟：使用随机抽样方法模拟分子的构型和相互作用。蒙特卡罗模拟可以研究材料的热力学性质、相变、吸附行为等。

(5) 计算机辅助药物设计：应用分子尺度模拟和计算方法来预测药物分子与靶标之间的相互作用，优化药物分子的结构和性能，以提高药物疗效和选择性。

这些方法在材料科学、药物研发、催化剂设计及纳米技术等领域具有广泛的应用。通过与实验数据结合,分子尺度模拟不仅加深了对材料性质的理解,也为新材料的快速研发和性能优化提供了强有力的工具。实验数据为模拟提供了验证,而模拟预测则指导实验设计,实现了计算与实验的协同发展。

2. 分子尺度材料模拟的基本特点

分子动力学模拟是一种强大的计算工具,该过程通常遵循以下步骤,以确保模拟的准确性和有效性。

(1) 模型和参数的定义:首先,需要选择适当的模型来描述分子间的相互作用。这包括选择合适的势函数,如二体和多体势函数,以及确定力场类型,如全原子、联合或粗粒化力场。这些模型和参数是模拟准确性的基础。

(2) 初始条件的设定:在定义了模型之后,接下来是设定系统的初始状态,包括分子的初始构型和速度。一个合理的初始构型有助于系统更快地达到热力学平衡。初始速度通常根据玻尔兹曼分布进行分配,以反映系统的初始温度。

(3) 平衡过程的实现:在初始条件设定之后,通过数值积分牛顿第二定律,模拟粒子在给定势能场中的运动。然而,初期模拟可能不会立即反映热力学平衡状态,因此需要通过调整系统的能量,如加热或冷却,以促使系统达到热力学平衡。达到热力学平衡状态所需的时间称为弛豫时间,而时间步长的选择对于快速达到热力学平衡状态至关重要。

(4) 宏观性质的提取:一旦系统达到热力学平衡状态,就可以通过分析系统的微观状态来计算宏观物理量,如能量、压力、温度等热力学性质。这些性质是通过在相空间中对系统构型进行积分得到的,从而提供了对系统宏观行为的深入理解。

在进行分子动力学模拟时,必须注意几个关键点以确保结果的可靠性:确保所选模型和参数能够准确描述所研究的系统;初始条件的设定应尽可能接近实验条件或预期的实际状态;平衡过程需要充分,以确保模拟结果的物理意义;在提取宏观性质时,应采用适当的统计方法,以确保结果的准确性和代表性。

通过这些步骤,分子动力学模拟能够为理解复杂分子系统的结构和动力学行为提供有力的计算支持,广泛应用于材料科学、生物学、化学和物理学等领域的研究。随着计算机技术的发展,分子动力学模拟将继续在科学探索和技术创新中发挥重要作用。图 2-2 为其主要流程图[10]。

经典分子动力学在选用经验势时完全丢失了局域电子之间的强相关作用信息,因此在模拟中它既不能得到成键性质也不能得到电子性质。为解决这一缺陷,1985 年,Car 和 Parrinello 在经典分子动力学基础上引入了电子虚拟动力学,首次将密度泛函理论与分子动力学有机结合起来,提出了从头计算(*ab initio* calculation)分子动力学方法,极大地改善了传统分子动力学经验势的不足[13]。另外,基于自

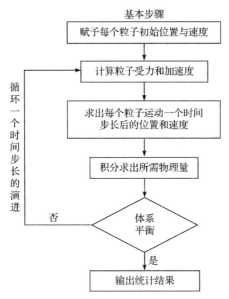

图 2-2　分子动力学方法在计算机上实现分子模拟的主要流程图[10]

洽电荷密度泛函紧束缚(self-consistent-charge density-functional tight-binding, SCC-DFTB)理论可以更加准确地研究大规模分子动力学效应。SCC-DFTB 理论是一种计算电子结构的方法,它近似结合了自洽场(self-consistent field,SCF)、密度泛函理论和紧束缚(tight binding)。SCC-DFTB 理论通过简化电子间相互作用的描述,有效地降低了计算复杂性,同时保持了较高的计算准确性。经过这些改进,计算机模拟实验在广度和深度上得到了极大的扩展。

3. 分子尺度材料模拟的发展方向

未来分子动力学模拟的发展有望在以下两个关键领域取得显著进展。

(1) 计算方法的创新与优化:未来研究将致力于改进现有的经典分子动力学势函数,并通过密度泛函理论与分子动力学的结合,开发更为精确的计算方法。这可能包括利用第一性原理方法来寻找更精确的交换关联泛函,或探索新的途径,以更准确地描述体系的微观相互作用。这些进展预计将推动分子动力学在计算材料科学领域的应用,提高对传统吸附、传输问题的理解,并增强在极端条件下材料稳定性的预测能力。此外,对薄膜形成、材料生长等复杂微观动力学过程的认识将得到加深。

(2) 高性能计算资源的利用:随着计算能力的持续增长,未来的分子动力学模拟将能够处理更长时间的演化过程、更大尺度的体系,以及实现更高精度的模拟。高性能计算机的发展将使研究者能够模拟包含数百万甚至更多原子的系统,并延长模拟时间,从纳秒、微秒跨越到毫秒甚至秒的量级。这将为材料科学的研究带来新的维度，降低实验材料的成本，并促进新颖材料的理论预测和设计。

值得注意的是，虽然计算方法和硬件性能的提升无疑将推动分子动力学模拟的进步，但实现这些目标仍面临诸多挑战，包括算法效率、数据存储和分析能力，以及对复杂系统的物理理解等。此外，模拟的准确性不仅取决于计算方法和硬件性能，还依赖于对材料系统的深入理解，以及对模拟结果的合理解释和验证。

通过跨学科合作、算法创新，以及对现有和新兴技术的不断探索，分子动力学模拟将继续作为材料设计和研发的重要工具，为材料科学的进步提供强有力的支持[14]。

2.1.4　多尺度高通量的材料设计

1. 多尺度高通量的材料设计概述

多尺度高通量是指在研究或实验中同时进行多个尺度的高通量数据收集和分析。这种方法可以在不同的空间和时间尺度上获取大量的数据，并通过高通量技术进行快速处理和分析[15]。在材料科学和化学领域，多尺度高通量方法可被应用于高通量合成、材料筛选和性能评估等方面。通过同时收集和分析不同尺度的数据，可以加快新材料的研发和优化过程，提高材料的性能。多尺度高通量方法的关键在于将不同尺度的数据整合在一起，以揭示系统的整体特征和相互关系。这需要结合先进的实验技术和数据分析方法，包括高通量测量技术、自动化实验平台、机器学习和人工智能等。总的来说，多尺度高通量方法为研究和实验提供了更全面、更深入的数据视角，可以加快科学研究和工程应用的进展。它在生物学、医学、材料科学、化学等领域都具有广阔的应用前景[16]。

2. 多尺度高通量的材料设计特点

理论计算和模拟在研究材料性质方面发挥着至关重要的作用。它们不仅提供了强有力的理论指导和预测能力，还能够解释实验结果并提出改进方案，推动进一步的实验研究。在材料性质的理论模拟中，密度泛函理论和分子动力学是最常用的两种方法。密度泛函理论主要用于在电子水平上研究材料的光学、磁学和力学性质，而分子动力学则在原子尺度上研究材料的热力学性质。

随着计算机技术的快速发展和新理论计算方法的应用，多尺度高通量计算模拟已经成为材料研究和模拟领域的必然趋势。多尺度高通量计算模拟用于材料的研究和设计，这一概念最早在 2011 年美国的材料基因组计划中提出，并成为实现材料快速开发和工业化的关键途径。该方法遵循学习、研究和生产的路径，促进了理论设计、实验研究和工业应用的整合。

高通量材料设计涉及利用或开发基于化学组成和基础信息的新算法，将其应用于现有的理论代码，或开发新的计算模拟软件以实现材料设计的目标。多尺度计算主要解决不同尺度和环境下材料的研究需求，旨在提高计算速度的同时保持研究材料性质的准确性。基于基础理论的多尺度高通量模拟将成为材料设计的强大工具，推动材料科学的发展和创新。

3. 多尺度高通量的材料设计发展现状

吉林大学马琰铭教授课题组开发了一种基于粒子群优化的晶体结构分析(Crystal Structural Analysis by Particle Swarm Optimization，CALYPSO)软件。这一软件的创新之处在于，它首次将粒子群优化算法应用于晶体结构的预测[17]。CALYPSO 软件已成功预测了实验中观察到的绝缘锂结构，并验证了其预测的ABA2-40 型锂结构。结合 CALYPSO 等软件的高通量计算能力，研究人员能够在广阔的参数空间中搜索材料结构，显著提高了发现目标材料的概率。尽管如此，高通量计算仍然面临计算资源的限制。

为降低计算量，研究人员提出了以下两种策略：①计算方法的改进。结合第一性原理的高精度和分子动力学的高速度，对现有软件进行优化，以实现更高效的结构预测。②化学成键规律的应用。依据化学成键的基本原理，缩小可能结构的搜索空间，从而减少所需的计算量。

除了预测新材料结构，高通量计算还可用于对现有材料结构进行优化，如掺杂和过渡态的研究。利用团簇展开与蒙特卡罗方法相结合的合金理论自动化工具包(alloy theoretic automated toolkit，ATAT)软件，可以基于第一性原理拟合的团簇相互作用参数来研究合金、锂电池材料及其他掺杂或缺陷材料的性质。这种方法不仅实现了高通量计算，还有效降低了计算成本。

在核电材料科学领域，多尺度高通量计算模拟发挥着至关重要的作用，它能够为理解辐照环境下材料的长期行为提供关键的热力学和动力学数据。这些数据是构建材料基因工程数据库的基础，该数据库旨在预测核电材料在长期使用过程中的性能。在核电材料中，辐照引起的缺陷演变是一个复杂的多步骤过程，包括缺陷的产生、演化、消失、复合及迁移等微观过程。为了深入分析这些过程对材料结构造成的损伤及它们对材料性能的具体影响，研究策略需要在两个层面上进行：第一个层面是个体过程的详细分析，需要单独研究每种微观反应过程，以确定每种过程的速率和机制；第二个层面是整体过程的综合评估，需要综合考虑这些过程的相互作用和耦合效应，以评估它们对材料整体性能的影响。

辐照损伤多尺度高通量计算模拟的基本框架和研究内容如图 2-3 所示，包括以下几个主要方面：①利用第一性原理计算和分子动力学计算来预测和分析辐照缺陷结构的热力学稳定性和动力学可行性，建立辐照缺陷的热力学/动力学数据库；②通过分子动力学计算进行高通量计算，创建初级辐照损伤数据库；③在缺陷扩散反应动力学中，综合应用各底层尺度计算模拟方法构建的数据库，根据中子的注量率导入初级辐照损伤数据，并依据辐照缺陷的热力学/动力学数据评估新生、分解、湮灭、复合和迁移等反应过程的耦合作用；④通过综合分析缺陷扩散反应动力学，获得辐照缺陷的密度分布等统计结果，以预测核电材料的服役行为[18]。这种多尺度高通量计算模拟方法不仅深化了我们对核电材料在辐照条件下行为的理解，还为材料设计和改进提供了强有力的工具，提升了核电站的安全性和经济性。

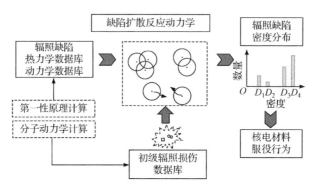

图 2-3　辐照损伤多尺度高通量计算模拟的基本框架和研究内容[18]

多尺度高通量材料设计主要涵盖两个方面：对同一材料在不同尺度上的模拟，以及对不同材料在相同尺度上的模拟。通过结合高通量的材料计算和模拟，可以有效缩短材料设计周期，并提高计算结果的可靠性。在多尺度模拟领域，有两个重要的发展方向：第一，将第一性原理计算与分子动力学结合，以模拟大体系材料；第二，利用第一性原理研究材料的基本性质，建立合适的势能函数，然后通过分子动力学模拟描绘更大尺度的介观甚至宏观体系。在系统设计材料时，不同尺度的模拟应被综合考虑。例如，在太阳能电池的设计中，通过多尺度系统研究，可以优化太阳光的方向、外层透光材料、吸光材料和电流收集材料，从而提高效率和系统有效性。未来的多尺度高通量设计应包括以下几个方面：基本理论计算方法的开发，对特定材料物理化学特性的深入研究，开发新结构和特定目标导向的结构预测算法和软件。此外，还需要建立和共享材料基础数据库，借鉴现有材料特性进行设计，通过多尺度高通量模拟加速新材料从设计到应用的过程[19]。

多尺度高通量材料设计通过结合多尺度模拟和高通量计算技术，可以实现更快速、更准确的材料设计和开发过程，以下是其应用领域。

(1) 加速材料研发和优化：多尺度高通量材料设计可以显著加速新材料的研发和优化过程。传统的试错法需要耗费大量的时间和资源来合成和测试大量的材料候选项。通过多尺度模拟和高通量计算，可以在计算机上快速预测和筛选大量的材料，从而缩小实验验证的范围。这将大大加快材料研发的速度和效率。

(2) 解决能源和环境挑战：多尺度高通量材料设计可以为能源和环境领域问

题提供有效的解决方案。例如，在能源存储领域，可以通过多尺度模拟和高通量计算来设计更高性能的电池材料、催化剂和光催化剂，以实现高效能源转换和储存。在环境领域，可以利用这种方法开发具有高效吸附和催化性能的材料，用于污染物的去除和环境修复。

(3) 揭示材料的微观机制：多尺度模拟方法可以帮助研究人员深入理解材料的微观机制和性能。通过模拟和分析材料的原子结构、晶体缺陷、界面性质等，可以揭示材料的结构–性能关系，从而指导材料的设计和优化。这种深入的理解将为材料科学的发展和应用提供基础，并为新材料的设计提供更准确的指导。

(4) 结合机器学习和人工智能：多尺度高通量材料设计可以与机器学习和人工智能等技术相结合，进一步提高材料设计的准确性和效率。通过建立大规模的材料数据库和模型，结合机器学习算法进行材料性能预测和优化，可以研发更多具有特殊性能的材料。这种结合可以加速材料研发的进程，并为复杂材料系统的设计提供新的思路和方法。

(5) 实现定制化材料设计：多尺度高通量材料设计的发展将帮助研究人员更好地实现定制化材料设计。通过精确控制材料的组成、结构和性能，可以满足不同应用领域对材料性能的特定需求。这将推动材料科学的创新，并促进新型材料的应用和商业化。

总之，多尺度高通量材料设计的前景非常广阔。它将推动材料研究的进一步发展，加速新材料的开发和应用，为解决能源、环境、电子、催化等领域的挑战提供重要的支持和解决方案。通过不断推进多尺度模拟和高通量计算技术的发展，未来有望实现更高效、更可持续的材料设计和开发过程。

2.2 高通量实验

材料高通量实验是在短时间内完成大量样品制备与表征的过程。其核心理念是将传统材料研究中的顺序迭代方法转变为并行处理，从而通过量变实现材料研究效率的质变。作为材料基因组技术的三大要素之一，它需要与"材料计算模拟"和"材料信息学/数据库"有机结合、协同发展、互为补充，才能最大限度地发挥其加速材料研发和应用的效能，最终实现材料科学"按需设计"的目标。

目前，即使在材料计算模拟技术领先的欧美地区国家，由于计算能力、理论模型和基础数据的限制，绝大多数材料计算结果的准确性仍然无法达到实验结果的水平，难以满足实际应用的需求。因此，在从传统经验方法向新型预测方法过渡的过程中，高通量实验起着承上启下的关键作用。首先，高通量实验可以为材料模拟计算提供大量基础数据，充实材料数据库；其次，它还可以为材料模拟计算结果提供实验验证，优化和修正计算模型；最后，高通量实验能够快速提供有价值的研究成果，直接加速材料的筛选和优化。随着我国材料科技的迅速发展以及材料基因组方法在研发中的广泛应用，高通量实验的重要性将日益凸显。

2.2.1　高通量实验的发展历程

1970 年，Hanak 提出"多样品实验"的概念，将其应用于二元和三元超导材料的薄膜形态研究。通过一次实验合成覆盖多组分材料体系的样品阵列，能够快速获取数据[20]。然而，由于当时计算机技术的限制，该方法未能广泛应用。

20 世纪 80 年代中期，组合化学的兴起显著提高了生物和化学领域的研发效率。到了 90 年代中期，美国劳伦斯伯克利国家实验室的项晓东和 Schultz 进一步发展并完善了现代高通量组合材料实验方法，展示了其巨大潜力，在多个材料系统上取得了新材料成果，并创办了 Symyx 和 Intematix 两家公司[21]。

20 世纪 90 年代末，高通量组合材料实验方法在材料科技工业中得到广泛应用，涵盖金属、陶瓷、无机化合物和高分子等材料的研发和产业化[22]。例如，Symyx公司开发了新型化工催化剂[23]，Intematix 公司开发了固体发光器件荧光材料[24]，康宁公司发明了$(PbMg_{1/3}Nb_{2/3}O_3)_{1-x}$-$(PbTiO_3)_x$复合材料(PMN-PT)电光陶瓷[25]，英特尔和三星公司研究了相变存储合金和高介电材料[26]。美国国防部、能源部和国家标准局等机构通过多个研究项目资助了高通量组合材料实验研究，推动了许多新材料的研发。

进入 21 世纪，出现了专门提供高通量组合材料实验仪器设备与研发服务的公司，如中国的亚申科技(浙江)有限公司和美国的 Intermolecular 公司。中国 20 世纪末开始采用高通量组合材料实验方法，但在普及与应用规模上仍与发达国家有差距。例如，中国科学技术大学开展液滴喷射制备技术与同步辐射在组合材料方法中的应用研究，清华大学和中国科学院优化了 CO 氧化催化剂和 NO 还原催化剂，中石化(大连)石油化工研究院有限公司引进高通量设备进行快速筛选等[27, 28]。

2.2.2　高通量实验流程

Hanak 等在 1970 年提出的材料高通量实验的工作流程(图 2-4)已初步包含了高通量实验最基本的特征：①高通量合成制备，即在一次实验中完成多组分目标材料体系制备，使制备具有高效性、系统性和一致性；②快速分析测试，即采用扫描式、自动化、快速的分析测试技术，原则上 1d 制备的样品 1d 内完成测试分析；③计算机数据处理，即充分利用计算机数据处理和分析功能，以表格、图像、函数等多种形式输出[20]。

在此基础上，经过多年发展与演化，形成了新型高通量组合材料的实验流程(图 2-5)。它除保持传统特征外，还具有若干重要的新特点：①强调组合实验设计的重要性，合理的实验设计减少工作量，提高筛选速度和成功率；②明确材料数

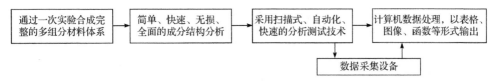

图 2-4　Hanak 等提出的材料高通量实验的工作流程示意图[20]

据库在流程中的轴心位置，材料数据库兼具实验管理、数据处理、信息存储、数据挖掘等多项功能；③注重材料计算模拟与实验的互动，相互验证，便于及时优化方向，快速收敛[29]。

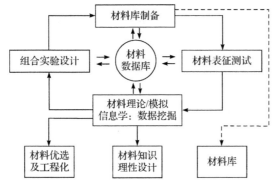

图 2-5　新型高通量组合材料的实验流程示意图[29]

　　人类对于材料的认知还处于较为初级的水平。对单元素材料和二元化合物材料的了解相对充分，对三元化合物的认知非常有限，对四元及以上的化合物材料则是知之甚少。图 2-6 为几种情况下可能形成的组合数量，从中不难看出有待探索的材料组合数量近乎天文数字，即使采用材料高通量实验方法也是无法企及的[22]。另外，不经思考的盲目组合也常常造成"垃圾进、垃圾出"现象。因此，简单的高通量筛选并不可行，必须对高通量实验进行合理的设计，才能有效地进行材料搜索和筛选。

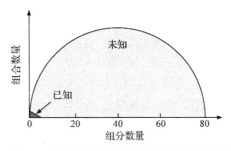

图 2-6　材料组合数量与组分数量的关系[22]

　　高通量实验设计的原则是首先要将实验的目的、目标、待解决的问题、欲获得的信息等定义清晰, 找出关键的科学参数。在设计中充分利用现有的经验和知识, 积极采用理论计算模型作为指导, 尽量缩小筛选范围。现代高通量组合材料实验强调理论和实验的融合与协同, 力图通过理论模型对可能的组合进行预先的计算仿真, 避免盲目组合, 从而提高实验的效率与成功概率。在高通量组合材料实验方案的设计中还需要充分考虑目标材料体系的制备和表征能力, 包括样品的制备方法、表征工具的空间分辨率等, 从而确定样品的空间密度和组合形式。常用的高通量组合材料实验设计方法可归纳如下。

(1) 搜索法: 针对所有可能的材料组合, 通过一系列的高通量实验进行筛选, 找出感兴趣的点, 适合海选。

(2) 基于统计学原理的方法: 如全阶乘或部分阶乘设计, 以有限实验次数获得统计学上可靠的结果, 适合传统实验设计(DOE)。

(3) 多参数方法: 针对某一个感兴趣的材料体系空间, 采用一系列的表征测试方法对一组样品进行全面细致的分析, 适合精选。

(4) 层级混合法: 针对目标材料, 综合上述各法逐步聚焦。

2.2.3 高通量制备

高通量制备是一种材料科学和工程领域的技术, 用于快速合成和筛选大量不同成分或结构的材料样品。其目的是通过一次性制备大量样品, 利用高效的测试和分析手段快速获取这些样品的成分、结构和性能数据, 从而加速新材料的研发和优化过程。高通量实验中的组合材料样品制备主要包括"组合"和"成相"两个步骤: 先混合多个元素形成所需材料成分, 然后通过扩散或热力学过程形成晶相或非晶相材料。以下是几种常用的高通量制备方法。

1) 共沉积薄膜法

共沉积薄膜法是利用不同沉积源与基片的相对角度和位置, 同时将多种成分沉积在一块基片上, 形成组分呈连续渐变式梯度分布的多元样品。该方法无须使用任何掩模即可获得连续成分分布, 且与薄膜沉积的厚度控制无关, 成分分辨率可达0.1%~1.0%, 沉积工艺后无须热处理即可获得各元素充分混合的元素组合样品。然而, 该方法在三元以上的体系中难以实施, 且用于多元材料系统研究时不易实现0%~x%的成分分布, 由于各沉积源的产额不均匀, 成分分布可控性较弱[20]。

2) 分立模板镀膜法

分立模板镀膜法利用镀膜及掩模法经过多次掩模形成多个分立成分样品, 在镀膜均匀的前提下, 该方法可获得任意成分分布, 不受组元数目限制, 具有成分分布完全可控、成分覆盖跨度大、各分立区域成分均匀等特点[30, 31]。分立模板镀膜法适用于大通量、多元素的新型材料海选。项晓东及其团队曾于20世纪90年代中、末期将此技术应用于多种材料的研究, 成功地展示了高通量实验技术的应用效果。

3) 连续模板镀膜法

连续模板镀膜法利用随时间移动的掩模与镀膜技术形成组分呈连续渐变式梯度分布的多元化合物样品。在镀膜均匀前提下不必了解沉积分布曲线，无须使用复杂模板，使成分分布完全可控。该方法可获得 0%～x% 的连续线性梯度的成分分布。连续模板镀膜法适用于系统性的材料相图研究，尤其是高通量三元相图研究，如 $(Ba_{1-x-y}Sr_xCa_y)TiO_3$ 介电材料，Fe-Co-Ni 合金等一系列三元相图。在实际中，可将分立模板镀膜法和连续模板镀膜法组合使用，获得更复杂的材料组分[32,33]。

4) 多元体材扩散法

多元体材扩散法将多个不同金属块紧密贴合在一起进行高温热处理，促使金属之间相互扩散，形成固溶体或金属间化合物。成相在形成所需的材料成分"组合"的过程中同时发生，在界面附近区域切片即可得到大量组分连续渐变的合金[34]。扩散多元节的概念可以用一个简单的 Co-Cr 扩散偶来说明。将钴(Co)和铬(Cr)紧密接触并在 1100℃ 退火 1000h 后，元素之间会相互扩散，在面心立方(face centered cube，FCC)和体心立方(body centered cube，BCC)固溶体之间形成一个中间相(σ)扩散层。通过电子探针定量微区成分分析，可以获得穿越扩散区域的成分曲线。在 FCC、σ 与 BCC 的相界面处总是保持局部平衡，该处成分对应两相平衡成分。这种方法是通过扩散偶测定相图的基础，并且已经成功应用了几十年。

5) 喷印合成法

喷印合成法是利用液相(如喷墨)或固相(如等离子或激光喷涂)喷射技术制备二维或三维组合材料样品，实现多组分快速递送(2000 微滴/s)，分子水平混合(液相)，具有高精度及可重复性，适用于多种有机、无机结构和功能材料，空间密度可达 90000 样品/平方英寸*(分辨率 300dpi)[35]。

高通量制备技术通过上述多种方法，使得研究人员能够在较短时间内获得大量的材料样品，并通过高效的测试和分析手段快速筛选出具有优异性能的新材料。这大大加速了材料科学和工程领域的研发进程。尽管我国在高通量组合材料实验方法的普及与应用上与发达国家有差距，但已取得一定进展，显示出广阔的发展前景。

2.2.4　高通量表征

高通量表征是一种在材料科学和工程领域中用于快速测量和分析大量样品的技术。与高通量制备技术相结合，高通量表征技术能够大幅提高研究效率，快速获取样品的各种物理、化学和机械性能数据，从而加速新材料的研发和优化过程。

---

* 1 平方英寸 = $6.45 \times 10^{-4} m^2$。

1. 基于材料物性的高通量表征

1) 微区成分、结构表征

对材料微区成分、结构的表征通常采用 X 射线、紫外线、红外线等各个波段的电磁波谱学方法来实现，其表征速率受到样品处光通量密度(单位时间通过样品的光子数)和光束聚焦的空间分辨率影响。同步辐射光源在从红外至硬 X 射线全光谱范围内均能实现高亮度微聚焦，同时还具有高准直性、全光谱、高偏振、高纯净等优秀特性，从而能够很好地满足高通量组合材料样品所需的亮度和空间分辨率要求，因此是理想的高通量组合材料表征测试手段。

2) 微区光学性质表征

材料的微区光学性质表征可用于分析半导体材料的禁带宽度。此外，微区光学性质表征与其他表征手段相结合，还可用于研究复杂材料体系中涉及晶体结构、电子结构和磁畴结构演化的基础物理问题。现有的连续光谱椭偏仪商业产品可提供 10μm 的空间分辨率和比较广的光谱范围，可用于高通量微区光学性质的表征[36]。除此之外，激光椭偏仪、阴极荧光计、光致荧光测试仪均可实现高通量微区光学性质表征。

3) 热力学性能表征

并行纳米扫描量热系统通过微型加热/量热单元测量材料的热力学性能，如焓变、比热容和相变温度[37]。该系统可以并行测试材料的热力学性能，温度范围从室温到 900℃，升温速率高达 10^4℃/s，灵敏度达到 10nJ/℃。此技术还可以与多种材料制备方法结合，具有广泛的适用性。

4) 微区力学性质表征

利用微机电系统(micro electro mechanical system，MEMS)技术和纳米压痕技术，可以在单个基片上测试多种材料的力学性质[38]。尽管薄膜样品的数据与块体材料相比有差异，但通过大量实验，可逐步建立薄膜样品与块体材料的关联特性，提升研究的适用性和准确性。

5) 微区磁学性能表征

微区磁学性能表征工具包括磁力显微镜、扫描霍尔效应探针、扫描磁光克尔效应成像系统等。这些工具可以综合利用，提供全面的磁学性能表征能力，需施加外部磁场以获得饱和磁化参数。其他的物性还包括电磁学性能、催化性能、热导率和热膨胀系数等，都可以采用不同的实验装置表征获得。

2. 基于大科学装置的高通量表征

大科学装置，如同步辐射光源和中子源，是材料高通量实验的重要研究工具。一方面，这些装置提供的高亮度和高时空分辨率能够满足样品库的微区快速表征需求，从而突破高通量实验中的通量瓶颈。另一方面，由于目前表征和测试的通常是单个或少量样品，大科学装置的潜力还未被充分发挥。如果应用于高通量实验样品，这些装置可以充分利用其高亮度和高时空分辨率的特性，快速表征大量样品，产生海量数据，最大化其效能。

同步辐射在高通量实验研究中的应用已有报道。例如，利用同步辐射 X 射线衍射/荧光联用技术，可以高通量表征 Bi-V-Fe 氧化物伪连续相图组合材料新编的结构和成分，每日可表征多达 5000 个样品[39]。此外，由于大科学装置具有高亮度和高时空分辨率，不仅能快速表征静态的高通量样品，还能实现瞬态和动态样品的高通量表征，从而获取样品在制备、测试和服役过程中的成分、结构甚至性能演化等信息，实现材料样品的原位实时高通量表征。

同步辐射光源和散裂中子源是两种典型的大科学装置，它们在各类材料的成分、结构和性能高通量表征中功能互补且不可或缺。它们以极高的时间和空间分辨率生成涵盖晶体结构、电子结构、自旋结构、核位置、表面/界面特征、动态过程演化信息及大工程试样信息的全面、海量数据。我国于 2009 年在上海建成了第三代同步辐射光源，并已经在"十三五"期间建设了性能更高的高能同步辐射光源。这些设施为我国的材料研究发挥了重要作用，并为推广材料高通量实验奠定了硬件基础。

1) 适用于材料高通量表征的同步辐射技术

第三代同步辐射光源的亮度比普通 X 射线源亮度高了 11～12 个数量级(图 2-7)，比阴极旋转靶 X 射线源也高 8 个数量级，同步辐射光源可提供从红外到 X 射线的宽能谱，具有很高的准直性，可以获得纳米、微米、毫米等各种尺寸的光斑，可以进行多尺度结构探测；第三代同步辐射光源还具有高穿透性、高亮度聚焦、短脉冲等特点，适合于开展高时空分辨率的多种原位实时微区表征功能，使其能探测包括材料成分、晶体结构、近邻结构、电子结构等在内的一系列材料信息(图 2-7)[40]。

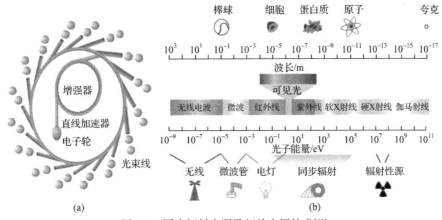

图 2-7　同步辐射光源及相关表征技术[40]

(a) 第三代同步辐射光源主体结构示意图；(b) 同步辐射波段

以下是基于同步辐射光源的常见高通量表征技术：

(1) 高通量 X 射线衍射技术。X 射线衍射实验站不仅用于常规晶体结构解析，还能探测材料内部的应力/应变状况、物相组成、缺陷和原子分布函数等多种结构信息。结合样品环境系统和先进探测器技术，X 射线衍射可以在真实条件下动态观测这些信息的原位实时演化。因此，X 射线衍射实验站是高通量表征平台中不可或缺的长程周期结构探测装置。

(2) 高通量硬 X 射线微聚焦分析技术。高通量硬 X 射线微聚焦分析技术利用高亮度波荡器光源，将单色光聚焦到微米、亚微米甚至几十纳米级，样品处每平方微米光通量可达 10^{11} 光子/s 以上。结合荧光、吸收谱、衍射和成像等方法，可以获得材料样品的元素分布、化学态、结构和密度分布等信息。该技术具有高空间分辨率和高探测灵敏度，对样品损伤小，适合厚样品分析，可在大气和水环境下测量，特别适用于材料的高通量原位在线表征，与材料高通量制备结合大大提高研发效率。

(3) 高通量红外测量技术。红外辐射因其快捷灵敏和非破坏性优点，被广泛应用于研究材料的光学性质(能带和化学键)、电子能态结构、振动与声子结构及等离子体激元等物理性质。将同步辐射红外光源聚焦到微米级，可以对样品进行三维扫描成像(二维空间加上一维频域)，用于复合材料光学、电学和声学特性的高通量评估。

(4) 同步辐射 X 射线成像技术。同步辐射 X 射线成像技术在纳米到毫米尺度(对应微观到宏观)上，能够对材料中的电子密度及其梯度和二阶导数的三维分布、多晶中晶粒的三维形状和取向、晶界种类和三维分布、元素空间分布和化学价态空间分布进行高通量、快速、原位、高精度的表征。这些多尺度结构信息对于材料性能的精确预测至关重要。

(5) 光电子能谱技术。光电子能谱是探测材料电子结构的主流技术。高通量硬 X 射线光电子能谱能够提供真正意义上的体相电子结构信息，是预测材料导电性、超导性、电磁学、光学、热力学等性质及器件性能的基础。高光强、高分辨率、快速探测器和微聚焦功能及原位样品制备/测试功能，使高通量光电子能谱表征能力成为高通量表征平台中不可或缺的重要组成部分。

2) 适用于材料高通量表征的散裂中子源技术

中子散射技术因其独特的磁矩、强穿透力及其对轻元素的敏感性，被广泛应用于磁性和超导材料、生物材料、新能源材料及工程材料的研发中。散裂中子源通过高能质子轰击重金属靶产生中子，相较于反应堆中子源，它在较小体积内可产生较高的脉冲中子通量，提供更宽泛的中子能谱，大大扩展了中子科学研究的范围。以下是基于散裂中子源技术的常见高通量表征技术：

(1) 中子全散射技术。中子全散射技术是一种强大的工具，适用于研究液体、非晶、准晶及具有局域有序特征的晶态材料结构。它能够直接求解材料内部的原子关联等局域特征。高通量中子全散射技术广泛应用于储氢材料(如氢原子的占位聚集)、锂离子电池(如充放电过程中的锂离子导电路径)、分子筛(如筛孔与表面的结构与吸附)和铁电材料(如非公度结构调整的解析)。

(2) 中子工程材料探测技术。利用中子的超强穿透性,中子工程材料探测技术可以无损测定工程材料和部件的内部应力,以及应变分布、晶体织构、材料动态凝固过程、化学成分分布和原位动力学反应等信息。这种技术在机械制造、核工业、汽车、铁路交通和航空航天等领域有广泛应用,为工程部件的强度与寿命提供参考。

(3) 磁性中子散射技术。中子的磁矩特性使其成为唯一可以直接探测原子磁结构的工具,能够提供关于磁矩大小、方向、取向及其随温度和电磁场变化的信息。磁性中子散射技术可以同时测定磁结构和晶体结构,从而更直接地反映磁性与晶体结构的关联,对于磁致伸缩、磁铁-铁电耦合等磁性功能材料的研究具有重要意义。磁性中子散射技术可加速关键磁性材料在电信通信、自动控制、大型计算机和家用电器等领域的研发。

(4) 电子材料全能谱中子辐射测试技术。利用全能谱中子辐射性能测试技术,可以在电子材料、处理工艺研发及器件集成过程中,建立电子材料成分、结构与大气中子辐射性能的定量关系,从而实现材料筛选和工艺评价。这对于提高电子器件在高安全需求应用(如航空、国防、高铁、核电、汽车、巨型计算机和网络通信等)中的可靠性和耐辐射性能具有重要价值。

(5) 中子成像技术。中子成像技术具有其他无损探测技术所没有的优势,如丰富的衬度机制、高穿透力、无损成像、定量分析等。中子飞行时间(TOF)成像技术在测量样品总截面的同时,还能获取完整的能谱信息,从而计算样品应力与应变的二维分布,揭示样品内部的复杂结构。这种方法结合了微结构和能谱信息的图像,被认为是未来研究材料相变、应力与应变、织构等问题的新方法,显著加速新能源、航空航天和安检等领域的关键新材料研发。

高通量实验技术在材料科学的多个领域已经取得了显著进展,并在材料基因组方法的推动下进入了新的发展阶段。提升高通量材料制备与表征技术,开发新型高效低成本的实验设备,确保材料基因工程的顺利实施,将加速材料科学领域的创新和发展。材料基因组技术作为材料研发的最新理念,其三大要素之一是高通量制备与表征技术。这些技术能加快新材料研发速度并降低研发成本。

现有的高通量制备技术虽然有创新,但在三元以上体系中难以实现精确成分控制。因此,需要开发更精准、快速的制备仪器。高通量制备的材料需要精确表征,这要求表征技术具备更高分辨率和测试效率,特别是在极端条件下的原位表征能力。

同步辐射光源和散裂中子源等大科学装置因其全光谱、高亮度、高分辨率等优势,逐渐成为高通量表征的主要工具。然而,这些装置数量有限,不便于大规模材料表征。因此，需研发新的微区材料高通量测试技术，创新现有的制备和表征仪器，打造高效、低成本的高通量实验设备，建立先进的新材料研发体系和全面的材料数据库。这些改进将显著提升新材料研发的速度和效率，推动材料科学的进一步发展。

结合大科学装置的原位、实时、高通量制备与表征技术，将成为中国新材料研发体系的重要基础。这些前沿技术需具备更高的空间和时域分辨率、极端条件下的原位表征、高精度原子层面表征，以及获取界面和表面电子、声子、自旋信息的能力。普通实验室光源无法满足这些要求，而以同步辐射光源和散裂中子源为代表的大科学装置，凭借其高亮度、全光谱、窄脉冲、高准直、高偏振和高稳定性，符合新一代高通量表征技术的发展需求。

2.3　材料数据库与大数据技术

材料是科技发展的基础，随着全球工业革命的推进，加速材料研发成为各国的重要目标。低成本、高可靠性的预测方法指导实验，以快速获得定制性能的新材料，是当前的关键问题。随着大数据时代的到来，材料信息学迅速发展，机器学习成为材料设计与开发的强大工具，已在材料研究中得到广泛应用。例如，Xue等通过机器学习设计，仅实验合成 36 种预测成分的合金试样，就从约 800000 种不同成分中找到具有极小热滞的新型多组元 Ni-Ti 基形状记忆合金[41]。Kiyohara等通过机器学习，仅计算不超过 0.18% 的晶体结构偏析能即可准确得到合金元素在晶界偏析的稳定构型[42]。Wen 等在机器学习反馈回路辅助下，仅通过 7 次实验便得到了高硬度高熵合金[43]。

机器学习已经被证明可以加速材料研发进程。在大数据时代，数据资源的重要性日益凸显，甚至"失败"的数据也可以用于训练机器学习模型，从而预测成功条件。机器学习不仅能够预测材料性能，还能通过挖掘边界条件，推动对相关机理的理解。例如，Stanev 等通过机器学习研究超导体系中预测因子的作用，揭示了不同体系驱动超导性的物理机制[44]。

机器学习的有效性依赖于大量高质量数据。建立准确的机器学习模型需要大量数据，因此数据库建设成为材料信息学的重要组成部分。2011 年，美国提出了材料基因组计划，将材料数据库作为三大基础平台之一，推动了数据库的快速发展。本节将介绍国内外知名的材料数据库及其使用情况，分析数据库如何促进机器学习在材料科学研究中应用，并讨论数据库建设和应用面临的挑战及发展趋势。

2.3.1　材料数据库概述

大数据的主要特征和挑战不仅在于数据量大、数据来源多样、类型不同，还包括存在未知依赖关系、不一致性、缺失或不可靠部分、生成速度快、隐私问题等。这些特征包括容量、速度、多样性、可变性、准确性、价值和可视化。其中，容量、速度和多样性是大数据特有的特征，其他特征则适用于所有数据。

材料科学中主要的问题是数据匮乏而非数据过多。然而，材料基因工程项目和其他类似项目的推动，提高了材料科学中数字数据的可用性和可及性。这些项目致力于将实验和模拟数据整合到可搜索的材料数据基础设施中，并鼓励研究人员共享数据。材料科学数据的复杂性和多样性需要新的大数据方法。例如，材料科学中的数据类型包括物理、化学、电子、热力学、机械、结构性质数据、工程处理数据、图像数据、时空数据和非结构化文本数据等，且这些数据类型通常相互关联。

材料基因工程的成功依赖于数据共享与计算工具的开发。作为材料基因工程的重要组成部分，数据库得到了研究者的广泛关注。目前，国外著名的材料信息数据库包括美国加州大学伯克利分校和麻省理工学院联合组建的 Materials Project、美国杜克大学的 AFLOW 和美国西北大学的 OQMD 等。在中国，科技部、工业和信息化部大力支持的中国材料基因工程专用数据库也在快速建设中，并在机器学习应用领域取得了初步成果。

1. 国外材料数据库建设情况

2023 年，相比于国内，国外材料数据库建设情况呈现出更多样化和高水平的发展趋势，涵盖了从基础材料数据到应用导向的各种类型。以下是一些代表性的数据库及其建设情况。

1) Materials Project
Materials Project 是由美国加州大学伯克利分校和麻省理工学院等在 2011 年材料基因组计划提出后联合开发的开放性数据库。它存储了数十万条包括能带结构、弹性张量和压电张量等性能的第一性原理计算数据，涵盖无机化合物、纳米孔隙材料、嵌入型电极材料和转化型电极材料。数据准确性高，提供如 Materials Explorer、Battery Explorer 和 Structure Predictor 等应用程序，可在线预测未知材料的性能，减少实验量，加快材料开发速度。

2) AFLOW
AFLOW 是由杜克大学在 2011 年开发的开放数据库，存储了大量第一性原理计算数据，涉及无机化合物、二元合金和多元合金等，截至 2024 年，数据量超过734308640 条，涵盖 3530330 种材料。AFLOW 基于密度泛函理论(DFT)的高通量计算，拥有良好的计算性能。AFLOW 提供了 12 种应用程序，如 AFLOWπ、AFLOW-ML 和 PAOFLOW 等，帮助用户筛选材料结构和性能。AFLOW-ML 简化了机器学习方法，并提供开放的 RESTful API 以支持各种工作流的正常运行。

3) OQMD

开放式量子材料数据库(open quantum materials database，OQMD)是由美国西北大学 Chris Wolverton 团队于 2013 年建立的基于 DFT 计算的数据库，涵盖 630000 多种材料的热力学性质和结构。OQMD 开放程度高，提供应用程序接口(API)，用户可以按需搜索材料的晶体结构、能带和能量等性质，训练机器学习模型，并预测热力学稳定相。OQMD 的准确性得到了用户的肯定，如 Kirklin 等通过实验对比发现，OQMD 可以准确预测大多数元素的晶体结构与形成能[45]。

其他著名的材料信息数据库包括：日本国立材料科学研究所开发的 Mat Navi 数据库，涵盖金属材料、复合材料、超导材料、聚合物和高温合金等，并包括工程数据库，如过冷奥氏体连续冷却转变(CCT)曲线数据库；欧洲卓越中心开发的 NOMAD 数据库，包含来自全球研究人员和实验室的数据，支持对比计算结果，促进材料结构性能的研究；PAULINGFILE 数据库，由日本科学技术振兴机构 (Japan science & technology corporation，JST)与瑞典材料相数据系统(materials platform for data science，MPDS)合作创立，应用于无机材料设计与开发，支持材料数据挖掘；Material Connexion 数据库，提供碳基、水泥基、陶瓷、玻璃、金属和高分子材料等数据，并提供咨询服务和线下材料图书馆；Materials Web 数据库，由美国佛罗里达大学 Hennig 课题组创建，存储二维材料电子结构数据，支持 VASP(维也纳大学开发的原子尺度材料模拟计算机程序包)工作流和材料结构特征表征；Matdat 数据库，包含材料性能数据，实验室、供货商和制造商名录，并即将开放研究数据储存平台。

2. 我国材料数据库建设情况

我国在材料数据库建设方面起步较晚，但近年来取得了显著进展。1987 年，中国科学院启动科学数据资源建设。2019 年，中国科学院科学数据中心全面改版并投入运行，包含 99309 个数据集，访问量达 14064 亿次，在线存储量 158.8PB。"材料学科领域基础科学数据库"是我国最全面的材料科学数据库之一，涵盖金属材料、无机非金属材料、闪烁材料、碳化硅材料、纳米材料和有机高分子材料等子数据库，总数据量超过 7 万条。

2001 年，我国启动了科学数据共享工程。科技部"十一五"基础条件平台项目中的"国家材料科学数据共享网"是这一工程的重要项目之一，整合了全国 30 多家科研单位的数据资源，包含 3000 种钢铁材料及 11 万条高质量数据，分为 12 个大类，为材料研究领域提供了数据共享服务。

2016 年，北京科技大学牵头建立了"材料基因工程数据库"，这是一个结合材料基因工程理念建设的数据库与应用软件一体化平台。目前，该平台包含催化材料、铁性材料、特种合金、生物医用材料及材料热力学和动力学等各类材料数据，总量超过 76 万条。该平台支持高通量第一性原理计算和数据挖掘，提供自动处理和数据汇交功能，还包括论文信息辅助提取软件和在线数据挖掘系统。

此外，我国还建立了许多专项数据库，如国家纳米科学中心的纳米研究专业数据库、北京科技大学的国家材料腐蚀与防护科学数据中心和中国科学院上海有机化学研究所的化学专业数据库等。这些数据库在特定研究领域具有很强的针对性，虽然使用范围较小，但在各自领域中发挥了重要作用。主要材料科学数据库的对比如表 2-1 所示。

表 2-1　主要材料科学数据库对比

数据库	材料类型	特点
Materials Project	包括锂电池、沸石、金属有机框架等材料	数据具有较高的准确性
AFLOW	主要为金属材料	最大的数据库
OQMD	主要为钙铁矿材料	用户可以下载完整的数据库
ICSD	1913 年以来出版的已知无机晶体结构	世界最大的无机晶体结构数据库
NIST	几乎涵盖所有材料体系	由百余个子库构成，具有严格评估标准
MatNavi	包括聚合物、陶瓷、合金、超导材料等材料	综合性数据库
Pauling File	主要为非有机固态材料	包括相图、晶体学数据、衍射模式和物理特性
NOMAD	几乎涵盖所有材料体系	可暂存研究人员的代码和数据，用户可以对比世界各地研究人员的计算结果，从而可以更好地研究材料的结构性能
Material Connexion	包含碳基材料、水泥基材料、陶瓷材料、玻璃材料、金属材料、天然材料、高分子材料、材料工艺等	将材料学家与设计师直接联系起来的创新材料咨询服务机构
Matdat	包括铝合金、钛合金等 600 多种材料	独特的综合在线平台，提供材料数据库和材料相关服务
国家材料科学数据共享网	以钢铁材料、先进合金材料为主，也包含无机非金属材料和高分子材料	国内 30 余家科研单位参与建设，以整合、重构现有的、较为成熟的材料科学数据资源为基础
MGED	以核材料、特种合金、生物医用材料、催化材料和能源材料为主，涉及几乎所有材料体系	我国最大的材料基因工程数据库平台，除数据库外，平台还拥有第一性原理在线计算引擎、原子势函数库、在线数据挖掘系统等众多功能

3. 发展中的高通量计算软件

对于材料数据库，通过第一性原理等高性能、高通量的材料计算获取理论数据，并结合实验数据和经验数据，再利用信息化技术处理和分析大规模、多源异构的材料数据，才能充分挖掘和利用数据库中的数据[46]。目前，常用的高通量计算框架，如 Materials Project 和 AFLOW 等，具有较高的入门门槛。因此，发展高通量计算软件势在必行。

上海鞍面智能科技有限公司的 LASP 软件利用最新的高效神经网络势能面方法进行势能面模拟计算，解决了晶体结构预测、相变动力学和反应路径预测等复杂问题。高岩涛等基于第一性原理，利用平面波基组和赝势方法进行电子结构计算和分子动力学模拟，研发了图形处理单元(GPU)加速计算平台 PWMat 软件，其计算速度比同类中央处理器(CPU)软件(如 PEtot)快约 20 倍，能够模拟包含 4000 个电子以上的体系[47]。中国科学院计算机网络信息中心的杨小渝等研发了高通量材料计算平台 MatCloud，以及高通量材料计算数据库 MatCloudLib。该平台具有晶体结构建模、图形化界面流程设计、性质预测、结果分析、数据提取与查询、计算资源集成等功能，能够对计算结果进行可视化分析和展示[48]。王宗国等以 Fe-Al 和 Al-Ti 体系为例，采用 MatCloud 的特色工作流技术快速筛选出掺杂的稳定结构，相较于遍历筛选，计算量分别减少了 66%和 84%[49]。

2.3.2　大数据技术

材料科学中的关键问题几乎都涉及加工−结构−性能−服役(process-structure-property- performance，PSPP)关系，这些关系尚未被充分理解。图 2-8 展示了材料科学与工程中的 PSPP 关系，其中因果的科学关系从左向右流动，目标和方法的工程关系从右向左流动[50]。值得注意的是，从左向右的关系(正向模型)是多对一的，而从右向左的关系(逆向模型)是一对多的。这意味着多种加工方法可能会产生相同的材料结构，而同一材料属性可能通过多种结构实现。每个实验观察或模拟可以看作正向模型的一个数据点(如在给定处理、组成和结构参数下对某特性的测量或计算)。这些数据点可用于材料信息学方法(如预测分析)，构建数据驱动的正向模型。正向模型的运行时间远少于实验或模拟所需时间，其加速效果不仅能指导未来的模拟和实验，还能实现逆向模型，这是材料研发和设计的关键。逆向模型通常被表述为优化问题，其目标是最大化或最小化某个感兴趣的属性或性能指标，并受到材料表示的各种约束。优化过程通常涉及多次调用正向模型，因此一个快速的正向模型非常宝贵。此外，由于逆向模型是一对多的，一个好的逆向模型应识别多个最优解，从而灵活选择材料结构，以最简单和经济的方式获得所需属性。通过这些模型，研究人员能够大大缩短材料设计和优化时间。正向模型提供了快速预测材料性能的方法，而逆向模型则帮助找到实现目标性能的多种可能结构。这种数据驱动的模型体系不仅提高了效率，还为材料科学的发展提供了新的思路。

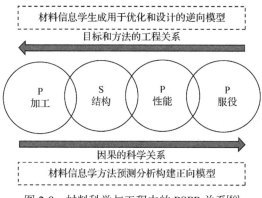

图 2-8 材料科学与工程中的 PSPP 关系[50]

图 2-9 描述了材料信息学的知识发现工作流。原材料数据以不同格式存储在异质材料数据库中。开发属性预测模型的第一步是理解数据格式和表示，并在建模前进行必要的预处理，确保数据质量，处理噪声、异常值、缺失值和重复数据实例。通常情况下，如果实例和/或属性易于识别且有足够的数据，会删除这些数据，但最佳利用不完整数据仍是一个活跃的研究领域。数据预处理步骤包括离散化、采样、归一化、属性类型转换、特征提取和选择等。这些数据预处理可以是监督的，也可以是无监督的，取决于过程是否依赖于目标属性(预期材料的属性)，因此通常被认为是工作流中的独立阶段。接下来将详细讨论这一过程中的大数据技术设计。

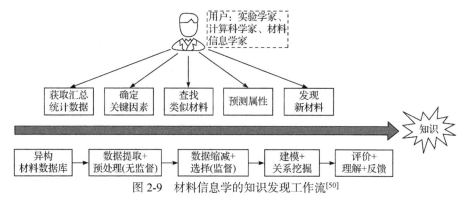

图 2-9 材料信息学的知识发现工作流[50]

1. 数据的采集

大数据采集是大数据生命周期的第一个环节。随着各类技术和应用的发展，数据来源多种多样，除了传统的关系型数据库外，还包括众多非结构化数据库，以及互联网、物联网等。数据类型也更加丰富，包括原有的结构化数据，更多的还是半结构化数据和非结构化数据。数据来源不同，大数据采集技术和方法也存在较大差异，下面将按照数据库数据采集、网络数据采集、物联网数据采集分类说明。

1) 数据库数据采集

数据库数据采集因数据库类型不同及其中存储数据类型是结构化还是非结构化有所不同。针对传统的关系型数据库，一般采用数据抽取-转换-加载(extract-transform-load, ETL)工具、结构化查询语言(structured query language, SQL)编码、ETL 工具与 SQL 编码结合三种方式。ETL 工具经过多年的发展，已经形成了相对成熟的产品体系，尤其是针对传统关系型数据库。借助 ETL 工具可以实现数据库数据的快速采集及预处理，屏蔽复杂的编码任务，可提高速度，降低难度，但是缺乏灵活性。通过 SQL 编码方式实现数据库数据采集，相对使用 ETL 工具更加灵活，可以提高数据采集及预处理的效率，但是编码复杂，对技术要求比较高。ETL 工具与 SQL 编码结合可以综合前两种方法的优点，极大提高数据采集及预处理的速度和效率。针对非结构化数据库采集及不同类型数据库之间的数据传递，采用 ETL 工具，可以实现主流非结构化数据库与传统关系型数据库之间的数据双向传递。相对来说，数据库数据价值密度高，主要是通过日志文件、系统接口函数等方式采集，采集技术规范，可用工具较多，面向不同类型数据库的统一采集技术将成为未来的重要发展趋势。

2) 网络数据采集

网络数据采集根据采集的数据类型又可以分为互联网内容数据采集和网络日志采集两类。互联网内容数据采集主要利用网络爬虫技术和网站公开的端口，通过分词系统、任务与索引系统，从网站获取内容数据。这种方式能将半结构化和非结构化数据从网页中提取，并以结构化方式存储为本地数据文件，支持图片、音频、视频等文件或附件的采集。网络爬虫是按照规则自动抓取互联网内容的程序，搜索引擎与网页持有者通过网络协议约定可爬取的信息。

常用开源日志采集系统，包括 Flume、Scribe、Logstash 等具有高可用性、高可靠性和分布式特点，可实现海量日志的实时动态采集、聚合和传输。Scribe 是Facebook 的开源项目，具有可扩展性和高容错特点，可实现日志的分布式采集和统一处理。Logstash 部署简单，注重日志数据预处理，为后续解析做好铺垫。Fluentd的扩展性好，应用广泛。

3) 物联网数据采集

无论是消费物联网、产业物联网，还是智慧城市物联网，可能涉及射频识别电子标签、定位装置、红外感应装置、激光雷达及多种传感器等装置，可以说物联网终端设备的作用就是采集物联网数据，可能涉及对声音、光照、热、电流、压力、位置、生物特征等各类数据的采集。物联网数据涉及范围广阔，数据相对分散，数据类型差异巨大，数据采集方法和采集手段也存在较大差异。

2. 大数据存储

大数据存储与计算机技术是整个大数据系统的基础。当前的大数据系统架构主要有两种：一种是大规模并行处理(massively parallel processing，MPP)数据库架构，另一种是 Hadoop 体系的分层架构。这两种架构各有优势和相应的适用场景。另外，随着光纤网络通信技术的发展，大数据系统架构正在向存储与计算分离的架构和云化架构方向发展。

1) MPP 架构

MPP 架构将多个处理节点通过网络连接，每个节点独占资源(如内存、硬盘、输入和输出(IO))，各节点间的 CPU 不能访问彼此的内存。该架构通过复杂的调度机制和并行处理，采用 Shared Nothing 架构，结合列存储和粗粒度索引等技术，实现高效的分布式计算。MPP 架构多用于低成本电脑服务器(PC server)，具备高性能和高扩展性，广泛应用于企业分析类应用，能有效支撑 PB(拍字节)级别的结构化数据分析，是企业新一代数据仓库和结构化数据分析的理想选择。

2) Hadoop

Hadoop 是 Apache 基金会开发的分布式系统基础架构，允许用户在不了解底层细节的情况下开发分布式程序，充分利用集群进行高速运算和存储，具有可靠、高效、可伸缩的特点。Hadoop 的核心是 HDFS(Hadoop 分布式文件系统)和 MapReduce(分布式计算框架)。作为数据存储管理的基础，HDFS 是高度容错系统，适用于低成本硬件，提供高吞吐量的数据访问功能，适合大型数据集应用，采用一次写入多次读取的机制，数据以块形式分布在集群的不同物理机器上。作为分布式计算模型，MapReduce 将计算抽象为 Map 和 Reduce 两部分，适合在分布式并行环境里进行大数据处理。Map 对数据集上的独立元素进行操作，生成键-值对的中间结果，Reduce 对中间结果中的相同键进行规约，得到最终结果。绕 Hadoop 衍生出多种大数据技术，适用于处理非结构化数据、复杂 ETL 流程和数据挖掘等。Hadoop 平台利用其开源优势，广泛应用于互联网大数据存储和分析，成为主流分布式架构系统，很多企业的大数据平台都是基于 Hadoop 搭建的。

3. 数据预处理

大数据分析与挖掘所需的数据通常来自多个渠道，类型多样，这些数据往往存在冗余、缺失和冲突等问题。因此，需要通过大数据预处理技术来提高数据质量，以确保分析的正确性和有效性，从而获得高质量的分析结果。大数据预处理技术包括对原始数据进行清洗、填补、平滑、合并、规格化及一致性检查等操作，将杂乱无章的原始数据转化为结构化、便于处理的格式，为后续的大数据分析和挖掘奠定基础。大数据预处理主要包括数据清理、数据集成、数据变换及数据归约四大部分。这些预处理步骤可以确保数据更加一致和可靠，为后续的分析和挖掘提供坚实的基础。通过预处理，数据的质量得到显著提升，使得后续的大数据分析和挖掘更加准确和高效。

1) 数据清理

数据清理主要是通过检测数据中存在冗余、错误、不一致等问题，利用各种清洗技术去噪声数据，形成一致性数据集合，包括清除重复数据、填充缺失数据、消除噪声数据等。清除重复数据一般采用相似度计算等统计分析方法。针对缺失数据处理有两种方式，一种是忽略不完整数据，即清除缺失数据，另外一种是通过统计学方法、分类或聚类方法填充缺失数据，确保数据可用性。在实际应用中，数据采集过程中还会因为多种原因产生大量的噪声数据(在合理的数据域之外)，如果不加处理，会造成后续分析挖掘结果不准确、不可靠。常用的消除噪声数据的方法包括分箱、聚类、回归等统计学和数学方法。

2) 数据集成

数据集成是指将来自多个数据源的异构数据合并存放到一个一致的数据库中。这一过程主要涉及模式匹配、数据冗余、数据值冲突的检测与处理，主要工具仍是上述提到的开源 ETL 工具。模式匹配主要用于发现并映射两个或多个异构数据源之间的属性对应关系，朴素贝叶斯、堆叠泛化(stacking)等机器学习算法在模式匹配中应用较为广泛。数据冗余可能来源于数据属性命名的不一致，可以利用皮尔逊积矩相关系数来衡量数据属性命名的一致性，绝对值越大表明两者之间相关性越强。数据值冲突主要表现为来源不同的同一实体具有不同的数据值，数据值冲突问题有时需要辅以人工确定规则解决。

3) 数据变换

数据变换就是处理采集的数据中存在不一致的过程，包括数据名称、颗粒度、规则、数据格式、计量单位等的变换，也包括对新增数据字段进行组合、分割等变换。数据变换实际上也包含了数据清洗的相关工作，需要根据业务规则对不一致数据进行清洗，以保证后续分析结果的准确性。数据变换的主要目的在于将数据变换为适合分析挖掘的形式，选用何种数据变换方法取决于大数据分析和挖掘算法。常用数据变换方法包括：①函数变换，使用数学函数对每个属性值进行映射。②对数据进行规范化，按比例缩放数据的属性值，尽量落入较小的特定区间。规范化既有助于各类分类、聚类算法的实施，又避免了对度量单位的过度依赖，同时可规避权重不平衡问题。

4) 数据归约

数据归约在保持数据原貌的前提下，缩减数据规模，提取最有用特征。涉及的技术有高维数据降维、实例规约、离散化和不平衡学习等。数据归约使数据集变小但仍保留原数据的完整性，提高分析效率。基于海量数据的规约技术已成为大数据预处理的重要问题之一。

4. 数据分析挖掘

一旦执行了适当的数据预处理，数据就可以进行监督数据挖掘的预测建模。需要将数据分割为训练集和测试集，或使用交叉验证，以防止模型过度拟合，避免产生过于乐观的准确性。如果目标属性是数值型(如疲劳强度、地层能量)，则使用回归技术进行预测建模；如果目标属性是类别型(如化合物是否为金属)，则使用分类技术。一些技术可以同时用于分类和回归。存在几种集成学习技术，它们通过不同方式结合基础学习者的结果，提升模型的准确性和鲁棒性。除了预测建模，还可以使用聚类和关系挖掘等数据挖掘技术，具体取决于项目目标，如找到相似材料组或发现数据中的隐藏模式和关联。

材料信息学中的机器学习问题主要分为有监督学习和无监督学习两类。根据预测值的性质，可以进一步分为回归(连续值)和分类(离散值)任务。常用的机器学习方法还包括特征选择和降维等。由于材料性能值多为连续值，因此回归问题占主要地位。回归分析通过建立回归方程描述自变量和因变量之间的关系，还具有一定的预测功能，广泛应用于机器学习问题，如传统线性回归的拟合分析和用于分类问题的逻辑回归。根据自变量的个数，可分为一元回归和多元回归；根据拟合函数的类型，可分为线性回归和非线性回归。其他常用的回归方法包括多项式回归和核岭回归等。

深度学习已逐渐取代传统机器学习，并在许多领域表现出色[51]。在学习模型中，深度神经网络(DNN)、卷积神经网络(CNN)和递归神经网络(RNN)是常用的深度学习算法。深度神经网络的灵活性使模型能够从数据的原始表示中逐步学习更高阶的特征。例如，在计算机视觉领域，卷积神经网络可以学习检测图像边缘，并在最终层进行分类[52]。卷积神经网络已在大型图像分类任务中取得了成功，并在材料信息学任务中被应用于预测晶体体系、消光基和空间群的 X 射线衍射图谱分类。此外，卷积神经网络还成功用于识别钢铁珠光体、奥氏体和马氏体等材料图像。人工神经网络还被用来探索晶体结构-性能关系，捕捉非线性吸附底物的相互作用关系。深度学习算法也被用于预测化学式为 AB 型晶体的结构和性能关系。此外，在一些任务中，将深度神经网络与传统回归方法结合可以得到更高精度的预测结果。例如，使用神经网络从材料结构中提取高层特征，然后利用传统的回归模型根据这些特征预测材料性能。表 2-2 展示了一些材料信息学中常用的机器学习模型，包括相关文献中介绍的主流算法及其在材料信息学中的应用。

表 2-2　材料信息学中常用的机器学习模型[50]

机器学习模型	简要概述
支持向量机 (support vector machine，SVM)	通过找到最佳超平面来分类数据，擅长处理高维和非线性问题
线性回归 (linear regression)	用直线拟合数据点进行预测，适用于简单线性关系
逻辑回归 (logistic regression，LR)	进行分类问题时，计算速度快，可结合正则化模型来解决问题
K 近邻算法 (K-nearest neighbor，KNN)	基于最近邻数据点进行分类或回归，适用于简单模式识别
决策树 (decision tree，DT)	通过树形结构进行决策，适合处理含有缺失属性的样本，但容易发生过拟合，忽略数据间的相关性
随机森林 (random forest，RF)	基于集成学习的方法，因为随机性的引入，使得有较好的抗噪声能力且不易过拟合
深度神经网络 (deep neural network，DNN)	通过多层神经元网络拟合复杂数据关系，适用于高复杂度问题
卷积神经网络 (convolutional neural network，CNN)	使用卷积层提取图像特征，擅长图像和视频处理
递归神经网络 (recurrent neural network，RNN)	通过循环结构处理序列数据，适用于时间序列分析
人工神经网络 (artificial neural network，ANN)	模仿人脑神经元连接，进行预测和分类
自动编码器 (auto encoder，AE)	主要是通过逐层的无监督学习先将输入数据进行表征的压缩，然后通过网络进行有监督的学习
核岭回归 (kernel ridge regression，KRR)	结合岭回归和核方法处理非线性回归问题
压缩感知 (compressive sensing，CS)	通过少量数据重构信号，适用于稀疏数据分析

　　正确评估数据驱动的模型是至关重要的。从原则上讲，数据驱动的模型可以"记住"数据集的每个实例，从而对相同的数据处理具有100%的准确性，但很可能无法很好地处理不可见的数据，这通常导致黑箱模型的高级数据驱动技术需要根据模型在训练时没有看到的数据进行评估。一种简单的方法是仅基于部分数据构建模型，并使用其余数据进行评估。这可以推广为 k 折(k-fold)交叉验证，其中数据集被随机分成 k 部分。用 $k-1$ 个部件建立模型，剩下的一个部件用于测试，该过程以不同的测试分段重复 k 次。交叉验证是一个标准的评估设置，以消除任

何过度拟合的机会。当然，k 折交叉验证需要建立 k 个模型，这可能需要在大型数据集上花费很长时间。要注意，交叉验证应该是整个工作流的一部分，而不仅仅是预测模型的一部分。因此，在进行交叉验证时，任何监督数据预处理都应该与预测建模一起考虑，以获得准确性的无偏估计。

此外，现有的机器学习模型的预测性能常因样本冗余和交叉验证方法中测试集数据过少而被高估。主要原因是数据集中包含大量高度类似的材料数据，这些相似样本在交叉验证时，很可能同时分配到训练集和测试集，导致预测准确性过高，但模型的实际泛化能力不足，无法精确预测材料性能。高冗余度样本集导致的预测性能高估问题在 OQMD 数据集训练的模型中尤为明显。为解决这一问题，可以采用几种方法：①留出法。将数据集划分为互不重叠的训练集和测试集，确保测试集数据不包含在训练集中。这有助于更准确地评估模型的泛化能力。②交叉验证法。通过多次随机划分训练集和测试集，确保模型在不同数据划分下的稳定性和泛化能力。虽然交叉验证在数据较小时效果较好，但在样本冗余较高的数据集上可能仍会出现问题。③自助法(bootstrapping)。采用重复抽样技术从原始样本中抽取一定数量的数据进行模型评估。自助法在数据集较小且难以有效划分训练集和测试集时效果较好，但由于该方法改变了初始数据集的分布并引入误差，在数据集较大时应优先使用留出法和交叉验证法。通过这些方法，可以更准确地评估模型的实际性能，避免因样本冗余和数据划分不当导致的预测性能高估问题。

在过去十年，大量利用材料科学数据的数据挖掘研究如雨后春笋般涌现，这些研究大多使用上述材料信息学工作流程的某种风格。值得注意的是，这个工作流程本质上是材料科学对其他领域中类似数据驱动分析工作流程的改编。大多数用于大数据管理和信息学的先进技术来自计算机科学领域，更具体地说，高性能数据挖掘，通过许多不同领域应用，如商业和营销、医疗保健、气候科学、生物信息学和社会媒体分析等。

材料数据是材料科学研究的基础，随着材料基因工程的实施，材料科学数据呈现爆炸式增长。然而，我国在材料数据库方面的资源储备量远不如美国、欧洲和日本等发达国家和地区。我国的材料科学数据库建设仍处于初期阶段，无法很好地服务研究者和满足应用需求。目前，我国材料信息数据库建设与应用面临以下挑战：①数据量与质量问题。相比发达国家，我国材料科学数据库的数据积累量不足，已有的国家级数据库数据不够丰富。数据质量评价机制不完善，错误数据阻碍研究，需要严格把关。②数据分类与获取复杂性。材料分类应依据权威体系进行划分，数据收集需有严格格式和明确来源。材料计算和实验数据对工艺参数非常敏感，获取过程复杂，导致数据差异大。③数据共享与知识产权问题。研究单位的数据库共享程度低，多数仅涵盖单一性能或材料体系，数据格式不统一。

数据被视为"财富"，知识产权保护缺乏明确法律界定，研究者和生产单位不愿无偿贡献数据。④专业人员监管不足。数据库的收集、更新和维护多由青年学生和研究者完成，但他们对材料科学领域知识理解不深，容易造成失误，影响数据库质量和建设进度，需要专业人员监管。这些问题需要引起重视，以提高我国材料科学数据库的建设和应用水平，推动材料科学的发展。

参 考 文 献

[1] 宿彦京, 付华栋, 白洋, 等. 中国材料基因工程研究进展[J]. 金属学报, 2020, 56(10): 1313-1323.

[2] 杨可松. 掺杂二氧化钛的稳定性、电子结构及相关性质的第一性原理研究[D]. 济南: 山东大学, 2010.

[3] GEERLINGS P, DE PROFT F, LANGENAEKER W. Conceptual density functional theory[J]. Chemical Reviews, 2003, 103(5): 1793-1874.

[4] 杨晓梅, 吴国是. 密度泛函理论与 Hartree-Fock 方法混合处理中的稳态相关能校正[J]. 化学学报, 1997, 55(1): 1-8.

[5] 李震宇, 贺伟, 杨金龙. 密度泛函理论及其数值方法新进展[J]. 化学进展, 2005, 17(2): 192-202.

[6] 张富春, 邓周虎, 阎军锋, 等. ZnO 电子结构与光学性质的第一性原理计算[J]. 光学学报, 2006, 26(8): 1203-1209.

[7] 方业广, 丁万见, 方维海. 化学反应机制的电子结构计算和动力学模拟: 北京师范大学的量子化学[J]. 北京师范大学学报 (自然科学版), 2022, 58(4): 524-534.

[8] 任国武. 材料的多尺度模拟[D]. 上海: 复旦大学, 2010.

[9] KOHN W, SHAM L J. Self-consistent equations including exchange and correlation effects[J]. Physical Review, 1965, 140(4A): 1133-1142.

[10] 刘利民. 材料基因工程: 材料设计与模拟[J]. 新型工业化, 2015 (12): 71-88.

[11] 吴苗苗, 刘利民, 韩雅芳. 材料基因工程: 材料设计、模拟及数据库的顶层设计[J]. 今日科苑, 2018, 10: 53-58.

[12] 赵钲洋. 水泥基材料力学与导热性质的分子尺度模拟研究[D]. 泰安: 山东农业大学, 2020.

[13] LAASONEN K, PASQUARELLO A, CAR R, et al. Car-Parrinello molecular dynamics with Vanderbilt ultrasoft pseudopotentials[J]. Physical Review B, 1993, 47(16): 10142.

[14] 叶宏飞, 李东, 姚婷婷, 等. 碳纳米管改性的双马来酰亚胺树脂力学性质的分子尺度模拟研究[J]. 计算力学学报, 2020(2): 131-136.

[15] 朱明哲. 纳米尺度接触和摩擦的分子动力学及多尺度模拟研究[D]. 北京: 清华大学, 2010.

[16] 侯雅青, 苏航, 张浩, 等. 金属材料多尺度高通量制备研究进展[J]. 材料导报, 2022, 36(1): 168-177.

[17] WANG Y, LV J, ZHU L, et al. Crystal structure prediction via particle-swarm optimization[J]. Physical Review B, 2010, 82(9): 094116.

[18] 薛飞, 王忆, 刘向兵, 等. 核电材料辐照损伤的多尺度高通量计算模拟[J]. 装备环境工程, 2022, 19(1): 1-10.

[19] 鲁楠, 何鹏飞, 种晓宇, 等. 多尺度模拟计算方法在超高温高熵陶瓷材料中的应用进展[J]. 宇航材料工艺, 2023, 53(1): 1-12.

[20] HANAK J J. The "multiple-sample concept" in materials research: Synthesis, compositional analysis and testing of entire multicomponent systems[J]. Journal of Materials Science, 1970, 5: 964-971.

[21] 项晓东, 汪洪, 向勇, 等. 组合材料芯片技术在新材料研发中的应用[J]. 科技导报, 2015, 33(10): 64-78.

[22] POTYRAILO R, RAJAN K, STOEWE K, et al. Combinatorial and high-throughput screening of materials libraries:

Review of state of the art[J]. ACS Combinatorial Science, 2011, 13(6): 579-633.

[23] SENKAN S. Combinatorial heterogeneous catalysis: A new path in an old field[J]. Angewandte Chemie International Edition, 2001, 40(2): 312-329.

[24] WANG J, YOO Y, GAO C, et al. Identification of a blue photoluminescent composite material from a combinatorial library[J]. Science, 1998, 279(5357): 1712-1714.

[25] LI J, DUEWER F, GAO C, et al. Electro-optic measurements of the ferroelectric-paraelectric boundary in $Ba_{1-x}Sr_xTiO_3$ materials chips[J]. Applied Physics Letters, 2000, 76(6): 769-771.

[26] KAU D, TANG S, KARPOV I V, et al. A stackable cross point phase change memory[C]. Baltimore: 2009 IEEE International Electron Devices Meeting (IEDM), 2009.

[27] 高琛, 罗震林, 鲍骏, 等. $PbTiO_3$-$CoFe_2O_4$ 磁电材料样品库的同步辐射 X 射线衍射结构分析[J]. 中国科学技术大学学报, 2007, 37(4): 575-577.

[28] NA N, ZHANG S, WANG X, et al. Cataluminescence-based array imaging for high-throughput screening of heterogeneous catalysts[J]. Analytical Chemistry, 2009, 81(6): 2092-2097.

[29] POTYRAILO R A, MIRSKY V M. Combinatorial and high-throughput development of sensing materials: The first 10 years[J]. Chemical Reviews, 2008, 108(2): 770-813.

[30] SUN X D, GAO C, WANG J, et al. Identification and optimization of advanced phosphors using combinatorial libraries[J]. Applied Physics Letters, 1997, 70(25): 3353-3355.

[31] BRICENO G, CHANG H, SUN X, et al. A class of cobalt oxide magnetoresistance materials discovered with combinatorial synthesis[J]. Science, 1995, 270(5234): 273-275.

[32] YOO Y K, DUEWER F, YANG H, et al. Room-temperature electronic phase transitions in the continuous phase diagrams of perovskite manganites[J]. Nature, 2000, 406(6797): 704-708.

[33] YOO Y K, XUE Q, CHU Y S, et al. Identification of amorphous phases in the Fe-Ni-Co ternary alloy system using continuous phase diagram material chips[J]. Intermetallics, 2006, 14(3): 241-247.

[34] ZHAO J C, ZHENG X, CAHILL D G. High-throughput measurements of materials properties[J]. Jom, 2011, 63: 40-44.

[35] LIU X, SHEN Y, YANG R, et al. Inkjet printing assisted synthesis of multicomponent mesoporous metal oxides for ultrafast catalyst exploration[J]. Nano Letters, 2012, 12(11): 5733-5739.

[36] TAKEUCHI I, YANG W, CHANG K S, et al. Monolithic multichannel ultraviolet detector arrays and continuous phase evolution in $Mg_xZn_{1-x}O$ composition spreads[J]. Journal of Applied Physics, 2003, 94(11): 7336-7340.

[37] LEE D, SIM G-D, XIAO K, et al. Scanning AC nanocalorimetry study of Zr/B reactive multilayers[J]. Journal of Applied Physics, 2013, 114(21): 214902.

[38] PAN D, CHEN M, WRIGHT P, et al. Evolution of a diffusion aluminide bond coat for thermal barrier coatings during thermal cycling[J]. Acta Materialia, 2003, 51(8): 2205-2217.

[39] GREGOIRE J, VAN CAMPEN D, MILLER C, et al. High-throughput synchrotron X-ray diffraction for combinatorial phase mapping[J]. Journal of SynchrotronRradiation, 2014, 21(6): 1262-1268.

[40] 王海舟, 汪洪, 丁洪, 等. 材料的高通量制备与表征技术[J]. 科技导报, 2015, 33(10): 31-49.

[41] XUE D, BALACHANDRAN P V, HOGDEN J, et al. Accelerated search for materials with targeted properties by adaptive design[J]. Nature Communications, 2016, 7(1): 1-9.

[42] KIYOHARA S, MIZOGUCHI T. Effective search for stable segregation configurations at grain boundaries with data-mining techniques[J]. Physica B: Condensed Matter, 2018, 532: 9-14.

[43] WEN C, ZHANG Y, WANG C, et al. Machine learning assisted design of high entropy alloys with desired property[J]. Acta Materialia, 2019, 170: 109-117.

[44] STANEV V, OSES C, KUSNE A G, et al. Machine learning modeling of superconducting critical temperature[J]. Npj Computational Materials, 2018, 4(1): 29.

[45] KIRKLIN S, SAAL J E, MEREDIG B, et al. The Open Quantum Materials Database (OQMD): Assessing the accuracy of DFT formation energies[J]. Npj Computational Materials, 2015, 1(1): 1-15.

[46] 王卓, 杨小渝, 郑宇飞, 等. 材料基因组框架下的材料集成设计及信息平台初探[J]. 科学通报, 2013, 58(35): 3733-3742.

[47] 高岩涛, 贾伟乐, 王龙, 等. 超软赝势密度泛函分子动力学计算中的若干优化算法[J]. 科研信息化技术与应用, 2015(4): 47-53.

[48] 杨小渝, 王娟, 任杰, 等. 支撑材料基因工程的高通量材料集成计算平台[J]. 计算物理, 2017, 34(6): 697-704.

[49] WANG Z, YANG X, WANG L, et al. CE Screen: An energy-based structure screening automatic workflow[J]. Computational Materials Science, 2018, 143: 55-62.

[50] AGRAWAL A, CHOUDHARY A. Perspective: Materials informatics and big data: Realization of the "fourth paradigm" of science in materials science[J]. Apl Materials, 2016, 4(5): 053208.

[51] LECUN Y, BENGIO Y, HINTON G. Deep learning[J]. Nature, 2015, 521(7553): 436-444.

[52] ALZUBAIDI L, ZHANG J, HUMAIDI A J, et al. Review of deep learning: Concepts, CNN architectures, challenges, applications, future directions[J]. Journal of Big Data, 2021, 8: 1-74.

第 3 章 金属材料的高通量计算模拟

本章彩图

3.1 第一性原理计算

第一性原理计算，指不引入任何经验参数或经验规律，根据量子力学知识，直接通过基本物理常数(原子的种类和空间坐标)求解薛定谔方程，最终得到多电子体系的物理化学性质，其在材料科学中的应用日益广泛，成为研究材料性质和行为的重要工具。基于量子力学的基本理论，第一性原理计算能够在不依赖实验参数的情况下，从原子和电子层次上精确地预测材料的结构、性质和性能。这种方法为理解和设计新材料提供了强有力的理论支持，特别是在研究材料的电子结构、磁性、光学性质、机械性能和热力学行为等方面，发挥了关键作用。

3.1.1 多体薛定谔方程

材料属于多粒子体系，是由大量微观粒子组成的。其中，原子核和核外电子的行为决定材料的物理和化学性质，进而决定材料性质。理论上来讲，只要给定任意材料的组分，就可以通过量子力学来求解薛定谔方程，从而得到材料的各种性质。

以一维单粒子体系为例，通过式(3-1)所示的薛定谔方程求解波函数代入式(3-2)可获得该粒子的能量，不同的波函数解对应该粒子不同的能级。粒子总能量还可以由式(3-3)表示，哈密顿算符等于动能算符和势能算符的和。

$$i\hbar\frac{\partial\psi(x,t)}{\partial t}=-\frac{\hbar^2}{2m}\frac{\partial^2\psi(x,t)}{\partial x^2}+V(x,t)\psi(x,t) \tag{3-1}$$

$$E\psi(x,t)=i\hbar\frac{\partial\psi(x,t)}{\partial t} \tag{3-2}$$

$$\hat{H}=-\frac{\hbar^2}{2m}\nabla^2+V(x,t) \tag{3-3}$$

式中，$\hbar$ 为约化普朗克常量；$\psi(x,t)$ 为波函数；m 为粒子质量；$V(x,t)$ 为势函数；E 为粒子总能量；$\hat{H}$ 为哈密顿算符；∇^2 为拉普拉斯算子。

对于由 N 个电子和 M 个原子核构成的三维多粒子体系，每个粒子的位置由空间矢量 $r=(x,y,z)$ 表示。相应的哈密顿算符和薛定谔方程由式(3-4)和式(3-5)所示：

$$\hat{H} = -\sum_{i}^{N} \frac{h^2}{2m_e} \nabla_i^2 - \sum_{A}^{M} \frac{h^2}{2m_A} \nabla_A^2 + V\left(\boldsymbol{r}_1, \boldsymbol{r}_2, \cdots, \boldsymbol{r}_{M+N}, t\right) \qquad (3\text{-}4)$$

$$E\psi\left(\boldsymbol{r}_1, \boldsymbol{r}_2, \cdots, \boldsymbol{r}_{M+N}, t\right) = \hat{H}\psi\left(\boldsymbol{r}_1, \boldsymbol{r}_2, \cdots, \boldsymbol{r}_{M+N}, t\right) \qquad (3\text{-}5)$$

式中，m_e 为电子的质量；m_A 为 A 原子核的质量；$\psi\left(\boldsymbol{r}_1, \boldsymbol{r}_2, \cdots, \boldsymbol{r}_{M+N}, t\right)$ 为波函数；$V\left(\boldsymbol{r}_1, \boldsymbol{r}_2, \cdots, \boldsymbol{r}_{M+N}, t\right)$ 为势函数。

然而，多粒子体系的波函数包含 3($M+N$) 个变量，计算起来非常困难，甚至无法进行，所以要求解多粒子体系的薛定谔方程就必须对体系进行合理的近似和简化。

多粒子体系的哈密顿算符展开后由五部分组成，电子动能项、原子核动能项、电子和电子、电子和原子核及原子核与原子核间的相互作用项。由于原子核质量比电子大得多，电子运动比原子核快得多，这一速度差异使得电子在每一时刻仿佛运动在静止原子核构成的势场中，相当于一个外加势场。由此将多粒子体系的电子运动与原子核运动分离开来，此时电子运动的哈密顿算符如式(3-6)所示。如果忽略了原子核动能项，原子核之间的相互作用看作一个常数可以直接去掉，这就是玻恩-奥本海默近似[1]或称绝热近似，如式(3-7)所示。如果可以写出多粒子波函数 $\psi\left(\boldsymbol{r}_1, \boldsymbol{r}_2, \cdots, \boldsymbol{r}_N\right)$，就可以根据公式得到能量期望值。

$$\hat{H} = -\sum_{i}^{N} \frac{h^2}{2m_e} \nabla_i^2 - \sum_{A}^{M} \frac{h^2}{2m_A} \nabla_A^2 + \sum_{i>j}^{N} \frac{e^2}{\boldsymbol{r}_{ij}} - \sum_{i}^{N} \sum_{A}^{M} \frac{e^2 Z_A}{\boldsymbol{r}_{iA}} + \sum_{A>B}^{M} \frac{e^2 Z_A Z_B}{\boldsymbol{r}_{AB}} \qquad (3\text{-}6)$$

$$\hat{H} = \hat{T} + \hat{V}_{ee} + \hat{V}_{ext} = -\sum_{i}^{N} \frac{h^2}{2m_e} \nabla_i^2 + \sum_{i>j}^{N} \frac{e^2}{\boldsymbol{r}_{ij}} - \sum_{i}^{N} \sum_{A}^{M} \frac{e^2 Z_A}{\boldsymbol{r}_{iA}} \qquad (3\text{-}7)$$

式中，e 为电子的电荷；Z_A 为 A 原子核的电荷；Z_B 为 B 原子核的电荷；$\boldsymbol{r}_{ij}$ 为电子之间的位置向量，$\boldsymbol{r}_{iA}$ 为电子与 A 原子核间的位置向量；$\boldsymbol{r}_{AB}$ 为电子与 B 原子核间的位置向量；T 为电子的动能项；V_{ee} 为电子之间的相互作用项；V_{ext} 为电子与原子核之间的相互作用项。

3.1.2 从头计算方法

1. 哈特里方程

在绝热近似下，虽然复杂的多粒子体系薛定谔方程被简化为多电子体系的薛定谔方程，但是在真实体系中电子的数量极多，直接求解薛定谔方程仍然十分复杂。如果能将电子之间的相互作用视为简单的相互作用甚至没有相互作用，将会进一步简化求解过程。

哈特里在 1928 年提出将单电子运动近似为在其他电子形成的平均作用势场中的运动。并假设多电子波函数是单电子波函数的简单连续求积形式[2]。将式(3-7)改写成式(3-9)，其中，$\hat{h}(\boldsymbol{r}_i)$ 表示单电子算符，只涉及一个电子 i；$\hat{v}_2\left(\boldsymbol{r}_i, \boldsymbol{r}_j\right)$ 表示双电子算符，即电子与电子相互作用项。$V_{\text{ext}}(\boldsymbol{r}_i)$ 表示第 i 个电子受到的所有原子核的作用。

$$\psi_H(\boldsymbol{r}) = \prod_i^N \psi_i(\boldsymbol{r}_i) \tag{3-8}$$

$$\hat{H} = \sum_i^N \hat{h}(\boldsymbol{r}_i) + \frac{1}{2}\sum_i^N\sum_{j\neq i}^N \hat{v}_2(\boldsymbol{r}_i,\boldsymbol{r}_j) = \sum_i^N \hat{h}(\boldsymbol{r}_i) + \frac{1}{2}\sum_i^N\sum_{j\neq i}^N \frac{1}{\boldsymbol{r}_{ij}} \tag{3-9}$$

$$\hat{h}(\boldsymbol{r}_i) = -\frac{1}{2}\nabla^2 + V_{\text{ext}}(\boldsymbol{r}_i) = -\frac{1}{2}\nabla^2 - \sum_j^M \frac{Z_j}{\boldsymbol{r}_{ij}} \tag{3-10}$$

根据哈特里波函数计算系统能量可以分为两部分，第一部分是单电子项 E_1，第二部分是双电子项 E_2，计算方式如式(3-11)和式(3-12)所示。对总能量进行变分同时考虑限制性条件，即波函数归一化，最后得到哈特里方程如式(3-13)所示，其中哈密顿算符第三项 $\sum_{j\neq i}^N \int \frac{|\psi_j(\boldsymbol{r}_j)|^2}{\boldsymbol{r}_{ij}}\mathrm{d}(\boldsymbol{r}_j)$ 为电子与电子相互作用项，也称哈特里项。这个方程只针对第 i 个电子，所以是一个单电子方程。

$$E_1 = \left\langle \psi_H(\boldsymbol{r}) \left| \sum_i^N \hat{h}(\boldsymbol{r}_i) \right| \psi_H(\boldsymbol{r}) \right\rangle \tag{3-11}$$

$$E_2 = \left\langle \psi_H(\boldsymbol{r}) \left| \frac{1}{2}\sum_i^N\sum_{j\neq i}^N \frac{1}{\boldsymbol{r}_{ij}} \right| \psi_H(\boldsymbol{r}) \right\rangle \tag{3-12}$$

$$\left[-\frac{1}{2}\nabla^2 + V_{\text{ext}} + \sum_{j\neq i}^N \int \frac{|\psi_j(\boldsymbol{r}_j)|^2}{\boldsymbol{r}_{ij}}\mathrm{d}(\boldsymbol{r}_j) \right]\psi_i(\boldsymbol{r}_j) = E_i\psi_i(\boldsymbol{r}_j) \tag{3-13}$$

2. 哈特里-福克方法

哈特里的假设将多电子波函数直接写成单电子波函数的乘积，忽略了泡利不相容原理。福克考虑到了电子的反对称性，将体系的多电子波函数从简单的连乘形式替换为斯莱特行列式形式[3]，如式(3-14)所示。其中，$\phi_i(\boldsymbol{r}_j)$ 表示第 i 个电子的波函数，$\boldsymbol{r}_j$ 表示空间和自旋两部分的坐标。由于交换行列式任意两列，行列式整体会多出一个负号，自然满足了波函数的反对称性。

$$\psi_{\text{HF}}(\boldsymbol{r}_1,\boldsymbol{r}_2,\cdots,\boldsymbol{r}_N) = \frac{1}{\sqrt{N!}} \begin{vmatrix} \phi_1(\boldsymbol{r}_1) & \phi_2(\boldsymbol{r}_1) & \cdots & \phi_N(\boldsymbol{r}_1) \\ \phi_1(\boldsymbol{r}_2) & \phi_2(\boldsymbol{r}_2) & \cdots & \phi_N(\boldsymbol{r}_2) \\ \phi_1(\boldsymbol{r}_3) & \phi_2(\boldsymbol{r}_3) & \cdots & \phi_N(\boldsymbol{r}_3) \\ \vdots & \vdots & & \vdots \\ \phi_1(\boldsymbol{r}_N) & \phi_2(\boldsymbol{r}_N) & \cdots & \phi_N(\boldsymbol{r}_N) \end{vmatrix} \tag{3-14}$$

类似哈特里波函数,用哈特里-福克波函数计算系统总能量,仍然有单电子项 E_1 和双电子项 E_2 两个部分,如式(3-15)和式(3-16)所示,推导得到哈特里-福克方程如式(3-17)所示:

$$E_1 = \left\langle \psi_{HF}(\boldsymbol{r}) \left| \sum_i^N \hat{h}(\boldsymbol{r}_i) \right| \psi_{HF}(\boldsymbol{r}) \right\rangle \tag{3-15}$$

$$E_2 = \left\langle \psi_{HF}(\boldsymbol{r}) \left| \frac{1}{2}\sum_i^N \sum_{j\neq i}^N \frac{1}{\boldsymbol{r}_{ij}} \right| \psi_{HF}(\boldsymbol{r}) \right\rangle \tag{3-16}$$

$$\left[-\frac{1}{2}\nabla^2 + V_{ext} + \sum_j^N \int \frac{\left|\psi_j(\boldsymbol{r}_j)\right|^2}{\boldsymbol{r}_{ij}} d(\boldsymbol{r}_j) \right]\psi_i(\boldsymbol{r}_i) - \sum_j^N \int \frac{\psi_j^*(\boldsymbol{r}_j)\psi_j(\boldsymbol{r}_j)}{\boldsymbol{r}_{ij}} d(\boldsymbol{r}_j)\psi_i(\boldsymbol{r}_i) = \sum_j \lambda_{ij}\psi_j(\boldsymbol{r}_j)$$

$$\tag{3-17}$$

哈特里-福克方程比哈特里方程多了一项,称为交换相互作用项(简称"交换项")。交换项来自电子波函数的反对称性,此时哈特里-福克方程和哈特里方程不同,不再是一个单电子方程。

哈特里-福克方法虽然考虑了波函数的反对称性,但这种反对称性只存在于自旋平行的情况下,还有一部分能量没有考虑到。一方面,单个斯莱特行列式形式的波函数不能完全描述多体波函数,会造成一部分能量差;另一方面,哈特里-福克方法中的电子库仑相互作用考虑的是一个电子与其他所有电子的平均作用,而实际上电子是运动的,任何一个电子的运动都会影响其他所有电子的分布,这种动态的库仑相互作用也是没有考虑到的。总之,哈特里-福克方法可以考虑 99%的总能量,而哈特里-福克方法和真正能量之间的差称为关联能。

3.1.3 密度泛函理论基础

1. 托马斯-费米模型

哈特里-福克方程和哈特里方程都是以波函数为基本变量求解薛定谔方程的,这些方法称为波函数方法。对于多体系统,波函数本身非常复杂,难以求解。1927年,Thomas 和 Fermi 首先提出在均匀电子气中的电子密度可以写成电子密度的函数[4]。密度泛函理论中并不是通过求解波函数来处理多体系统,而是从空间电子密度 $\rho(\boldsymbol{r})$ 出发将空间电子密度作为唯一变量处理多体系统。虽然密度泛函理论是基于托马斯-费米模型建立的,但发展更成熟的密度泛函理论是基于霍恩伯格-科恩定理和科恩-沈方程建立的。

2. 霍恩伯格–科恩定理与科恩–沈方程

1964 年，霍恩伯格和科恩提出了霍恩伯格–科恩定理[5]，该定理分为两个部分：哈密顿外势场 V_{ext} 是电子密度的唯一泛函，即电子密度可以唯一确定外势场；能量可以写成电子密度的泛函 $E[\rho]$，该泛函的最小值就是系统的基态能量。

霍恩伯格和科恩直接推论是电子密度唯一确定外电势 V_{ext}，所以整个多粒子体系的哈密顿算符也就确定了。将多电子体系的总能量表示为电子密度的泛函，通过薛定谔最小化总能量泛函就可以获得基态电子密度和基态能量，这也是密度泛函理论的基础。

霍恩伯格–科恩定理证明系统能量是电子密度的泛函，但并没有给出具体可解的方程[6]。对于 N 个电子的系统，单粒子波函数为 $\psi(r_1,r_2,\cdots,r_N)$ 单粒子的波函数则多粒子电子密度 $\rho(r)$ 为 $N\int\cdots\int|\psi(r_1,r_2,\cdots,r_N)|^2 dr_2,\cdots,dr_N$(这里忽略了自旋的指标)。因为电子是不可区分的粒子，所以找到任意一个电子的概率都是一样的，单粒子的波函数直接乘以 N 便得到多粒子电子密度。还可以定义双粒子电子密度 $\rho^{(2)}(r,r')$，即表示在某一位置找到一个电子，同时在另一个位置找到另一个电子的概率：

$$\rho^{(2)}(r,r') = N(N-1)\int\cdots\int|\psi(r_1,r_2,\cdots,r_N)|^2 dr_1 dr_2\cdots dr_N \quad (3\text{-}18)$$

通常可以定义一个电子对关联函数 g，将单电子和双粒子电子密度联系起来：

$$\rho^{(2)}(r,r') = \rho(r)\rho(r')g(r,r') \quad (3\text{-}19)$$

现分别考虑多粒子哈密顿中的动能项、外场项、电子与电子相互作用项。外场项是一个单粒子项，推导需要用到单粒子电子密度。电子与电子相互作用项涉及两个电子，需写成双粒子电子密度的泛函，如果考虑两个电子完全没有关联，那么双粒子电子密度简单地等于两个单粒子密度函数的乘积：$\rho^{(2)}(r,r') = \rho(r)\rho(r')$。实际上电子是有关联的，所以需要额外增加一个修正项 Δ_{ee}。由于无相互作用系统的动能和真实的多粒子系统的动能是不一样的，必须加一个修正项 ΔT：

$$E_{ext} = \langle\psi|V_{ext}|\psi\rangle \geqslant \int V_{ext}(r)\rho(r)dr \quad (3\text{-}20)$$

$$E_{ee} = \langle\psi|V_{ee}|\psi\rangle \geqslant \frac{1}{2}\iint\frac{\rho^{(2)}(r,r')}{|r'-r|}drdr' = \frac{1}{2}\iint\frac{\rho(r)\rho(r')}{|r'-r|}drdr' + \Delta_{ee} \quad (3\text{-}21)$$

$$T = -\frac{1}{2}\int\psi^*(r_1,r_2,\cdots,r_N)\nabla^2\psi^*(r_1,r_2,\cdots,r_N)dr_1 dr_2\cdots dr_N = -\frac{1}{2}\sum_i^N\int\psi_i^*(r)\nabla^2\psi_i(r)dr + \Delta T$$

$$(3\text{-}22)$$

三项合并得到基态总能量 E，等号右边第一项是假想的无相互作用的动能项；

第二项是外场项；第三项是经典的库仑作用项，即哈特里项；第四项和第五项是哈特里项的修正项和无相互作用系统动能的修正项。前三项都有具体的表达形式，最后两个修正项具体形式未知。如果明确后两项的准确表达式，那么整个能量表达式不存在任何除绝热近似之外的近似。在实际计算过程中，把后两项合并起来称为交换关联能 E_{XC}。此时基态能量表达式如式(3-23)所示：

$$E = -\frac{1}{2}\sum_i^N \int \psi_i^*(\boldsymbol{r})\nabla^2\psi_i(\boldsymbol{r})\mathrm{d}\boldsymbol{r} + \int V_{\text{ext}}(\boldsymbol{r})\rho(\boldsymbol{r})\mathrm{d}\boldsymbol{r} + \frac{1}{2}\iint \frac{\rho(\boldsymbol{r})\rho(\boldsymbol{r}')}{|\boldsymbol{r}'-\boldsymbol{r}|}\mathrm{d}\boldsymbol{r}\mathrm{d}\boldsymbol{r}' + E_{XC}$$

(3-23)

交换关联能包含有相互作用的多粒子系统和无相互作用多粒子系统之间的能量差，既包括电子交换项也包括关联项。虽然交换关联能的严格表达式未知，但可以写成电子密度的泛函，常见的近似方法有局域密度近似(LDA)[6]、广义梯度近似(GGA)[7]、元广义梯度近似(MGGA)[8]等。

基于公式对 $\psi_i^*(\boldsymbol{r})$ 进行变分再加上单电子波函数的正交归一化条件。类似推导哈特里-福克方程得到著名的科恩-沈方程，如式(3-24)所示：

$$-\frac{1}{2}\nabla^2(\boldsymbol{r}) + \left[V_{\text{ext}}(\boldsymbol{r}) + \int \mathrm{d}\boldsymbol{r}' \frac{\rho(\boldsymbol{r}')}{|\boldsymbol{r}'-\boldsymbol{r}|} + \mu_{XC}[\rho]\right]\psi_i(\boldsymbol{r}) = \varepsilon_i\psi_i(\boldsymbol{r}) \qquad (3\text{-}24)$$

式中，$\mu_{XC}[\rho] = \dfrac{\delta E_{XC}[\rho]}{\delta\rho}$ 为交换关联势，将方程中的所有势能项写成一个有效势能 $\hat{V}_{\text{eff}}$，得到科恩-沈方程的另一种表达形式：

$$\left[\hat{T} + \hat{V}_{\text{eff}}\right]\psi_i(\boldsymbol{r}) = \varepsilon_i\psi_i(\boldsymbol{r}) \qquad (3\text{-}25)$$

科恩-沈方程是密度泛函理论的核心方程,通过将相互作用的多粒子系统转换为无相互作用的单粒子系统，并将电子间相互作用归结于交换关联势中。相比哈特里-福克方程，科恩-沈方程计算量更小，且除了绝热近似外是严格的，交换关联势的形式未知，需进一步引入近似。求解过程为自洽迭代，目标是找到稳定的电子态密度和波函数使总能量最小化。在迭代开始时提供初始电子态密度估计，使用初始密度求解科恩-沈方程，得到波函数后计算新的电子态密度。新的电子态密度通过波函数的模平方叠加得到，与初始密度混合后重新求解方程。每轮迭代后检查电子态密度变化，以判断是否收敛。若差异小于设定阈值或达到收敛标准，计算结束；否则继续迭代，直至收敛或达到最大迭代次数。一旦收敛，使用得到的电子态密度和波函数计算物理量和性质，如总能量、电子能带结构、光学性质、电荷密度分布等。

求解科恩-沈方程前必须先选定基组才能得到本征方程。此外，赝势和交换关联能形式也需要指定和选取。

3.1.4　科恩–沈方程求解

1. 平面波基组

第一性原理计算软件中最常适用的基组是平面波基组(plane-wave basis set)[9]，它以平面波的方式来展开电子波函数和电荷密度，适用于周期性体系的计算[10]。考虑一个一般的哈密顿量，波函数用平面波展开得到式(3-28)：

$$\left[-\frac{\hbar^2}{2m_e}\nabla^2 + V(\boldsymbol{r})\right]\psi_i(\boldsymbol{r}) = E_i\psi_i(\boldsymbol{r}) \tag{3-26}$$

$$\psi_i(\boldsymbol{r}) = \frac{1}{\sqrt{\Omega}}\sum_q c_{i,q}\mathrm{e}^{\mathrm{i}\boldsymbol{q}\cdot\boldsymbol{r}} = \sum_q c_{i,q}|\boldsymbol{q}\rangle \tag{3-27}$$

$$\sum_q\left[-\frac{\hbar^2}{2m_e}\nabla^2 + V(\boldsymbol{r})\right]|\boldsymbol{q}\rangle c_{i,q} = E_i\sum_q|\boldsymbol{q}\rangle c_{i,q} \tag{3-28}$$

将波函数的展开式代入薛定谔方程，两边同时左乘$\langle\boldsymbol{q}'|$得到式(3-29)：

$$\sum_q\left\langle\boldsymbol{q}'\left|\left[-\frac{\hbar^2}{2m_e}\nabla^2 + V(\boldsymbol{r})\right]\right|\boldsymbol{q}\right\rangle c_{i,q} = E_i\sum_q\langle\boldsymbol{q}'|\boldsymbol{q}\rangle c_{i,q} = E_i c_{i,q'} \tag{3-29}$$

现在计算哈密顿阵元，其中第一项是动能项：

$$\left\langle\boldsymbol{q}'\left|-\frac{\hbar^2}{2m_e}\nabla^2\boldsymbol{q}\right|\right\rangle = -\frac{\hbar^2}{2m_e}|\boldsymbol{q}|^2\delta_{q',q} \tag{3-30}$$

第二项是势能项$\langle\boldsymbol{q}'|V(\boldsymbol{r})|\boldsymbol{q}\rangle$，势能函数$V(\boldsymbol{r})$用傅里叶级数展开，展开系数为$V(\boldsymbol{K}_h)$。将势能函数代入势能项，即式(3-29)。当$\boldsymbol{q}'-\boldsymbol{q}=\boldsymbol{K}_h$时，上述矩阵元才不等于0。

$$V(\boldsymbol{r}) = \sum_{\boldsymbol{K}_h} V(\boldsymbol{K}_h)\mathrm{e}^{\mathrm{i}\boldsymbol{K}_h\cdot\boldsymbol{r}} \tag{3-31}$$

$$\langle\boldsymbol{q}'|V(\boldsymbol{r})\boldsymbol{q}\rangle \sum_{\boldsymbol{K}_h} V(\boldsymbol{K}_h)\int\mathrm{d}\boldsymbol{r}\mathrm{e}^{-\mathrm{i}(\boldsymbol{q}'-\boldsymbol{q}-\boldsymbol{K}_h)\cdot\boldsymbol{r}} = \sum_{\boldsymbol{K}_h} V(\boldsymbol{K}_h)\delta_{q',q,\boldsymbol{K}_h} \tag{3-32}$$

当$\boldsymbol{q}'=\boldsymbol{q}$，即$\boldsymbol{K}_h=0$时，$V(0)$表示势能的平均值，这是一个常数：

$$V(\boldsymbol{K}_h) = \frac{1}{\Omega}\int_\Omega \mathrm{d}\boldsymbol{r} V(\boldsymbol{r})\mathrm{e}^{-\mathrm{i}\boldsymbol{K}_h\cdot\boldsymbol{r}} \tag{3-33}$$

$$V(0) = \frac{1}{\Omega}\int_\Omega \mathrm{d}\boldsymbol{r} V(\boldsymbol{r}) = \bar{V} \tag{3-34}$$

假设 $\overline{V}=0$，重新定义波矢：$\boldsymbol{q}=\boldsymbol{k}+\boldsymbol{K}_m$，$\boldsymbol{q}'=\boldsymbol{k}+\boldsymbol{K}_{m'}$，显然 $\boldsymbol{K}_h=\boldsymbol{K}_{m'}-\boldsymbol{K}_m$。在此定义下，动量矩阵元和势能矩阵元分别写为

$$\left\langle \boldsymbol{q}'\left|-\frac{\hbar^2}{2m_{\mathrm{e}}}\nabla^2\right|\boldsymbol{q}\right\rangle=\frac{\hbar^2}{2m_{\mathrm{e}}}|\boldsymbol{k}+\boldsymbol{K}_m|^2\delta_{m',m} \tag{3-35}$$

$$\langle \boldsymbol{q}'|V(\boldsymbol{r})\boldsymbol{q}\rangle=V(\boldsymbol{K}_{m'}-\boldsymbol{K}_m) \tag{3-36}$$

整个哈密顿阵元为

$$H_{m',m}(\boldsymbol{k})=\frac{\hbar^2}{2m_{\mathrm{e}}}|\boldsymbol{k}+\boldsymbol{K}_m|^2\delta_{m',m}+V(\boldsymbol{K}_{m'}-\boldsymbol{K}_m) \tag{3-37}$$

最后得到本征方程，也可写成式(3-39)：

$$\sum_m H_{m',m}(\boldsymbol{k})c_{i,m}=E_ic_{i,m'} \tag{3-38}$$

$$\frac{\hbar^2}{2m_{\mathrm{e}}}|\boldsymbol{k}+\boldsymbol{K}_m|^2\delta_{m',m}+\sum_m V(\boldsymbol{K}_{m'}-\boldsymbol{K}_m)c_{i,m}=E_ic_{i,m'} \tag{3-39}$$

这是一个关于 $c_{i,m}$ 的线性方程组，通过求解其系数行列式，即可求出能量本征值。

整个哈密顿矩阵的具体形式为

$$\boldsymbol{H}=\begin{pmatrix}\frac{\hbar^2}{2m}|\boldsymbol{k}+\boldsymbol{K}_1|^2 & V(\boldsymbol{K}_1-\boldsymbol{K}_2) & V(\boldsymbol{K}_1-\boldsymbol{K}_3) & \cdots \\ V(\boldsymbol{K}_2-\boldsymbol{K}_1) & \frac{\hbar^2}{2m}|\boldsymbol{k}+\boldsymbol{K}_2|^2 & V(\boldsymbol{K}_2-\boldsymbol{K}_3) & \cdots \\ V(\boldsymbol{K}_3-\boldsymbol{K}_1) & V(\boldsymbol{K}_3-\boldsymbol{K}_2) & \frac{\hbar^2}{2m}|\boldsymbol{k}+\boldsymbol{K}_3|^2 & \cdots \\ \vdots & \vdots & \vdots \end{pmatrix} \tag{3-40}$$

通过求解系数行列式便可求出能量本征值：

$$\det\begin{vmatrix}\frac{\hbar^2}{2m}|\boldsymbol{k}+\boldsymbol{K}_1|^2-E & V(\boldsymbol{K}_1-\boldsymbol{K}_2) & V(\boldsymbol{K}_1-\boldsymbol{K}_3) & \cdots \\ V(\boldsymbol{K}_2-\boldsymbol{K}_1) & \frac{\hbar^2}{2m}|\boldsymbol{k}+\boldsymbol{K}_2|^2-E & V(\boldsymbol{K}_2-\boldsymbol{K}_3) & \cdots \\ V(\boldsymbol{K}_3-\boldsymbol{K}_1) & V(\boldsymbol{K}_3-\boldsymbol{K}_2) & \frac{\hbar^2}{2m}|\boldsymbol{k}+\boldsymbol{K}_3|^2-E & \cdots \\ \vdots & \vdots & \vdots\end{vmatrix}=0 \tag{3-41}$$

如果考虑到具体的科恩-沈方程的哈密顿量，则势能部分会包括很多项，因此需要针对每一项分别在平面波下进行傅里叶展开，得到每一项对应的 $V(\boldsymbol{k})$ 解析表

达式。

原则上只有多个平面波才能构成一套完备的基组，也就是说上述哈密顿矩阵的维度是无穷大的，但该情况下显然不可能求解。实际计算中只能取有限个平面波，如 N 个。此时哈密顿矩阵是一个 N×N 的矩阵，求解可得到 N 个能量本征值。式(3-41)针对的是一个波矢 k ，对于不同的 k 点，会得到类似的本征方程，即每个 k 点都会有 N 个本征值。通过改变 k 点，就可以获得材料的电子结构 $E_n(k)$ 。

实际计算过程中如果平面波个数 N 太小，计算精度不够，而 N 太大会大大增加计算量，浪费计算资源。在实际程序中，并不直接指定 N 来展开函数，而是通过平面波截断能 E_{cut} 来控制平面波个数。在平面波展开公式中，能量小于 E_{cut} 的平面波都会被采用，更高能量的平面波会被丢弃，如式(3-42)所示：

$$\frac{\hbar^2}{2m_e}|k+K_m|^2 < E_{cut} \tag{3-42}$$

在平面波基组的计算中必须指定截断能，即在倒易空间中存在一个最大的 K_{cut} (对应的能量为 E_{cut})，变换到实空间，则对应波函数存在一个最小的波长 $\lambda_m = 2\pi/K_{cut}$ ，也就是说用平面波展开的晶体波函数的波长不可能小于 λ_m 。如果实际材料的波函数的波长比 λ_m 更短，则不可能用截断能为 E_{cut} 的平面波展开。

事实上在靠近原子核附近，由于库仑势是按照 $-1/r$ 发散的，所以在原子核附近波函数的能量非常高(波长很短)。

直接使用平面波展开实际材料的真实波函数是不可行的。解决办法通常有两种：第一种是构造一个赝势替代真实的 $-1/r$ 形式的势能，保证赝势在原子核附近不发散，从而使晶体波函数变得比较平滑(称赝势波函数)，在此基础上再用平面波展开，大大减少平面波的个数。这就是许多密度泛函程序中使用的赝势平面波方法。第二种是改造平面波，如使用混合基组等。

2. 赝势

学者最初采用全电子势描述电子-原子核相互作用，如全势线性缀加平面波(full-potential linearized augmented plane wave，FLAPW)方法[10]、精确糕模轨道(exact muffin-tin orbitals，EMTO)[11]方法。在靠近原子核附近，波函数会高速振荡，想要对其准确描述需要大量的基组，计算相当费时，且真正对材料的物化性质起到关键作用的是活跃的外层价电子。后来的学者提出了可以用离子和价电子间较为平滑的赝势来近似地表达波函数，从而实现进一步精简基组，简化了科恩-沈方程求解过程。当前使用较多的赝势包括模守恒赝势(norm-conserving pseudopotential，NCPP)[12]、超软赝势(ultrasoft pseudopotential，USPP)[13]、投影缀加波(projector augmented wave，PAW)赝势[14]等。

3. 交换关联势

基于密度泛函理论的科恩-沈方程,核心思想是将多粒子的相互作用归结到交换关联能 E_{XC} 中。交换能的概念在哈特里-福克方程中已有明确的表达式,但是积分复杂计算量大。关联能的形式是未知的,对于比较均匀的电子气,维格纳已经尝试写出关联能关于电子密度的函数形式,但并没有类似交换关联能那样更加准确的形式。因此,实际上通常只考虑交换能和关联能的和,此时自由电子气仍然是一个合理的出发点。

局域密度近似(LDA)[6]是最早提出用来处理交换关联势的一种方法,该方法认为交换关联项只与局域的电荷密度有关,虽然简单,但对于大部分材料都可以得到合理的结果。局域密度近似假设非均匀电子气的电子密度改变是缓慢的,在任何一个小体积元内的电子密度可以近似看作均匀的无相互作用的电子气,所以交换关联能表示为

$$E_{XC}^{LDA} = \int \rho(\boldsymbol{r}) \delta_{xc} \big[\rho(\boldsymbol{r}) \big] d\boldsymbol{r} \tag{3-43}$$

其中, $\delta_{xc}\big[\rho(\boldsymbol{r})\big]$ 是密度为 ρ 的均匀电子气的交换关联能密度,相应的交换关联势为

$$V_{XC}^{LDA}\big[\rho(\boldsymbol{r})\big] = \frac{\delta E_{XC}^{LDA}}{\delta\rho} = \delta_{xc}\big[\rho(\boldsymbol{r})\big] + \rho(\boldsymbol{r})\frac{\delta\delta_{xc}\big[\rho(\boldsymbol{r})\big]}{\delta\rho} \tag{3-44}$$

如果已知 $\delta_{xc}\big[\rho(\boldsymbol{r})\big]$ 的具体形式,就可以得到交换关联能和交换关联势。最常用的是 Ceperley 和 Alder 等基于量子蒙特卡罗方法,通过精确的数值计算拟合得到的形式:

$$\delta_{xc}\big[\rho(\boldsymbol{r})\big] = \delta_x + \delta_c = -\frac{0.9164}{r_s} + \frac{0.9164}{r_c} \tag{3-45}$$

LDA 认为电子密度改变缓慢,在典型金属中确实是这样。很多实际系统中(具有共价键的半导体材料)都可以得到合理的结果,但是通常会高估结合能并低估键长和晶格参数,对于绝缘体或者半导体,总是严重低估它们的能隙(可达到 50%)。

如果考虑电荷分布的不均匀性,特别在一些局域电子的系统中,需要引入电荷密度梯度(不均匀程度),即广义梯度近似(GGA)[7],如式(3-46)所示:

$$E_{XC}^{GGA} = \int \rho(\boldsymbol{r}) \delta_{xc}(\rho(\boldsymbol{r}), |\nabla\rho(\boldsymbol{r})|) d\boldsymbol{r} \tag{3-46}$$

GGA 构造形式更为多样,主要包括 Perdew-Wang 1991(PW91)泛函和 Perdew-Burke-Ernzerhof(PBE)泛函等。GGA 在有的方面相比 LDA 有所改善,但并不绝对,其通常会高估晶格参数,而且同样存在严重低估能隙的问题。在 GGA 基础上发展

起来的 meta-GGA 包含密度的高阶梯度，如 PKZB(Perdew-Kurth-Zupan-Blaha)泛函就在 GGA-PBE 基础上包含占据轨道的动能密度信息，而 Tao-Perdew-Staroverov-Scuseria(TPSS)泛函则是在 PKZB 泛函基础上提出一种不依赖于经验参数的 meta-GGA 泛函。

除 LDA、GGA 外，还有一类称为杂化泛函的交换关联势，采用杂化的方法，将哈特里-福克形式的交换泛函包含到密度泛函的交换关联项中，如式(3-47)所示：

$$E_{XC} = c_1 E_X^{HF} + c_2 E_{XC}^{DFT} \tag{3-47}$$

式中，等号右侧第一项就是哈特里-福克形式的交换作用，第二项表示 LDA 或 GGA 的交换泛函。例如，PBE 杂化泛函包括 25%的严格交换能、75%的 PBE 交换能和全部的 PBE 关联能，其形式如式(3-48)所示：

$$E_{XC}^{PBE0} = 0.25 E_X + 0.75 E_X^{PBE} + E_C^{PBF} \tag{3-48}$$

一般杂化泛函比常规交换势能在能量、能隙计算方面更好的结果，但是计算量非常大。在对一些能隙大小敏感的物理量的计算中，最好使用杂化泛函计算来验证计算结果。

3.1.5　第一性原理在金属材料中的应用

1. 三元镍基高温合金的界面能第一性原理计算

单晶镍基高温合金是燃气轮机最重要的"热截面"材料之一，其优异的高温力学性能来自 γ-Ni 基体中 γ'-Ni$_3$Al 相的强化。为了提高其抗蠕变性，沉淀硬化单晶镍基高温合金，如 CMSX-4 能够在时效处理后保留 70%的 γ'相。立方形的 γ/γ' 相是主要的强化相，同时产生了丰富的相界面。由于 γ' 和 γ 相的晶格参数差异很小，晶格失配也很小，从而产生了很高比例的共格界面。

γ'/γ 界面能影响许多动力学过程，如微观组织演化、形核、长大、沉淀粗化和晶粒细化，这些对高温合金的力学性能至关重要。模拟相变过程需要动力学和热力学数据。热力学上，粗化通过降低体系总能量驱动，因此总能量受界面性质影响显著。由于尺度限制，研究界面处的原子相互作用具有挑战性。高分辨技术，如透射电子显微镜只能检查界面部分，因此基于第一性原理计算的密度泛函理论成为主要方法。镍基高温合金的界面能主要通过实验估算和参数化研究。实验测得的界面能通常通过 Lifshitz-Slyozov-Wagner 理论和跨界面扩散控制(TIDC)理论反推计算得出，这些计算基于析出相的平均界面取向。与计算结果相比，在 Ni/Al 体系中加入三元合金元素后，与界面能相关的实验粗化研究很少，因此需要研究三元高温合金界面能。

1) Ni-Al 体系

在研究三元合金体系之前，有必要先进行二元 Ni-Al 合金的第一性原理计算，并研究界面如何影响相邻原子。差分电荷密度表明(图 3-1)，γ 和 γ' 共享的原子 Ni 层是界面层，并且表明界面相互作用局限于与其相邻的原子层。图 3-2 比较了计算的晶格参数与先前的计算以及实验结果的对比。对比结果表明，在单相以及 γ/γ' 界面上结果都保持一致。计算表明在界面-超晶格的面内晶格参数在纯 γ 相及 γ' 相之间。界面晶格参数比纯 Ni 提高 0.68%，比纯 Ni_3Al 降低 0.64%。虽然没有直接的可比性，但目前的高温合金晶胞平面晶格参数的结果得到 Dupin 等[15]模拟结果的支持，如图 3-2 所示。对 γ/γ' 界面进行自旋极化计算，得到 γ 与 γ' 相之间的界面能 $\sigma_{\gamma/\gamma'} = 19\text{mJ/m}^2$。

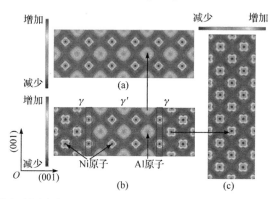

图3-1 利用差分电荷密度图确定 γ-Ni/γ'-Ni_3Al 超晶胞界面层示意图[16](扫描章前二维码查看彩图)

(a)、(c) γ-Ni；(b) γ'-Ni_3Al

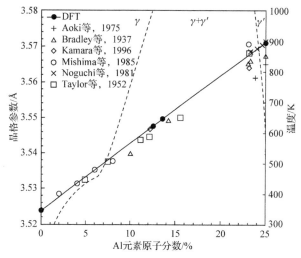

图3-2 第一性原理计算的 0K 时 γ-Ni 和 γ'-Ni_3Al 单相晶格参数及 Al 原子分数为 12.5% 和 13.5% 下的 γ/γ' 界面超晶格[16]

2) Ni-Al-X 体系

(1) 3d 过渡金属元素 Ti、Cr、Fe、Co 和 Ni 的影响。3d 过渡金属元素对 γ/γ'

面内晶格参数的影响如图 3-3 和图 3-4(a)所示。其中，实验测量的结果也标注在了图 3-4(a)中。可以看出，Ti 元素的加入增大了 γ 晶胞的晶格参数，而 Cr、Fe 和 Co 对晶胞的晶格参数影响较小。在 γ′相中，Ti、Cr 和 Fe 代替 Ni 都增加了面内的晶格参数，其中 Ti 的影响最大。对于 Ti 来说，由于取代的位置不同，当它有利于取代 Al 原子时，就不再是这种情况了。图 3-5(a)和图 3-6(a)结果表明，当原子在 γ 相中，合金元素引起的晶格膨胀与其对界面能的影响之间没有直接的关系。可以看出，Fe 和 Co 元素的加入，γ-Ni 相界面能仅仅减少了 1~2mJ/m^2。与此同时，Cr 和 Ti 的加入可以将 γ-Ni 相界面能降低 10mJ/m^2 左右。

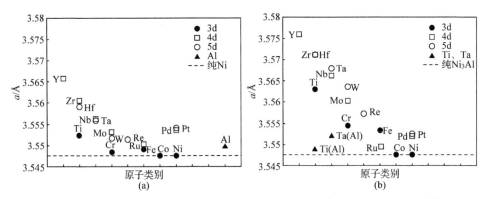

图 3-3　三元合金元素取代 γ-Ni 和 γ′-Ni$_3$Al 中的 Ni 原子后超晶胞平面内晶格参数[16]

(a) γ-Ni(γ 相)；(b) γ′-Ni$_3$Al(γ′相)

a-晶格参数

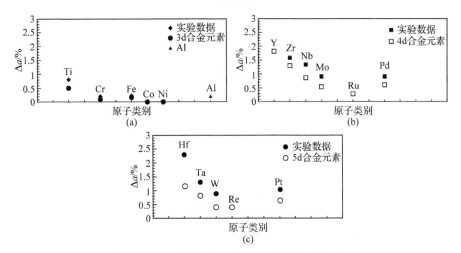

图 3-4　3d、4d、5d 合金元素 X 取代 γ 相中的 Ni 原子时超晶胞平面内晶格参数变化[16]

(a) 3d 合金元素；(b) 4d 合金元素；(c) 5d 合金元素

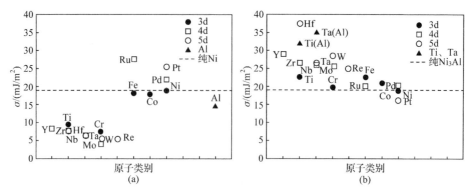

图 3-5　三元合金元素 X 处于不同相时 γ-Ni/γ′-Ni₃Al 界面能(σ)

(a) γ-Ni(γ 相)；(b) γ′-Ni₃Al(γ′相)[16]

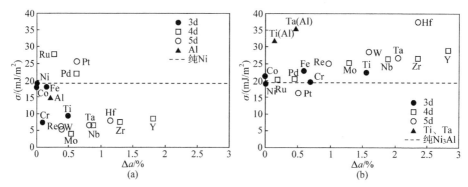

图 3-6　三元合金元素 X 在不同相时 γ-Ni/γ′-Ni₃Al 界面能(σ)随晶格参数(Δa)的变化[16]

(a) γ-Ni(γ 相)；(b) γ′-Ni₃Al(γ′相)[16]

从图 3-5(b)和图 3-6(b)可以看出，当 Ti 驻留在 γ′相中并取代 Al 或 Ni 时，界面能增加。当 Ti 取代 Al 原子时，界面能更高，这是 Ti 的有利位置[17]；Ti 原子取代的位置不同会产生不同的界面能。Cr、Fe 和 Co 在 γ′相中取代 Ni 后，界面能均略有增加，而 Cr 的界面能增加得最小。

(2) 4d 过渡金属元素 Y、Zr、Nb、Mo、Ru 和 Pd 的影响。在图 3-3 和图 3-4(b)中可以看到，4d 过渡金属元素对晶格参数类似的影响。合金元素 Y 和 Zr 的原子尺寸比较大，它们对界面的扭曲程度最大。图 3-4(b)表明计算结果与测量结果吻合较好[18]。图 3-6 表明界面能不能直接归因于合金元素的加入引起的晶格膨胀效应。Pd 和 Mo 在晶格中引入的相似的原子体积，但对界面能的影响相反。Pd 稍微增加了界面能，而 Mo、Nb、Zr 和 Y 的加入导致界面能减小。其中，Mo 对界面能的影响最大，它可以将界面能降低到 4mJ/m²。图 3-5(b)和图 3-6(b)结果表明，在 γ′相中，Y、Zr、Nb 和 Mo 均能增加界面能，Ru 和 Pd 的影响较小。通过这些结果可以看出，三元过渡金属元素的加入引起的晶格膨胀通常会使 γ′的界面能相应增加。

(3) 5d 过渡金属元素 Hf、Ta、W、Re 和 Pt 的影响。就像 3d 和 4d 过渡金属元素一样，尺寸更大的 5d 过渡金属元素增加了晶格参数。三元过渡金属元素引起的晶格膨胀与界面能之间也没有直接的关系。例如，Pt 增加了 γ 相界面能，而 Re、W、Ta 和 Hf 降低了 γ 相界面能。对于 γ' 相，只有 Pt 降低了界面能。这可以归因于 Pt-Al 二元系是除了 Ni-Al 之外唯一形成稳定 γ' 相的系统[19]。三元体系界面能作为晶格膨胀的函数如图 3-6(b)所示，Hf 使界面能增加到 37J/m²。就像 Ti 一样，Ta 在其首选的 Al 位点上产生更高的界面能。

(4) 磁对 γ/γ' 界面能的影响。初始计算没有使用自旋极化导致负界面能，表明界面比体内更稳定。Price 和 Cooper[20]先前的计算表明，去除自旋极化会使能量降低到无限界面点，这是不符合物理规律的。在所进行的计算结果中可以清晰看到，磁自旋对界面能的贡献很大。元素影响 γ-Ni 的平均磁矩(图 3-7)。从图 3-7 中可见，铁磁元素 Fe 和 Co 减小了 Ni 的平均磁矩，并且磁自旋在界面上没有受到干扰，导致界面能变化很小。然而，顺磁性或反铁磁性的合金元素会改变和破坏界面上的磁性顺序。Mo、Re、W 等合金元素使 Ni 的平均磁矩大大升高，使界面能下降。Ru 和 Pt 对 Ni 的平均磁矩影响不大，均能使界面能增加。不考虑铁磁元素，对于每一行元素，界面能与 Ni 平均磁矩相对于合金元素的变化之间存在线性关系。结果表明，系统中磁自旋矩对界面能的贡献最大，引起界面附近 Ni 磁矩变化最大的合金元素导致界面能迅速下降。

需要指出的是，界面能也可以使用一般的相图计算、热化学分析(CALPHAD)建模方法，以及线性组合方法计算得到，如式(3-49)所示：

$$\sigma = \sigma_0 + \sum_i \Delta\sigma_i X_i \tag{3-49}$$

式中，σ_0 为非合金化界面能；$\Delta\sigma_i$ 为合金元素 i 对 σ_0 的界面能变化；X_i 为合金元素 i 的摩尔分数。式(3-49)仅适用于稀合金元素的情况，如果希望界面能作为温度的函数，则可以使用准静态方法来预测有限回火下的弹性和层错能。

通过密度泛函理论，能够精确计算界面能，这为理解材料相变、晶体生长及界面对材料性能的影响提供了深入的理论基础。同时能避免实验计算界面能耗费大量的资源。界面能的研究不仅帮助优化现有材料的性能，还在材料设计和纳米技术领域具有广泛的应用前景。

2. 镁合金强化化合物的第一性原理计算

镁(Mg)是最轻的金属结构材料之一，被誉为"绿色"工程材料[21]。镁合金具有密度小、比强度高、刚度好、铸造性好、可循环利用等优点，已成为汽车、航

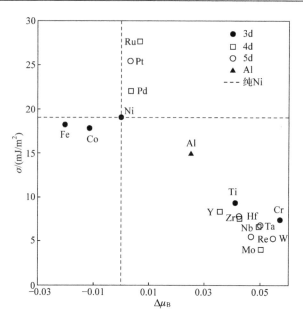

图 3-7 三元合金素 X 处于 γ 相时 γ-Ni/γ'-Ni$_3$Al 界面能(σ)随平均磁矩($\Delta\mu_B$)的变化[16]

空航天等领域结构部件的重要材料。尽管在过去的十年中，镁合金作为结构植入物取得了显著的进展，但仍然面临成形性和耐腐蚀性等方面的挑战。镁合金的强化机制主要有固溶强化、析出强化和弥散强化[22]。阐明这些相的强化机理是十分必要的，仅仅通过传统的实验方法，如扫描电子显微镜(SEM)、透射电子显微镜(TEM)、X 射线衍射(XRD)等方法来完成这项具挑战性的工作是十分困难的，因此寻找提高效率的新方法是必要的。

随着第一性原理计算技术的进步，如维也纳从头计算模拟软件包 VASP、剑桥串行总能量软件包 CASTEP 等在密度泛函理论框架下的应用，能够准确预测晶体材料的物理化学性质，无须依赖实验数据[23]。这些方法考虑了电子之间的量子力学相互作用，因此能够深入理解材料的微观结构和性能。尽管量子力学计算成本高昂，通常局限于小型系统，但它们为理解和优化镁合金的强化化合物提供了新的研究途径。本节介绍镁合金中典型强化化合物的第一性原理研究，主要的焦点是二元镁合金。

1) 结构稳定性

对于金属间化合物，其结构稳定性一直是研究人员关注的焦点，这与金属间化合物在镁合金中的强化机制密切相关。Mg 合金拉弗斯(Laves)相的典型晶体结构如图 3-8 所示，通过几何优化得到了这些系统的平衡基态性质。有了平衡结构参数，其他物理参数，如机械、电子和热力学性质可以进一步预测。

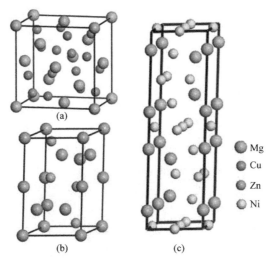

图 3-8　Mg 合金拉弗斯相的典型晶体结构[24](扫描章前二维码查看彩图)

(a) MgCu$_2$；(b) MgZn$_2$；(c) MgNi$_2$

首先，从合金的热力学性质可以推断出合金中金属间相的热力学稳定性。金属间相的热力学稳定性可以用生成焓 ΔH[25]来反映。生成焓表示化合物的总能量与各组分的总能量与组成的比例之差。负的生成焓表示一个放热过程，较低的生成焓表示该物质比分解为单质时更加稳定。化合物的生成焓可以用式(3-50)表示：

$$\Delta H = \left(E_{\text{tot}} - \sum_i n_i E_i \right) / n \tag{3-50}$$

式中，E_{tot} 为含 Ni 原子体化合物的总能量；i 为组成元素；n 是原始细胞中原子的总数；E_i 是具有平衡晶格参数的纯 i 原子的总能量。

Huang 等[26]研究了 Mg-Al-Si 合金中 Mg$_{17}$Al$_{12}$ 和 Mg$_2$Si 相的结构稳定性，计算的生成焓与实验结果吻合较好，结果表明由于 Mg$_2$Si 的生成焓较低，其结构稳定性优于 Mg$_{17}$Al$_{12}$。Duan 等[27]也对 Mg$_{17}$Al$_{12}$ 和 Mg$_2$Pb 的结构稳定性进行了研究，发现 Mg$_{17}$Al$_{12}$ 相的结构稳定性高于 Mg$_2$Pb 相。通过计算总能量得到 MgCu$_2$ 的生成焓。生成焓计算表明，Mg-6Gd-2Zn 合金中 Mg$_3$Gd 相比长周期结构(LPS)相更稳定。Liu 等[28]报道了 Mg$_2$X(X = Ca，Sr，Ba)拉弗斯相的相对稳定性。他们的研究结果表明，Mg$_2$Ca 和 Mg$_2$Ba 的生成焓与已有的实验观测值相吻合，Mg$_2$Sr 的生成焓与先前的计算值相吻合。由 Mg$_2$X(X = Ca, Sr, Ba)相的生成焓计算可知，CaMg$_2$ 结构的生成焓最低，说明 Mg$_2$Ca 具有最高的结构稳定性，其次为 Mg$_2$Sr 和 Mg$_2$Ba，图 3-9 总结了各类二元镁合金金属间化合物生成焓，从图中可以看出，MgNi$_2$ 相具有最高的结构稳定性，而 Mg$_2$Sc 表现出最低的结构稳定性。生成焓与相的键能密切相关，反映了相形成过程中键能的变化，此外研究人员可以利用这一概念预测新结构是否可以合成。

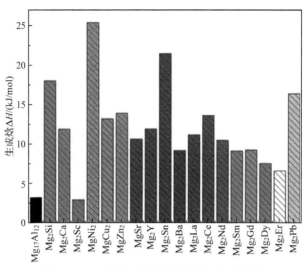

图 3-9　二元镁合金金属间化合物生成焓[24]

2) 单晶弹性常数

机械性能是设计新型镁合金时主要考虑的问题。镁合金中的金属间相可以通过析出强化来改善合金的力学性能。对相结构弹性常数的第一性原理研究有助于理解镁合金力学性能的基本机理。弹性常数是可以用第一性原理方法直接求出的关键参数。弹性常数将施加的外力(由应力定义)与变形(由应变张量描述)联系起来。应力和应变都有三个拉伸分量和三个剪切分量，总共有六个分量。线性弹性常数形成一个 6×6 的对称矩阵，完全不对称材料的弹性行为有 21 个独立的弹性常数，而对于各向同性材料，弹性常数仅为 2 个。引入材料对称性后，独立弹性常数的数量减少，如正交晶体有 9 个，四方晶体有 6 个，立方结构有 3 个[29]。对于给定的晶体，可以通过对平衡晶胞施加较小的应变并确定相应的总能量变化来计算完整的弹性常数集。Liu 等[30]从第一性原理计算中计算出了六方 $MgZn_2$ 相的全部弹性常数，通过与实验以及其他理论的值比较后发现，计算结果十分精准。在获得单晶弹性常数后，可以利用玻恩-黄判据[31]进一步检验晶体结构的力学稳定性。不同晶体体系的机械稳定性判据不同。对于六方晶体，只有 5 个独立的弹性常数，即 C_{11}、C_{12}、C_{13}、C_{33} 和 C_{44}，因为 $C_{66} = (C_{11}-C_{12})/2$。此外，相应的六方晶体力学稳定性要求导致弹性常数的限制如下：

$$C_{11} \geqslant 0, C_{11} - |C_{12}| \geqslant 0, C_{44} \geqslant 0, (C_{11}+C_{12})C_{33} - 2C_{13}^2 C_{11} \tag{3-51}$$

从文献[28]、[32]~[34]的计算结果可以看出，所有计算的弹性常数都满足上述力学稳定性准则。此外，许多研究人员已经成功地应用 DFT 预测了其他金属间相的单晶弹性常数，如 $Mg_{17}Al_{12}$、Mg_2Si、Mg_2Ca、$MgSc$、$MgNi_2$、$MgCu_2$、$MgZn_2$、Mg_2Ge、Mg_2Sr、$Mg_{24}Y_5$、MgY、Mg_2Sn、Mg_2Ba、Mg_2La、Mg_2Ce、Mg_2Nd、Mg_2Sm 和 Mg_3Gd。从这些文献中得到的理论弹性常数如图 3-10 所示，显然，这些化合物的理论弹性常数都满足稳定性判据。

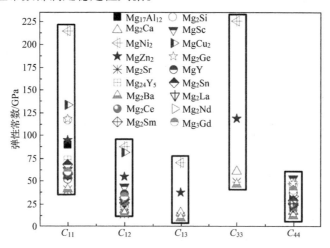

图 3-10 用第一性原理计算 Mg 合金的理论弹性常数[28, 32-34]

计算得到的理论弹性常数与已有的实验结果及其他理论值吻合较好。弹性常数的精度对在布里渊区积分时使用的往复式网格非常敏感。这些计算结果存在偏差可能是因为每次工作中使用的 k 点网格不同。$MgNi_2$ 和 $MgCu_2$ 化合物的弹性常数特别大，可以与它们的高熔点和结合能有关。Mg_2Ba 的弹性常数最低表明其键合特性较弱。可以注意到，在这些化合物中 C_{11} 和 C_{33} 的弹性常数明显大于其他分量。由此可知，C_{11} 和 C_{33} 分别反映了材料沿 a 轴和 c 轴方向的线性压缩阻力，这意味着它们在 a 轴和 c 轴方向的单轴应力下具有极强的抗压缩性。对于这些六方结构晶体($MgNi_2$、$MgZn_2$、Mg_2Ca、Mg_2Ba 和 Mg_2Sr)，C_{33} 的数值均大于 C_{11}，表明 c 轴方向的抗压缩能力优于 a 轴方向。此外，弹性常数 C_{44} 是最重要的参数，C_{44} 大意味着对单斜剪切有很强的抵抗力(100)平面，与剪切模量相关[35]。此外，弹性常数 C_{44} 间接反映了固体的压痕硬度。这些化合物的 C_{44} 很小，总体在 $10\sim 50GPa$。这表明所考虑的所有化合物在(100)平面上抵抗剪切变形的能力都很弱。

通过第一性原理方法不仅可以为镁合金化合物提供高精度的热力学信息，而且可以精确计算弹性常数等力学信息。这些计算不仅能解释在微观尺度下的结构和性质，还能提供材料稳定性的信息，进而为镁合金的设计和应用提供指导。

总的来说，第一性原理合金设计是一种基于物理和数学原理的创新方法，通过解析材料的基本原子结构、能量、电子结构等特性，为合金设计提供了全新的理论基础。通过量子力学等理论手段，能够从头计算材料的各种性质，避免了传统试错法面临的高成本和耗时的挑战。这一方法在合金设计领域具有革命性的意义，不仅能够加速新材料的研发，还为优化合金性能提供了有力的工具。通过深入理解原子尺度上的相互作用，第一性原理合金设计不仅能够有针对性地实现对材料强度、导电性、热导率等性能的调控，还能够提高材料的耐腐蚀性、耐磨性等性能。这种设计方法不仅为材料科学领域带来了新的思路，也为制造业、能源领域等提供了创新的可能性。结合计算机模拟和实验验证，第一性原理合金设计在材料研发中的应用将有望加速新材料的商业化应用，推动材料科学领域的发展。

3.2　金属材料的介观尺度模拟与设计

3.2.1　介观结构的相场模拟与设计

大多数工程材料的性质都与其微观结构有关。硅的晶体结构和杂质含量将决定其能带结构和性能；高强度钢的显微结构包含精炼晶粒和软硬相分散的混合物，适用于大型土木工程；较轻的合金通过在晶粒结构中析出第二相颗粒增强来强化合金，对航天和汽车应用至关重要。微观结构在凝固、固态析出和热机械加工过程中形成，受自由边界动力学和非平衡相变动力学支配。晶粒在凝固和再结晶过程中，通过减少系统自由能驱动生长，受热量和质量扩散限制，应变诱导相变包括弹性效应，这些因素影响合金形貌和分布。传统的实验方法很难直接观察到微观组织的演化过程，因此相场法为研究微观组织演化过程提供了有利的手段。

1. 界面模型与相场变量

1) 界面模型

一个世纪以前，范德华已经通过在液气界面使用连续变化的密度函数对液气系统进行了建模。1950 年，Ginzburg 和 Landau[36]利用复值序参量及其梯度建立了超导模型，Cahn 和 Hilliard[37]提出了一个热力学公式，用于解释具有扩散界面的非均相系统中热力学性质的梯度。Halperin[38]的相变临界动力学的随机理论等也得到了与当前相场方程非常相似的方程。然而，扩散界面的概念大约在 20 年前才被引入微观结构中。

尽管相场模型种类繁多，但它们的共同点都是基于扩散界面(图 3-11(a))。因此，相场方法的一个显著特征是不同相之间的扩散界面，这种方法被称为扩散界面模型。与传统的尖锐界面(图 3-11(b))模型(界面处性质不连续)相反，在扩散界面模型中，采用从一个相到另一个相平滑变化的场变量来描述界面和边界。扩散界面模型最重要的优点是避免了界面跟踪，使用梯度项巧妙地处理界面能。当然，扩散界面模型也有一定的缺点。该模型的缺点之一是这种模型的模拟可能非常耗时，因为在界面处有陡峭的梯度。

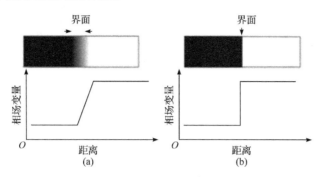

图 3-11　两种界面模型

(a) 扩散界面；(b) 尖锐界面

2) 相场变量

在相场法中，通过一组相场变量作为时间和空间坐标的连续函数来分析微观结构的演变。相场变量包括两种类型：守恒变量(conserved variables)及非守恒变量(non-conserved variables)。守恒变量通常指相场中的成分变量，非守恒变量通常包含有关局部(晶粒)结构和取向的信息。

守恒变量的典型例子是摩尔分数或浓度这样的组成变量，系统中每个组分的物质的量是守恒的，因此称其为守恒变量。假设系统中有 c 个组分，而且 $n_i(i = 1,\cdots,c)$表示每个组分的物质的量，摩尔分数(x_i)和摩尔浓度(c_i)就可以分别定义为

$$x_i = \frac{n_i}{n_{\text{tot}}} \tag{3-52}$$

$$c_i = \frac{n_i}{V} = \frac{x_i}{V_{\text{m}}} \tag{3-53}$$

式中，n_{tot} 是系统的总物质的量；V_{m} 是摩尔体积；V 是系统的总体积。在系统的任何一个位置满足以下条件：

$$\sum_{i=1}^{C} x_i = 1 \tag{3-54}$$

$$\sum_{i=1}^{C} c_i = \frac{n_{\text{tot}}}{V} = \frac{1}{V_{\text{m}}} \tag{3-55}$$

因此，成分场可以通过 $c-1$ 个成分来定义。在一个封闭系统中，各组分的总物质的量总是守恒的，组分场或者摩尔分数场由以下积分限制：

$$\int c_i \mathrm{d}\boldsymbol{r} = \frac{1}{V_{\text{m}}} \int x_i \mathrm{d}\boldsymbol{r} = n_i = ct \tag{3-56}$$

图 3-12 为通过单个摩尔分数场来表示微观结构的示意图。该结构由两种不同成分的域组成，即 $x_B^{\alpha 1}$ 和 $x_B^{\alpha 2}$。在两个域的界面区域，$x_B(\boldsymbol{r})$ 从 $x_B^{\alpha 1}$ 到 $x_B^{\alpha 2}$ 平滑过渡。这种表示被广泛用于结构的调幅分解和进一步粗化以及与基体相结构相同的析出相的析出和生长。如果微观结构演化受扩散控制，则仅通过组成场表示也适用于含有不同结构域的系统。

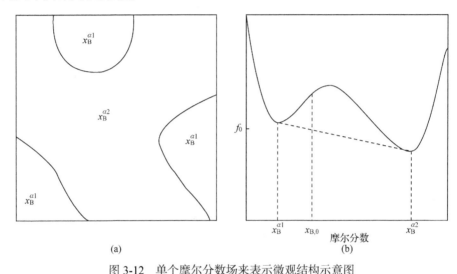

(a)   (b)

图 3-12　单个摩尔分数场来表示微观结构示意图

(a) 用单个摩尔分数场表示两种不同组成的结构；(b) 组成为 $x_{B,0}$ 分解成为 $x_B^{\alpha 1}$、$x_B^{\alpha 2}$ 两种组成的相

f_0-体化学自由能

序参量和相场都是非守恒变量，用于区分具有不同结构的共存相。序参量是指共存相之间的晶体对称关系。相场是一种现象学变量，用于指示系统中相出现在特定位置的相位。

序参量的概念起源于微观理论[39]，由朗道理论描述涉及对称约简的相变。朗道理论最初是为描述临界温度 T_c 下的二阶相变发展起来的。每一相由不同的序参量表示，系统的自由能被表示为序参量和温度的函数。对于 $T > T_c$，朗道多项式在高温相对应的阶参数处具有最小值，对于 $T < T_c$，在低温相对应的阶参数值处具有最小值。序参量的数目和序参量的平衡值反映了相间的对称关系。

Langer[40]引入了连续非守恒相场的概念，用于区分两个共存相。相场在一个相位等于 0，在另一个相位等于 1。例如，在凝固的情况下 $\varPhi = 0$ 代表液相，$\varPhi = 1$ 代表固相，在液固界面 $\varPhi$ 从 0~1 连续变化，在这里 $\varPhi$ 类似于固相的体积分数。结合温度和/或成分场的单相相场表示被广泛应用于研究过冷熔体中的自由枝晶生长、定向凝固过程中的细胞图案形成和共晶生长，相场的概念也适用于固态相变，如钢中的奥氏体到铁素体相变(奥氏体相 $\varPhi = 1$，铁素体相 $\varPhi = 0$)。

2. 相场动力学方程

相场动力学方程是一组用于描述材料相变过程中相场变量随时间和空间演化的连续方程。这些方程通过自由能泛函的变分原理,捕捉系统能量的演变,以模拟相变过程中界面形貌和结构的变化。常见的相场动力学方程包含 Cahn-Hilliard 方程和 Allen-Cahn 方程,分别适用于浓度场及序参量场的动力学描述。

1) 基于守恒变量的 Cahn-Hilliard 方程

在相场模型中,微观结构的演化通过耦合偏微分方程来描述相场变量的时空演化。对于守恒相场变量,如浓度场,按照式(3-57)演化[41]:

$$\frac{\partial c}{\partial t} = \nabla \cdot \left[M_c \nabla \frac{\delta F}{\delta c} \right] \tag{3-57}$$

式中,M_c 和原子的迁移率有关;c 为元素浓度;F 为体系的自由能。通常在上述偏微分方程的等号右边加入一个满足涨落耗散定理的守恒高斯噪声项来描述热涨落对微观结构演化的影响[42]。$\delta F/\delta c$ 是系统 F 对 c 的总自由能的变分导数。式(3-57)是著名的 Cahn-Hilliard 方程,如果梯度项系数与浓度场的关系忽略不计,$\delta F/\delta c$ 项描述的就是两个组分之间的化学势差,它本质是扩散理论中的热力学因素。

2) 基于非守恒变量的 Allen-Cahn 方程

对于非守恒相场变量 ϕ,它所遵守的动力学方程如式(3-58)所示[41]:

$$\frac{\partial \phi}{\partial t} = -M_\phi \frac{\delta F}{\delta \phi} + x_f \tag{3-58}$$

式中,M_ϕ 为比例因子,和界面的迁移率有关;F 为体系自由能;x_f 为噪声相,表示结构的起伏。$\delta F/\delta \phi$(决定自由能密度如何随 ϕ 变化的变分导数)是非守恒相场变量的驱动力,驱动系统沿着自由能下降的方向演化。

3. 凝固的相场模型

要构建相场模型,主要步骤通常包括选择适合问题的相场变量,根据这些变量构建自由能泛函,然后确定动力学方程和模型参数。

1) 单质凝固的相场模型

为了处理单质凝固过程中界面形状的复杂变化,液固界面由相场变量 ϕ 描述,ϕ 通常从 0(液相)到 1(固相)。单质在凝固过程中的自由能可表示为

$$F = \int \left[f(\phi, T) + \frac{1}{2} \varepsilon^2 (\nabla \phi)^2 \right] dV \tag{3-59}$$

式中,$f(\phi, T)$ 为化学自由能,定义为

$$f(\phi, T) = p(\phi) f^S(T) + \left[1 - p(\phi) \right] f^L(T) + W g(\phi) \tag{3-60}$$

为了避免固液相的混合，引入 $Wg(\phi)$ 作为能垒项。动力学演化方程为

$$\frac{\partial \phi}{\partial t} = -M_\phi \frac{\delta F}{\delta \phi} \qquad (3\text{-}61)$$

式中，比例因子 M_ϕ 是界面迁移率，通常取决于场变量。对于温度场，传热方程如下：

$$\frac{\partial T}{\partial t} = \kappa \nabla^2 T + \frac{L}{c_p} \frac{\partial p(\phi)}{\partial t} \qquad (3\text{-}62)$$

式中，L 为潜热；κ 为热扩散系数；c_p 为定压比热容。

2) 合金凝固的相场模型

研究人员提出了许多用于合金凝固的相场模型。在这些模型中，WBM(Wheeler-Bottinger-McFadden)模型[43]和 KKS(Kim-Kim-Suzuki)[44]模型是两种典型且最常用的模型，它们在界面区域定义了不同的混合物成分。

(1) WBM 模型。

Wheeler 等[43]将单质凝固直接推广到合金的情况，在 1993 年建立了二元等温凝固的相场模型，该模型被称为 WBM 模型。该模型的基本思想是根据合金浓度对两个单项自由能进行加权，构造一个广义的自由能泛函。该模型是二元合金中使用最广泛的模型之一，特别是对于用理想溶液假设的简单相图描述的合金。

在 WBM 模型中，等温条件下含组分 A 和 B 的二元合金考虑体积效应和界面效应的完整自由能泛函由以下基本方程给出：

$$F = \int \left[f(\phi,c) + \frac{1}{2} e_c^2 (\nabla c)^2 + \frac{1}{2} e_\phi^2 (\nabla \phi)^2 \right] \mathrm{d}V \qquad (3\text{-}63)$$

式中，c 是液相成分；e_ϕ 和 e_c 是相场和溶质组成的梯度系数。根据理想溶液假设，自由能密度函数 $f(\phi,c)$ 如下：

$$f(\phi,c) = c f_B(c) + (1-c) f_A(c) + \frac{RT}{V_m} \left[c \ln c + (1-c) \ln(1-c) \right] \qquad (3\text{-}64)$$

式中，R 为气体常数；V_m 为摩尔体积；$f_A(c)$ 和 $f_B(c)$ 分别为纯 A 和纯 B 的自由能密度。更复杂的形式可能包括与 $c(1-c)$ 成正比的多余自由能。

根据热力学，动力学方程必须满足整个系统的自由能随时间单调减小。在浓度守恒的条件下，能量最小化会导致溶质在相间分布。由此可得

$$\frac{\partial \phi}{\partial t} = -M_\phi \frac{\delta F}{\delta \phi} = -M_\phi \left(\frac{\partial f}{\partial \phi} - e_f^2 \nabla^2 \phi \right) \qquad (3\text{-}65)$$

$$\frac{\partial c}{\partial t} = \nabla \left(M_c c \nabla \frac{\delta F}{\delta c} \right) = \nabla \left\{ M_c c (1-c) \left[\nabla \left(\frac{\partial f}{\partial c} \right) - e_c^2 \nabla^2 c \right] \right\} \qquad (3\text{-}66)$$

如果溶质的梯度能可以忽略，则扩散方程可以导出如下的形式：

$$\frac{\partial c}{\partial t} = \nabla\left[M_c c(1-c)\nabla\left(\frac{\partial f}{\partial c}\right)\right] = \nabla D \nabla c + \nabla M_c c(1-c)\nabla(f_B - f_A) \tag{3-67}$$

式中，$D \equiv M_c RT / V_m$。与菲克近似下的方程不同的是，式(3-67)增加了一个比例项 $\nabla(f_B - f_A)$ 来表示界面区域。

为了进一步在非等温条件下应用 WBM 模型，Warren 和 Boettinger 进一步从熵泛函中推导出二元合金非等温凝固的相场方程，这是将相场模型应用于实际材料的突破。利用该模型，可以在等温和非等温条件下成功模拟二元合金中逼真的二维或三维枝晶生长。

(2) KKS 模型。

WBM 模型是在一致的热力学条件下导出的，得到了广泛的应用。在该模型中，假设固相和液相在界面区域内具有相同的组成。因此，界面能取决于局部浓度。在 1999 年，Kim 等[44]提出了另一种二元合金的相场模型，称为 KKS 模型。在该模型中，界面被定义为分数加权的固相和液相的混合物。与 WBM 模型相比，KKS 模型假设固液相在界面处具有不同的组成，可以消除由于液固体积能插值而产生的额外能量。

在化学势相等的约束下，界面区域内固相和液相的组成可表示为

$$c = p(\phi)c_S + \left[1 - p(\phi)\right]c_L \tag{3-68}$$

$$f_{c_S}^S\left(c_S(x,t)\right) = f_{c_L}^L\left(c_L(x,t)\right) \tag{3-69}$$

式中，c_S 和 c_L 是固相和液相的局部溶质组成；$f_{c_S}^S \equiv \mathrm{d}f^S(c_S)/\mathrm{d}c_S$，$f_{c_L}^L \equiv \mathrm{d}f^L(c_L)/\mathrm{d}c_L$ 为化学势。式(3-68)和式(3-69)并不意味着整个界面区域具有恒定的化学式，只在热力学平衡状态下，化学势才能在整个界面上保持恒定。

随后，KKS 模型的自由能密度泛函 $f(c,\phi)$ 可以表示为

$$f(c,\phi) = p(\phi)f^S(c_S) + \left[1 - p(\phi)\right]f^L(c_L) + Wg(\phi) \tag{3-70}$$

这些自由能密度函数取决于成分，并且可以在 CALPHAD 中确定。在 KKS 模型中，相场动力学方程和溶质扩散方程如式(3-71)和式(3-72)所示：

$$\frac{\partial \varphi}{\partial t} = M_f\left(e^2 \nabla^2 \phi - \frac{\partial f}{\partial \varphi}\right) \tag{3-71}$$

$$\frac{\partial c}{\partial t} = \nabla\left[\frac{D(\phi)}{f_{cc}}\nabla\left(\frac{\partial f}{\partial c}\right)\right] = \nabla[D(\phi)\nabla c] + \nabla[D(\phi)p'(\phi)(c_L - c_S)\nabla\phi] \tag{3-72}$$

式中，D 是溶质扩散率，依赖于相场变量 Φ；f_{cc} 是化学自由能密度对浓度 c 的二

阶导数。

KKS 模型和 WBM 模型的主要区别在于平衡状态下界面区域内自由能密度的定义。在 KKS 模型中，平衡界面区域被定义为不同成分的固相和液相的混合物。然而，在 WBM 模型中，它被定义为具有相同组成的固相和液相的混合物。此外，在 WBM 模型中，除了强加的双势阱 $Wg(\varphi)$ 外，还有一个来自界面处自由能密度函数定义的双势阱。与双势阱 $Wg(\varphi)$ 相比，这个额外势能只能在尖锐界面模型或者在平衡状态下组成十分相似的液相和固相下忽略。然而，随着界面宽度的增加或者两相平衡浓度的差异增大，双势阱函数的阱深增大，因而不能忽略。在 KKS 模型中，自由能的 $p(\phi)f^{\mathrm{S}}(c_{\mathrm{S}}^{e})+[1-p(\phi)]f^{\mathrm{L}}(c_{\mathrm{L}}^{e})$ 这一项正好对于公切线本身。在这种情况下，不存在额外的势能。

虽然 WBM 模型和 KKS 模型已被广泛应用于二元合金的凝固模型，但这两种模型都有各自的优缺点。WBM 模型非常简单，因此易于实现。然而，由于体化学自由能对界面能有贡献，模型参数与物理测量值之间的解析关系无法方便地确定，通常使用数值方法确定参数。此外，对于给定的动力学和热力学性质，这种方法通常会导致更薄的界面，这使得选择更宽的界面来降低计算成本变得困难。与其他模型相比，KKS 模型最吸引人的一点是它对界面宽度的限值要宽松得多。因此，它非常适合在实际长度范围内应用。在该模型中，体化学自由能不再贡献于界面能，可以在平衡条件下确定界面能与界面厚度之间的关系。此外，增加界面宽度不会改变材料的热力学和动力学性质。因此，可以实现更大规模的模拟。然而，KKS 模型引入了两个额外的自由度，这增加了计算成本。

3) 多相相场模型

随着相场方法的发展，其基本原理已被用于建立许多所谓的多相或多阶参数相场模型，旨在描述相变中的多晶、多相或多组分现象。构建多相相场模型的方法主要有 3 种：引入多阶参数，引入定向参数和引入多相相场。Steinbach 等[41]将单相相场模型扩展到多相系统，建立了多相相场模型，其中每一个阶段都用一个单独的相场变量来表示，并且两阶段之间的转换有自己的特点。下面以多晶凝固为例，介绍多相相场的凝固模型。

在多相相场模型中，一个有 p 个共存相位的系统由 p 个相场变量 (φ_k) 表示局部体积分数来描述。在系统的任意点，相场变量之和必须为 1，因此只有 $p-1$ 个相场变量是独立的。相场变量为 $f_i(i\neq 1)$ 表示不同取向的固相，而 $\varphi_i=0(i\neq 1)$，$\varphi_1=1$ 表示液相。在稀溶液近似下，相场变量动力学方程由式(3-73)控制：

$$\frac{\partial \phi}{\partial t}=-\frac{2}{N}\sum_{j\neq i}^{n}s_i s_j M_{ij}\left(\frac{\delta f}{\delta \phi_i}-\frac{\delta f}{\delta \phi_j}+\Delta g_{ij}\right) \tag{3-73}$$

为保证液相和固相的化学势相等，在溶质扩散方程中加入溶质捕获项，如

式(3-74)所示:

$$\frac{\partial c}{\partial t} = \nabla \phi_1 D_L \nabla c_L + \nabla \left(\frac{e_{SL}}{\sqrt{2W_{SL}}} (c_L - c_S) \sqrt{\phi_1 (1-\phi_1)} \frac{\partial \phi_1}{\partial t} \frac{\nabla \phi_1}{|\nabla \phi_1|} \right) \tag{3-74}$$

式中,c 为液相和固相的混合物浓度,满足 $c = \phi_1 c_L + (1-\phi_1)c_S$;$W_i$ 和液固、固固界面的宽度和界面能关系如式(3-75)所示:

$$e_{SL} = \frac{4}{p}\sqrt{\delta_{SL}s_{SL}};W_{SL} = \frac{2s_{SL}}{\delta_{SL}};e_{SS} = \frac{4}{p}\sqrt{\delta_{SS}s_{SS}};W_{SL} = \frac{2s_{SS}}{\delta_{SS}} \tag{3-75}$$

大多数多相相场模型已应用于晶粒生长、粗化及最近的多相凝固/析出。一些模型中也加入弹性能研究应变对相变的影响。其他模型,特别那些引入取向序参量的模型主要用于研究枝晶凝固和随后形成的多晶网络。此外,通过允许在微观结构中描述多个晶粒,多相相场模型已被用于考虑可能具有的多晶及多组分结构。因此,可以预见的是,多相相场模型将在微观组织演变的建模和模拟中变得越来越重要。

4. 相场模拟和其他模拟技术的结合

与其他介观尺度模拟方法一样,相场模拟在多尺度模拟中发挥着重要作用。为了充分发挥介观尺度方法在材料多尺度模拟中的重要作用,需要将介观尺度方法与其他尺度方法相结合。一方面,相场模型的自由能泛函和动力学参数可以取自 CALPHAD 或原子模型。另一方面,相场模拟也可以作为宏观建模的输入,用于预测力学性能和模拟宏观过程,以供材料设计使用。

1) 相场模拟和原子模拟的结合

多尺度建模的重要挑战之一是拟合原子和宏观方法之间的差距,以确保所有尺度下的描述都是相互联系和一致的。原子方法,包括密度泛函理论和分子动力学,被广泛应用于材料科学的许多领域。然而,由于这些方法的尺度小,时间尺度短,很难用原子模拟来建立与宏观尺度的直接联系。

介观尺度模拟的范围在 100nm～100μm,可以作为从原子尺度到宏观尺度的桥梁。相场模拟在材料、物理、生物科学等领域得到了不断的应用,丰富了原子尺度和宏观尺度之间联系。将相场模拟与原子尺度模拟进耦合有两种方式:一种是原子尺度的模拟,可以提供相场模型所需要的一些参数,如界面能及各向异性。另一种是相场模拟,可以提供数据来验证原子尺度。

原则上来说,相场模拟所需要输入的参数都可以通过原子尺度的模拟获得。扩散系数、界面能和动力学系数是相场方程中难以测量的参数。更重要的是,这些量对于形态演化是必不可少的。利用原子尺度模拟定量表征界面的各向异性有助于模拟枝晶生长方向的变化。基于从头计算和蒙特卡罗模拟,与相场模型相耦合，Vaithyanathan 等[45]给出了一个多尺度方法模拟 Al-Cu 合金时效过程中的生长和粗化。在从头计算中，获得了自由能密度、界面能、各向异性参数、晶格参数和弹性常数。Hoyt 等[46]通过分子动力学模拟计算了纯镍、金、银的界面能迁移率及各向异性，将这些参数耦合到相场模型中研究了枝晶生长。得出结论：从原子模拟中得出的参数可以准确地再现纯镍中枝晶生长随测量过冷度的变化。

2) 相场模拟和机器学习结合

为了更快、更经济地设计和制造材料，材料科学的核心任务是提高加工如何产生材料结构，这种结构如何影响材料特性及如何为给定应用选择材料的能力进行建模。利用材料数据和先进的计算机模型，可以真实地模拟新材料在特定应用中的行为。因此，可以避免冗长的构建和测试周期。在过去几十年来，计算科学逐渐从纯粹的计算材料转向与基于机器学习的新材料研发和设计[47]。该方法已被广泛应用于材料科学与工程中的许多问题，将相场模拟与机器学习方法结合成为一个值得研究的问题。

一方面，相场模拟仿真结果可用于生成机器学习模型的数据。另一方面，机器学习也可以提供相场模拟所需要的一些参数。例如，多组分合金的相场模拟模型通常与热力学数据库耦合，这需要花费相当长的时间来获得相平衡方程的解。为了减少这段时间，同时保证足够的准确性，机器学习可以为确定相场模型的输入参数提供一个选择。Teichert 等[48]研究了使用机器学习技术确定物理系统平衡状态的可行性。Nomoto 等[49]采用神经网络的线性预测过程作为机器学习方法，加速了五元 Fe-Cr-Ni-Mo-C 不锈钢凝固的多相相场模型中的热力学计算。使用机器学习参数生成的微观结构与直接与 CALPHAD 数据库耦合的模型微观结构非常相似，但计算速度快了 5 倍。

相场模拟已成为探索工艺参数对许多先进材料微观组织演变影响的重要工具。Yabansu 等[50]利用机器学习和其他方法，基于相场模拟产生的结果，开发了一个框架，用于建立三元共晶合金的工艺结构联系。工作流程如下：①确定感兴趣的工艺参数及其范围；②为相场模型生成合适的校准数据集；③通过空间统计量化微观结构；④将这些信息投影到降阶空间上，在低维空间上得到表达。通过机器学习和交叉验证技术，映射过程空间和微观结构的降阶表示，以实现所需的过程结构联系。

3) 相场模拟和 CALPHAD 耦合

CALPHAD 是由 Kaufman 和 Bernstein 在 1970 年提出的一种基于相的方法，通过自洽框架计算系统的热力学和相平衡[51]。该框架可以方便地外推到多组件系统。

为了使相场模拟更有效地模拟多组分系统，需要高精度地获得原子扩散迁移率、界面能、界面迁移率、晶格参数和弹性常数等输入参数。在某些情况下，复杂的多组分系统很难获得准确的参数。将相场模拟应用于实际的多组分或多相系统的主要障碍之一是大多数现有模型缺乏直接从实际相图和热力学数据构建自由能泛函的能力。为了解决这一问题，将相场模拟方法与 CALPHAD 方法相结合，有助于预测多种组分系统的微观结构演变。

耦合到 CALPHAD 热力学和原子迁移率数据库可以提供真实的驱动力、扩散势及在任何成分和温度下的原子迁移率。这些信息是定量相场模拟的先决条件。多组分合金需要的热力学数据可以通过相图的局部线性近似或通过商业热力学软件直接耦合到热力学数据库来提供，如 Thermo-Calc 和 Pandat。从商业热力学软件和数据库中获取驱动力对于研究各种相变是很有帮助的。CALPHAD 类型的热力学和原子迁移率数据库通过集成在仿真代码中的接口程序可以链接到模型，让模拟结果更加接近真实情况。

5. 相场模拟在高强钛合金中的应用

钛合金因其优异的比强度、耐腐蚀性和生物相容性，在多个领域广泛应用，但提升其力学性能时常常会面临强度和塑性之间的固有矛盾。传统热处理生成的 $\alpha+\beta$ 两相组织虽具良好延展性，但强度有限。通过引入亚稳 ω 相促进超细次生 α 相形成，虽增强强度，却牺牲了塑性。采用高度非均质多晶结构的设计策略，结合超细晶粒以强化强度，其粗晶粒确保延展性，展现了强度与塑性间的卓越平衡。若能在空间尺度上精细调控类似非均质析出物，有望实现强度与延展性的协同优化。

Ni 和 Khachaturyan[52]首次提出了伪调幅分解机制来解释 Co-Pt 合金中棋盘结构的形成。伪调幅分解机制是指非同构相组成连续变化的相变机制。它描述了当元素浓度接近 c_0(两相吉布斯自由能相交的浓度)时沉淀的一个独特过渡序列：①热波动导致元素浓度越过 c_0；②在这些区域发生与子相一致的结构转变；③经过长程扩散，相组成不断向平衡相演变。这种形核机制同时被用于解释钛合金中的相变现象。这些研究发现，在这些合金中 α 相析出机制敏感地取决于合金成分和热处理制度。这为利用 β 基体中特殊的浓度不均匀性来设计非均质 $\alpha+\beta$ 微结构提供了契机。

1) 钛合金的相场模型

受限于多元材料热力学数据库，考虑简单的二元 Ti-V 合金来进行相场建模。从 Pandat 热力学数据库和实验数据中得到了不同温度下均相 α 相和 β 相的体化学自由能，并且将其拟合为多项式：

$$G_{\alpha,\beta}(c,T) = \sum_{i=0}^{9} a_{(\alpha,\beta)i}(T)c^i \tag{3-76}$$

式中，T 是温度；$a_{(\alpha,\beta)i}$ 是多项式的系数；c 是 V 元素质量分数。

基于梯度热力学，将相场法中的总化学自由能表示为结构序参量和元素质量分数的函数，能够充分定义体系在任意状态下的 $\alpha+\beta$ 微观结构：

$$F = \int \left\{ \sum_{p=1}^{12} h(\eta_p) G_\alpha(c) + \left[1 - \sum_{p=1}^{12} h(\eta_p) \right] G_\beta(c) + \omega_1 \sum_{p \neq q} \eta_p \eta_q + \omega_2 \left(\eta_p^2 - 2\eta_p^3 + \eta_p^4 \right) + \frac{\kappa_c}{2} (\nabla c)^2 + \frac{\kappa_\eta}{2} \sum_{p=1}^{12} \left(\nabla \eta_p \right)^2 \right\} dV$$

(3-77)

式中，η_p 是一组非守恒的结构序参量，描述了根据 Burgers 取向对应后由 $\beta \rightarrow \alpha$ 相变产生的 12 个独立的变体，当 $\eta_{p=1} = 1$ 并且 $\eta_{p \neq q} = 1$ 时表示 α 相的第 p 个变体，当 $\eta_{p=1} = \eta_{p=2} = \cdots = \eta_{p=12} = 0$ 时表示 β 基体。

$h(\eta_p)$ 将在浓度空间表示的平衡状态自由能扩展为在浓度(以质量分数计)和结构序参量中表示的非平衡自由能曲面,其中 ω_1 表示两个 α 相变体之间的自由能势垒，ω_2 表示 α 相和 β 相之间的自由能势垒，k_c 和 k_η 分别为质量分数和序参量的梯度系数。

除了自由能之外，相变弹性能在固态相变中也起着重要作用，它是由弹性齐次系统的近似形式给出的[53]：

$$E^{\text{elastic}} = \frac{1}{2} \int \frac{dk}{(2\pi)^3} \sum_{p,q}^{12} B_{pq}(n) \eta_p(k) \eta_p^*$$

(3-78)

$$B_{pq}(n) = C_{ijkl} \varepsilon_{kl}^{\text{T}}(p) \varepsilon_{kl}^{\text{T}}(q) - n_i \sigma_{ij}^{\text{T}}(p) \Omega_{jk} \sigma_{kl}^{\text{T}}(q) n_l$$

(3-79)

式中，C_{ijkl} 为弹性常数，格林函数满足：$\left[\Omega(n) \right]_{ik}^{-1} = C_{ijkl} n_j n_l$；$\sigma_{ij}^{\text{T}}(p) = C_{ijkl} \varepsilon_{kl}^{\text{T}}(p)$；$\varepsilon_{kl}^{\text{T}}(p)$ 是第 p 个变体的无应力应变张量，12 种变体的应变张量通过晶格参数计算。

随机 Cahn-Hilliard 方程和随时间变化的 Ginsburg-Landau 方程分别用于控制结构序参量和质量分数的演变：

$$\frac{\partial c}{\partial t} = \nabla \left[M(c) \nabla \frac{\delta F}{\delta c_{\text{V}}} \right] + \xi_c$$

(3-80)

$$\frac{\partial \eta_p}{\partial t} = -L \frac{\delta F}{\delta \eta_p} + \xi_{\eta_p}$$

(3-81)

式中，$M(c)$ 是化学迁移率；L 是界面迁移率；ξ_c 和 ξ_{η_p} 是用来描述热起伏过程的噪声项。在所有的相场模拟中，朗之万噪声项的振幅和持续时间是相同的。在模拟中使用的是 β 相的弹性常数。

2) 相场模拟结果

图 3-13 为根据热力学数据库和实验数据得到的 α 相和 β 相在 550℃和 650℃的吉布斯自由能曲线。如图 3-13(a)所示，β 相中存在一个混相间隙，在 550℃，调幅分解的区域 V 元素质量分数为 $25\% < c < 72\%$，在 650℃时，调幅分解区域为 $32\% < c < 68\%$。两相吉布斯自由能的交点随温度的升高而降低,如图 3-13(c)所示。伪调幅分解发生的区域就在接近两相吉布斯自由能交点的质量分数。当 V 元素质

量分数小于 c_0 时，会发生同质转变。如果 V 元素质量分数远大于 c_0 的话，会发生正常的形核-长大机制。

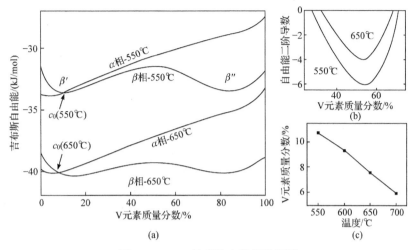

(a)

(b)

(c)

图 3-13 Ti-V 体系热力学能数据[54]

(a) 550℃、650℃ α 相和 β 相的吉布斯自由能曲线；(b) β 相在 650℃和 550℃吉布斯自由能对成分的二阶导数；(c) 两相吉布斯自由能相等时的 V 元素质量分数

在 550℃的情况下，模拟了不同的 V 元素初始质量分数 $\overline{C}$ = 10%～50%的 Ti-V 合金，结果如图 3-14 所示。结果表明，当合金成分位于 c_0 = 10.73%附近时，由伪调幅分解形成的 α 相沉淀的密度十分高(图 3-14(b)和图 3-14(c))。当 V 元素的质量分数达到 13%时，此时离 c_0 点过远，不能激活伪调幅分解机制，为正常的形核-长大机制，形核数量骤减。当合金成分质量分数小于 c_0 时，同质转变得到的 α 相形核密度更高。

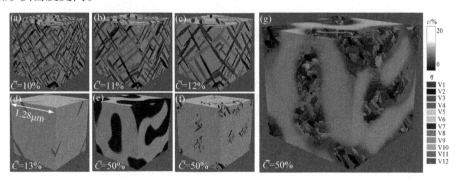

图 3-14 不同成分 Ti-V 合金的 α 相沉淀的三维模拟[54](扫描章前二维码查看彩图)

(a) V 元素初始质量分数为 10% α 相析出；(b) V 元素初始质量分数为 11% α 相析出；(c) V 元素初始质量分数为 12% α 相析出；(d) V 元素初始质量分数为 13% α 相析出；(e) 650℃下 V 元素初始质量分数为 50%合金发生调幅分解；(f) 550℃下 V 元素初始质量分数为 50%在调幅分解组织下进一步析出 α 相；(g) 由(e)、(f)处理后得到的 α 相

$\overline{C}$ -V 元素的初始质量分数；c-模拟过程中 V 元素的质量分数；η -结构场；V1～V12 分别为 12 种 α 相变体

根据在 550℃和 650℃β 相的自由能曲线,调幅分解发生的区域分别是 V 元素质量分数为 28%~72%和 32%~68%。在 650℃时,经过调幅分解后贫相的 V 元素质量分数约为 14.4%,此时离 c_0 点很远。这说明,经过调幅分解后形成的元素贫区不符合发生伪调幅分解的条件。如果降低时效温度,如在 550℃下时效,能够激活伪调幅分解机制。这种两步时效过程发生在元素的贫区激活伪调幅分解机制导致次生 α 相特别密集细小,同时元素的富区在进一步的时效过程中接近其平衡元素浓度,不会发生相变,最终就得到了 $\alpha+\beta/\beta$ 这种双相组织。

由于三维相场模拟的长度和时间尺度有限,考虑到使用二维模拟更长的时间和尺度。因此,在三维空间中的 12 种变体将在二维空间中变为 3 种,模拟的单元为 512×512 个格点,每个格点代表真实空间的 10nm。不同合金成分在 550℃时效的二维模拟结构如图 3-15 所示,与三维模拟结果相似,在合金 V 元素初始质量分数小于 12.5%时 α 相的形核十分密集,此时发生同质转变和伪调幅分解。当合金 V 元素初始质量分数在 12.5%时,在模拟时间为 $t^*=50$(模拟时所有参数无量纲化)时形核密度十分小(图 3-15(d)),当合金成分进一步升高时,在模拟时间内没有 α 相析出(图 3-15(e))。这证明,伪调幅分解发生的成分窗口很小,当合金 V 元素初始质量分数从 10%~14%变化时,先后发生同质转变、伪调幅分解、正常的形核-长大。

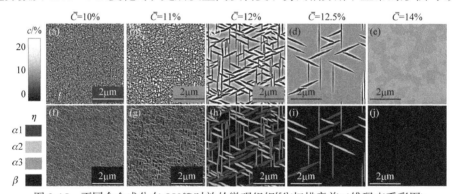

图 3-15　不同合金成分在 550℃时效的微观组织[54](扫描章前二维码查看彩图)
(a) V 元素初始质量分数为 10%时浓度场分布;(b) V 元素初始质量分数为 11%时浓度场分布;(c) V 元素初始质量分数为 12%时浓度场分布;(d) V 元素初始质量分数为 12.5%时浓度场分布;(e) V 元素初始质量分数为 14%时浓度场分布;(f) V 元素初始质量分数为 10%时序参量分布;(g) V 元素初始质量分数为 11%时序参量分布;(h) V 元素初始质量分数为 12%时序参量分布;(i) V 元素初始质量分数为 12.5%时序参量分布;(j) V 元素初始质量分数为 14%时序参量分布

对于 β 相中调幅区域内的合金成分,可以设计两步热处理计划,以实现特殊的转变途径,即 β 相中的前期调幅分解,然后是 α 相析出,如 3D 模拟所示(图 3-14(e)~(g))。这样的两步热处理为定制非均相 $\alpha+\beta$ 微观结构的规模、形态和空间分布提供了机会。

两种不同合金经过两步热处理后得到的异质显微组织如图 3-16 所示。V 元素初始质量分数为 35.0%和 57.5%的合金成分均在调幅分解区域,但离 c_0 很远。在

650℃的第一步热处理中，贫溶质(β')和富溶质(β'')相区形成，如图 3-16(a)～(d)所示。由于该温度下的平衡状态为 β' 和 β'' 的混合物，因此不会析出次生 α 相。当系统进一步淬火到第二个热处理温度(550℃)时，系统的平衡状态变成 $\alpha+\beta$ 相的混合物，因此次生 α 相开始析出。由于 β' 相区域足够接近 c_0，这些区域通过伪调幅分解转为具有细尺度的 $\alpha+\beta$ 相的混合物。β'' 相接近该温度下 β 相的平衡组成，因此在这些区域不会析出次生 α 相。在不同区域发生不同的相变过程决定了 α 相的空间分布。这种空间分布既有可以承担强度的次生 α 相，也有承担塑性的 β 基体，因此达到了强塑性匹配。

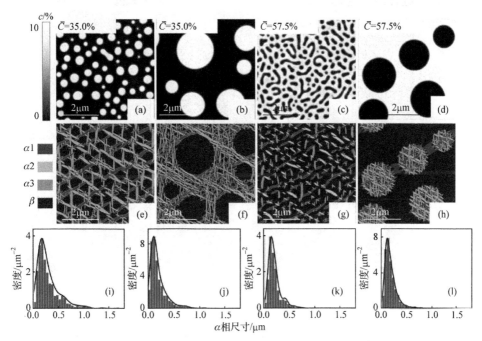

图 3-16　通过前驱旋轴分解机制得到不同合金成分的显微组织[54](扫描章前二维码查看彩图)
(a)、(b) V 元素初始质量分数为 35.0%调幅分解后的浓度场；(c)、(d) V 元素初始质量分数为 57.5%时调幅分解后的浓度场；(e)、(f) V 元素初始质量分数为 35.0%调幅分解组织在 550℃时效处理后的 α 相；(g)、(h) V 元素初始质量分数为 57.5%调幅分解组织在 550℃时效处理后的 α 相；(i)、(j) V 元素初始质量分数为 35.0%时析出的 α 相尺寸；(k)、(l) V 元素初始质量分数为 57.5%时析出的 α 相尺寸
(b)(d)模拟时间比(a)(c)更长

根据自由能曲线，在 550℃下两相吉布斯自由能交点 V 元素质量分数 $c_0=12.1\%$，高于平衡 β' 相的元素浓度。因此，当直接将合金淬火至 500℃时，α 相在 β 相区域更稳定。因此，将直接发生等成分转变，然后 α 相分解为 $\alpha+\beta$ 两相混合物。由于等成分转变只需要结构波动，因此形核密度会更高，与需要结构和浓度波动才能进行 α 成核的伪调幅分解相比，等成分转变具有更宽的相变速率。最终的微观结构由超细 α 沉淀物和粗 β 组成。在 500℃下获得的 α 相沉淀物的平均尺

寸在 100nm(图 3-17)，几乎是 550℃的一半。

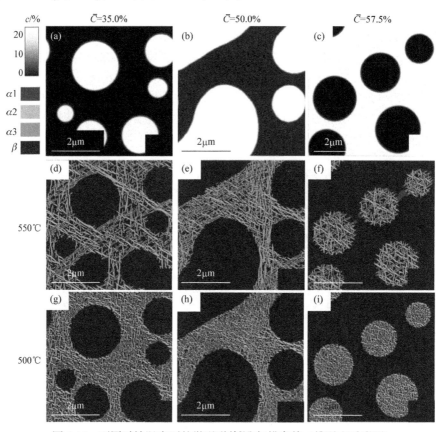

图 3-17　不同时效温度下的微观形貌[54](扫描章前二维码查看彩图)

(a) V 元素初始质量分数为 35.0%在 650℃下发生调幅分解后的浓度场；(b) V 元素初始质量分数为 50.0%在 650℃下发生调幅分解后的浓度场；(c) V 元素初始质量分数为 57.5%在 650℃下发生调幅分解后的浓度场；(d) V 元素初始质量分数为 35.0%时在上一步 650℃时效后接着淬火至 550℃并等温时效 t^*=50 时的序参量场分布；(e) V 元素初始质量分数为 50.0%时在上一步 650℃时效后接着淬火至 550℃并等温时效 t^*=50 时的序参量场分布；(f) V 元素初始质量分数为 57.5%时在上一步 650℃时效后接着淬火至 550℃并等温时效 t^*=50 时的序参量场分布；(g) V 元素初始质量分数为 35.0%时在上一步 650℃时效后接着淬火至 500℃并等温时效 t^*=50 时的序参量场分布；(h) V 元素初始质量分数为 50.0%时在上一步 650℃时效后接着淬火至 500℃并等温时效 t^*=50 时的序参量场分布；(i) V 元素初始质量分数为 57.5%时在上一步 650℃时效后接着淬火至 500℃并等温时效 t^*=50 时的序参量场分布

6. 相场模拟在钛铝合金中的应用

航空发动机，被誉为"工业王冠之珠"，其关键组件包括风扇、压气机、燃烧室和涡轮机。在工作过程中各级叶片是航空发动机中工作环境最为恶劣、载荷最为复杂的零部件，其性能要求严格，是航空飞行器核心中的核心。随着航空工业进步，发动机性能标准持续升级[55]。

钛铝合金，因其 1000K 以上仍能保持高比强度，轻质(密度 4g/cm³)，耐蠕变与氧化，已逐步在 900~1000K 温度下替代镍基合金，叶片减重达 50%，成为为数不多的实现工程应用的金属间化合物材料[55]。尽管钛铝合金性能优异并已成功应用在部分主流航空发动机中，其仍有组织稳定性较低、室温韧性不足等缺点，这些缺点降低了其使用寿命，增加其加工难度，严重制约了钛铝合金的发展。鉴于钛铝合金组织的复杂性与对性能的决定性作用，优化器组织设计与控制以提升加工与使用性能仍是研究的焦点。钛铝合金片层微结构的形成与失稳本质上均为微观组织的演变过程，通过现有的实验手段观察、研究该过程十分困难，相场模拟方法为此提供了可能途径。

为研究梯度能系数对 γ 相长大过程及其对析出 γ 相形貌的影响，进行了对比模拟实验。其中，第一组研究梯度能系数对异质形核长大过程中 γ 相长大过程的影响，模拟的初始条件为在母相中放置一个球形 γ 相作为核心，核心半径 $r^*=8$，模拟 γ 相钛铝合金从母相中析出的非均匀形核过程。此外，第二组模拟研究梯度能对均匀形核过程中 γ 相形貌的影响，即初始条件为均匀的母相。

γ 相从过饱和 α 相中析出有两类生长方向，即横向生长与纵向生长，由于 γ 相生长的各向异性，在相场方法数学建模中，将梯度能系数 $\kappa_{i,j}$ 记为一个 3×3 矩阵型参数：

$$\kappa_{i,j} = \begin{bmatrix} \kappa_{11} & \kappa_{12} & \kappa_{13} \\ \kappa_{21} & \kappa_{22} & \kappa_{23} \\ \kappa_{31} & \kappa_{32} & \kappa_{33} \end{bmatrix} \tag{3-82}$$

当梯度能系数各向同性时，梯度能系数 $\kappa_{i,j}$ 的取值为 $\kappa_{11} = \kappa_{22} = \kappa_{33} = 3$，此外所有取值为 0。在现有的钛铝合金相场数学模型中，通常采用 $\kappa_{11} = \kappa_{22} = 5\kappa_{33}$ 来表示梯度能系数的各向异性，在本次模拟中，当相变过程中界面能各向异性时，梯度能系数的取值为 $\kappa_{11} = \kappa_{22} = \kappa_{33} = 3$，其余所有值取 0。在研究梯度能系数的影响时，不加入弹性能，仅考虑化学能。

按照上述模拟条件，在非均匀形核条件下，得到 γ 相预置核心在不同梯度能系数下模拟结果如图 3-18 所示，深色表示 γ 相，浅色表示母相。其中图 3-18(a)~(c)为结构梯度能系数各向同性时 γ 相预置核心长大过程，图 3-18(d)~(f)为结构梯度能系数各向异性时 γ 相预置核心长大过程。

图 3-18(a)与(d)为相同的初始状态,在初始母相中人为置入一个球形 γ 相核心,其半径 $r^*=8$。随后预置核心在相变驱动力的作用下不断长大。由于结构梯度能系数的各向同性，图 3-18(a)~(c)所示的 γ 相预置核心长大仍为球形。由于结构梯度能系数的各向异性，在 X 和 Y 方向的结构梯度能系数为 Z 方向的 5 倍，γ 相核心在 X 与 Y 方向的生长速度明显大于其在 Z 方向的生长速度，因此球形的 γ 相核心

γ相预置核心长大过程

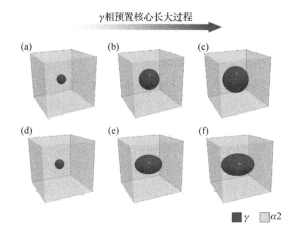

■ γ ☐ α2

图 3-18 不同梯度能系数影响下的 γ 相预置核心长大过程[56]

(a) 各向同性梯度能系数 t^*=10 时 γ 相形态；(b) 各向同性梯度能系数 t^*=20 时 γ 相形态；(c) 各向同性梯度能系数 t^*=30 时 γ 相形态；(d) 各向异性梯度能系数 t^*=10 时 γ 相形态；(e) 各向异性梯度能系数 t^*=20 时 γ 相形态；(f) 各向异性梯度能系数 t^*=30 时 γ 相形态

生长为垂直于 Z 轴方向的椭球形结构，如图 3-18(d)~(f)所示。在此条件下 Z 轴为 $[111]_γ$ 或 $[0001]_{α2}$ 方向，即垂直于片层界面方向。

上述模拟结果表明，梯度能系数影响 γ 相核心的长大过程。为研究梯度能系数对钛铝合金相变最终形貌的影响，需对钛铝合金相变过程进行均匀形核与演变过程模拟研究。

图 3-19 展示了均匀形核及两种不同梯度能系数条件下钛铝合金相变过程的组织演化过程。图 3-19(a)~(c)为各向同性梯度能系数条件下钛铝合金向相演变过程，图 3-19(d)~(f)为各向异性梯度能系数条件下钛铝合金相变过程的组织演变过

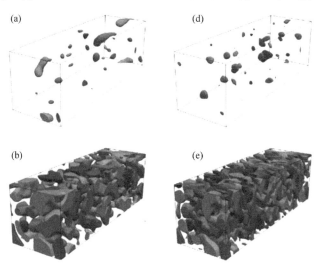

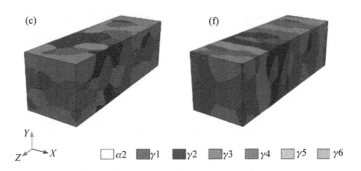

图 3-19　不同梯度能系数下 γ 相形核长大[57](扫描章前二维码查看彩图)

(a) 各向同性梯度能系数 t^*=10 时 γ 相形态；(b) 各向同性梯度能系数 t^*=20 时 γ 相形态；(c) 各向同性梯度能系数 t^*=30 时 γ 相形态；(d) 各向异性梯度能系数 t^*=10 时 γ 相形态；(e) 各向异性梯度能系数 t^*=20 时 γ 相形态；(f) 各向异性梯度能系数 t^*=30 时 γ 相形态

程。图 3-20 为钛铝合金 γ 相形核长大截面图。图 3-19 显示了梯度能各向同性与各向异性条件下的形核，不同的梯度能系数对形核过程并无明显影响，即梯度能系数的设置并不影响 γ 相的形核过程，仅对钛铝合金相变过程中 γ 相的长大过程产生影响。

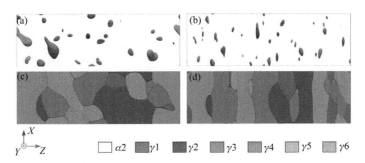

图 3-20　不同梯度能系数下 γ 相形核长大截面图[57](扫描章前二维码查看彩图)

(a) 各向同性梯度能系数 γ 相形核形态；(b) 各向异性梯度能系数 γ 相形核形态；(c) 各向同性梯度能系数 γ 相长大形态；(d) 各向异性梯度能系数 γ 相长大形态

　　图 3-19(b)与(e)为两种梯度能系数条件下，钛铝合金相变过程中核心长大的中间状态，可以发现当梯度能系数设置为各向同性时，γ 相核心的长大速度各向同性。尽管梯度能系数不影响钛铝合金相变的形核过程，但经过短时间的长大，梯度能系数各向同性 γ 相形貌更接近球形，而梯度能系数各向异性 γ 相形貌更接近板条状。

　　经过 γ 相核心的长时间长大与演变，体系中当梯度能系数各向同性时，γ 相核心长大速率在各方向均一致，球形长大，直至与相邻晶粒接触。最终，γ 相各变体分布均匀，且晶粒形貌不规则。当梯度能系数各向异性时，γ 相核心在 Z 轴方向的长大速度变慢，因此长大为板条状，最终 γ 相各变体均匀分布，且其形貌更接近片层结构，但并非严格片层结构，各变体界面仍不规则。

值得注意的是，假设梯度能各向同性且变体之间界面能相同，不考虑弹性能 γ 相会有无数种取向变体，讨论中仍然假设只有 6 种变体。

上面相场模拟结果仅考虑化学能，且模拟条件为梯度能系数为各向同性或者各向异性。从模拟结果中可以看到，仅考虑梯度能各向异性不能使钛铝合金相变后的组织为片层结构。因此，除梯度能系数的各向异性外，钛铝合金片层组织的形成还受其他因素的影响。

在钛铝合金的相变过程中，由于母相与析出相之间具有不同的晶体结构与取向，即母相与析出相之间、各析出相之间会出现晶格失配现象，因此在相变过程中必定伴随着弹性能的产生，相变产生的弹性能作为钛铝合金体系总能量的一部分，也会对钛铝合金相变片层结构的形成过程产生影响，其模拟结果如图 3-21 所示。

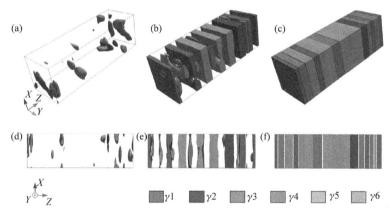

图 3-21　弹性能作用下钛铝合金相变过程[57](扫描章前二维码查看彩图)
(a) t^*=10 生长形态；(b) t^*=20 生长形态；(c) t^*=30 生长形态；(d) t^*=10 生长形态的二维截面；(e) t^*=20 生长形态的二维截面；(f) t^*=30 生长形态的二维截面

由图 3-21 可知，当计入钛铝合金相变过程的弹性能时，钛铝合金最终为由大量 γ 相片层组织组成的片层结构。综合上述模拟结果可知，在各向异性的梯度能系数与弹性能的综合作用下，钛铝合金最终变为规则的片层结构。在固态相变中弹性能是十分重要的能量相，相变过程母相和析出相之间会产生晶格畸变进而产生弹性能，因此在相场模拟过程中要想与真实结果一致，必须考虑将弹性能加入能量项。

相场模拟可以通过控制一些唯象参数及不同的能量项来探究不同影响因素对合金生长过程的影响，更加清楚材料的相变过程及控制相变过程的关键因素，为使用实验观察和探索这些因素的影响节省了很多的资源。

相场法已成为研究微结构演化的有力数值模拟工具。其应用已从液固相变拓展到固态相变、气固相变，从单质的相变拓展到二元、三元、多元甚至高熵材料，已覆盖金属、非金属及新型功能材料、生物医用材料、能源材料、电子信息材料等新能源材料领域。

尽管近年来在相场建模等方面取得了长足的进步,但目前的相场模拟仍处于定性、半定量和定量研究的混合状态。基于系统物理环境的定量研究尚未完全实现。除了定量相场模型外,还需要输入准确的热力学参数。因此,开发高效的相场算法,构建基于定量相场模拟的高通量的多尺度集成设计平台,结合实验、第一性原理、分子动力学、CALPHAD、宏软件包等热力学和动力学数据库是需要关注的重点。

近年来,通过介观相场模拟、图像数据构建和机器学习,在优化微观结构方面进行了大量的尝试,取得了可喜的成果,这应该是近期的热门话题,可以依靠人工智能和大数据分析。早期主要采用相场探究物理本质,揭示微观结构的演化。因此,如何将相场法与工业相结合,解决实际问题,也是未来重要的发展方向之一。

3.2.2　介观结构的有限元模拟与设计

介观结构的有限元模拟是一种工程分析方法,通过将结构划分为小单元并建立数学模型来模拟材料的力学行为。它适用于分析中等尺寸结构系统,能够考虑材料非线性、几何非线性、接触效应以及微观结构对宏观性能的影响。有限元模拟通过变分方法求解偏微分方程,提供近似而非精确的解,适用于复杂形状,具有高精度和适应性。

有限元模拟在材料科学中具有重要作用,能定量分析塑性成形过程,理解变形对相变再结晶的影响。通过数学模型,研究人员可将变形参数与微观组织演变联系起来,优化材料和工艺,降低成本。有限元模拟不仅能仿真高温变形过程中的微观组织演化,还能动态分析相变及再结晶过程,评估相变中其他相的形核率及元素扩散行为,解决实验中难以获得的微观组织演化问题。常见应用包括材料力学中的塑性变形、断裂和疲劳寿命研究,岩土工程中的土体和岩石稳定性分析,以及结构工程中的建筑和桥梁安全评估。

有限元模拟的主要步骤包括以下 4 个步骤。

1) 明确问题与几何建模

明确问题指明确分析对象、工况条件、计算目标及精度要求;几何建模指基于 CAD 软件或直接在有限元软件中创建或导入几何模型,并进行必要的简化和处理以适应分析需求。

2) 单元选择与网格划分

单元选择指根据结构类型、形状特征和精度要求选择合适的单元类型和阶次;网格划分指对几何模型进行网格划分,生成有限元模型。网格的数量、布局和质量需根据分析需求确定,并进行必要的检查和优化。

3) 定义边界条件与载荷

边界条件指在有限元模型上施加适当的边界约束,以模拟实际工况下的约束条件；载荷指施加外力和其他形式的载荷，如温度、压力等，以模拟实际受力情况。

4) 计算求解与结果分析

计算求解指使用有限元软件的求解器对模型进行计算求解；结果分析指对求解结果进行后处理和分析，提取并展示应力、应变、位移等关键物理量信息，评估结构性能并优化设计方案。

下面将以合金介观尺度塑性行为与组织演化的有限元模拟研究为主题，以 WE71 合金多道次热旋成形数值模拟、Ti-7333 合金锻造过程中的组织演变与模拟研究和 Ti-5553 合金变形过程的晶体塑性模拟为例介绍有限元模拟的实际应用。

1. WE71 合金多道次热旋成形数值模拟

WE71 合金多道次热旋成形是一种复杂的弹塑性变形过程，具有较低的生产成本，较高的材料利用率和优异的产品性能，是制备高性能薄壁回转体构件的重要塑性加工方法。有限元模拟由于其简单、高效等特点，逐渐成为进行旋压工艺参数优化以及旋压缺陷预测的重要手段。

1) 有限元模型的建立

(1) 几何模型的建立。

WE71 合金薄壁壳体热旋成形过程是个复杂的大变形过程，其中芯模与坯料绕自身轴线作自转，旋轮沿着芯模母线向前进给，接触区在不断地变化，塑性变形区也在相应地移动，旋压工艺相对较难控制。

通过有限元软件建立了 WE71 合金薄壁筒形件外旋成形及内旋成形的三维弹塑性模型。其中，外旋成形采用的是三旋轮错距旋压的方式进行，即一个旋轮先旋，对工件进行预旋压，另两个旋轮后旋，WE71 成形模型如图 3-22 所示。这种旋压方式可以极大地提高旋压效率，并且可以保证旋压力不会过大。内旋成形由于成形条件较好，采用的是单个旋轮的方式进行旋压。

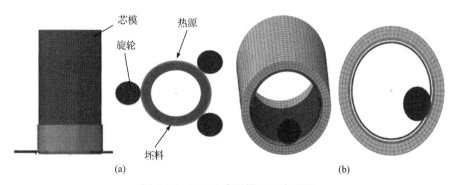

图 3-22　WE71 成形模型示意图[58]
(a) 外旋成形模型；(b) 内旋成形模型

(2) 成形条件。

采用上述方法建立的 WE71 合金筒形件热旋模型，对 WE71 合金的热旋成形过程进行了模拟。其中，WE71 镁合金的名义成分为 Mg-7Y-1Nd-0.5Zr，为 Mg-Y-Nd 基合金。在本模拟中，芯模材料为 3Cr2W8V，芯模预热温度为 200℃，旋轮温度为 60℃，环境温度为 20℃。相关的模拟参数如表 3-1 所示。

表 3-1　WE71 热旋模拟参数

参数	数值
坯料内径 d/mm	630
坯料厚度 t_0/mm	15
旋轮工作直径 D_0/mm	240
旋轮圆角半径 r_0/mm	5
旋轮转速 n/(r/min)	60
旋轮与坯料的摩擦系数 μ	0.01
旋轮进给速度 f/(mm/min)	150
接触换热系数 h/[W/(m² · ℃)]	1650
坯料与环境换热系数 h_b/[W/(m² · ℃)]	18.5
坯料辐射系数 ε_b/[W/(m² · ℃)]	0.65
芯模与环境换热系数 h_m/[W/(m² · ℃)]	20
芯模辐射系数 ε_m/[W/(m² · ℃)]	0.8

2) 有限元模拟结果分析

(1) 等效应变场变化及其分布规律。

在热旋成形过程中，工件在旋轮的作用下发生塑性变形，筒形件厚度逐渐减小。由于旋轮与工件的接触近似于点接触，工件不同区域的变形不均匀，对旋压件的成形质量会产生一定影响，因此有必要对工件在旋压过程中的应变分布进行研究。图 3-23 为第一道次旋压过程等效塑性应变分布云图。由于材料热旋塑性较好，旋压过程中变形较为明显。随着旋压的进行，等效塑性应变极大值不断变大并逐渐趋于恒定值，在工件表面形成一个圆环，主要集中在已旋区。原因主要是已旋区应变累积形成大应变带，其宽度随着旋压的进行逐渐增大。由于各区域变形条件不一致，造成已旋区应变分布不均，且其极大值逐渐增大，最终保持恒定。

从图 3-23 可以看出，工件在变形过程中内外层的等效塑性应变分布不一致。若内外层等效塑性应变差异过大，容易发生开裂等缺陷。为了分析工件内外层金属应变分布的差异，取同一厚度截面上内层、外层两条路径，所得等效塑性应变

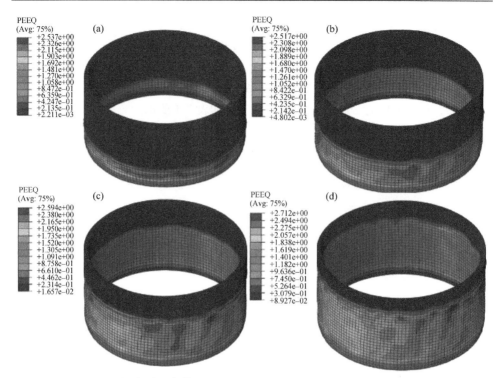

图 3-23　不同时刻旋压件等效塑性应变分布云图[58](扫描章前二维码查看彩图)

(a) 变形 20%；(b) 变形 40%；(c) 变形 60%；(d) 变形 80%

PEEQ-等效塑性应变

分布曲线如图 3-24 所示。由图可知，旋压过程中内、外两条路径应变变化趋势基本一致，先增大然后趋于平缓，再下降。由于内外层金属变形情况不一致，对应位置内外侧金属等效塑性应变存在较大差异，特别是工件中部区域，该处可能会发生开裂等缺陷。

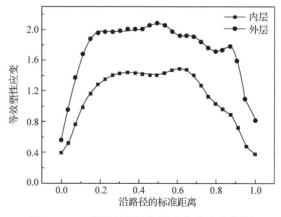

图 3-24　内外路径等效塑性应变分布曲线[58]

(2) 等效应力场变化及其分布规律。

工件在变形过程中，随着旋轮与工件接触区域的不断变化，工件表面应变分布也在不断改变。图 3-25 为 WE71 合金筒形件旋压过程中的等效应力分布云图，在旋压成形过程中，等效应力极大值位于旋轮与坯料的接触区域(成形区)，并随着旋轮的移动而移动，且分布的区域在逐渐增大，逐渐向旋轮前进的方向移动。在远离成形区的已旋区部分等效应力均较小，这是因为在强力旋压过程中已旋区未受约束，材料处于自由状态下，加载得到释放，使得等效应力逐渐下降。

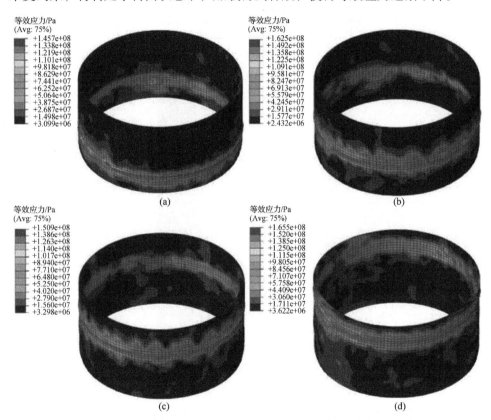

图 3-25　不同时刻旋压件等效应力分布云图[58](扫描章前二维码查看彩图)

(a) 变形 20%；(b) 变形 40%；(c) 变形 60%；(d) 变形 80%

由图 3-26 可以看出，外层的等效应力整体比内层的大。这是因为旋压过程中，坯料外层受挤压严重，旋轮前段有隆起现象，网格变形较大，外层等效应力大，等效应力向内层逐渐递减，如图 3-27 所示。这一现象使得最终旋压件外层金属容易发生褶皱等缺陷，内层金属的成形质量相对较好。为了改善工件的表面质量，通常需要在旋压完成后进行一定的机械加工。

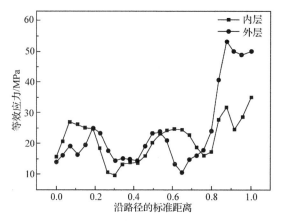

图 3-26　内外路径等效应力分布曲线[58]

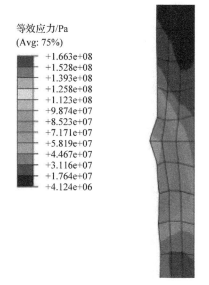

等效应力/Pa
(Avg: 75%)
+1.663e+08
+1.528e+08
+1.393e+08
+1.258e+08
+1.123e+08
+9.874e+07
+8.523e+07
+7.171e+07
+5.819e+07
+4.467e+07
+3.116e+07
+1.764e+07
+4.124e+06

图 3-27　旋压过程 *X-Y* 截面处等效应力分布[58](扫描章前二维码查看彩图)

(3) 温度场变化及其分布规律。

与普通旋压相比,热旋成形的温度相对较高,其有利于改善合金的塑性成形能力。工件中温度场的分布情况对旋压件的成形质量存在较大的影响,因此,本部分对工件在旋压过程中温度场的分布及变化规律进行了分析。图 3-28 为第一道次旋压过程节点温度分布云图。在旋压成形的过程中,温度的极大值出现在热源与坯料作用区,随着坯料的高速旋转,在其表面形成一个均匀的热环,并随着热源的移动逐渐向上移动。随着旋压的进行,散热使得温度的极大值逐渐减小,但热源的作用使得成形区的温度大致保持恒定。

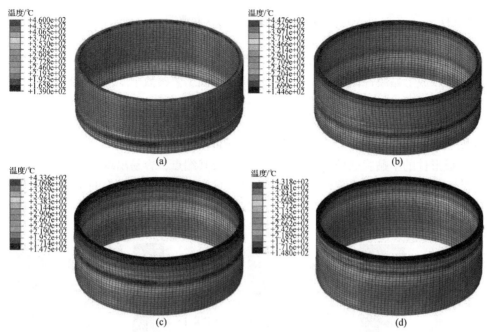

图 3-28　第一道次旋压过程节点温度分布云图[58](扫描章前二维码查看彩图)

(a) 变形 20%；(b) 变形 40%；(c) 变形 60%；(d) 变形 80%

　　工件在变形过程中，其内外层金属的温度存在一定的差异，从而会在工件中产生一定的热应力，对工件的塑性成形产生不利影响。图 3-29 为旋压成形件内层、外层两条路径上的节点温度分布曲线，由图可知，旋压过程中内、外两条路径温度变化趋势基本一致，大致趋势为先增大后减小，在热源与坯料作用区温度最高，这主要是热源与坯料的传热以及坯料内部热量传递的结果。由于旋压件内壁与芯模接触且热源直接与外部传热，其内层温度较外层温度低。

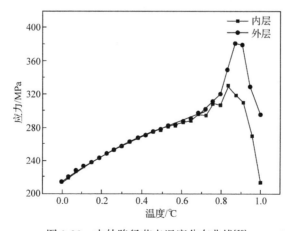

图 3-29　内外路径节点温度分布曲线[58]

(4) 工艺参数对 WE71 合金筒形件旋压成形的影响。

对于筒形件热旋成形来说，工艺参数对于旋压成形件的扩径量及内径公差具有较大的影响，进而影响成形件的贴膜性。因此，本部分主要研究了不同工艺参数对旋压成形贴膜性的影响规律。为了研究不同工艺参数下工件的开裂趋势，还探究了其对于材料内外应变差的影响规律。

首先是进给速度对旋压成形过程的影响，不同进给速度下成形件的贴膜情况如图 3-30 所示，随着进给速度的增大，旋压件的贴膜性大致变好。从图中可以看出，成形件的不贴膜区域主要位于工件中部及其端点，容易出现鼓形和喇叭口等缺陷。坯料中部区域出现鼓形是由于中部区域在轴向受到拉应力的作用，而其两端受约束，材料向两端流动受限，向外发生变形。端部区域受旋轮的挤压作用使得材料流向端部且发生堆积，造成材料径向流动，从而发生扩径。

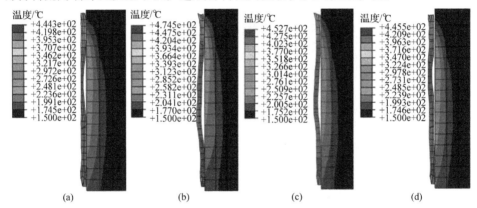

图 3-30　不同进给速度下成形件的贴膜情况[58](扫描章前二维码查看彩图)
(a) 90mm/min；(b) 120mm/min；(c) 150mm/min；(d) 180mm/min

不同进给速度下成形件的扩径量和内径公差的分布曲线如图 3-31 所示。由图可知，随着进给速度的增大，其扩径量和内径公差均大致呈先减后增再减的趋势。

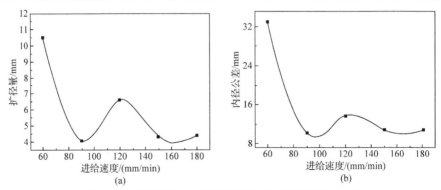

图 3-31　扩径量及内径公差随进给速度的变化曲线[58]
(a) 扩径量；(b) 内径公差

当进给速度过小时,成形件出现明显的鼓形和喇叭口现象。这是因为进给速度过小,旋轮对坯料的接触区挤压较为充分,材料径向流动增大,产生明显的扩径现象。

下面分析是减薄量对旋压成形过程的影响,不同减薄量下成形件的贴膜情况如图 3-32 所示。当减薄量较大时,旋压件出现了明显的鼓形和喇叭口等缺陷。

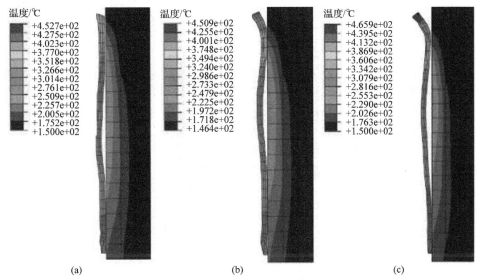

图 3-32 不同减薄量下成形件的贴膜情况[58](扫描章前二维码查看彩图)
(a) 减薄量 2.5mm; (b) 减薄量 3mm; (c) 减薄量 3.5mm

不同减薄量下成形件的扩径量和内径公差的分布曲线如图 3-33 所示。减薄量增大,工件的扩径量及内径公差随之增大。这主要是因为随着减薄量的增加,旋轮与工件的作用力增大,工件沿轴向的拉应力也随之增大,在旋压件中部出现鼓形的趋势增加。另外,减薄量的增加会造成旋压成形区前方材料堆积增加,出现喇叭口的概率上升。

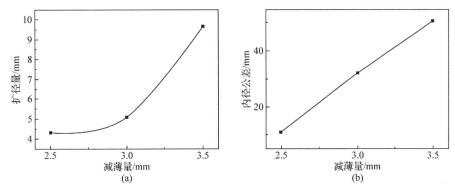

图 3-33 扩径量及内径公差随减薄量的变化曲线[58]
(a) 扩径量; (b) 内径公差

　　下面分析坯料初始高度对旋压成形过程的影响，不同坯料初始高度下成形件的贴膜情况如图 3-34 所示。从图中可以看出，当坯料初始高度较大时，工件出现了明显的不贴膜现象。

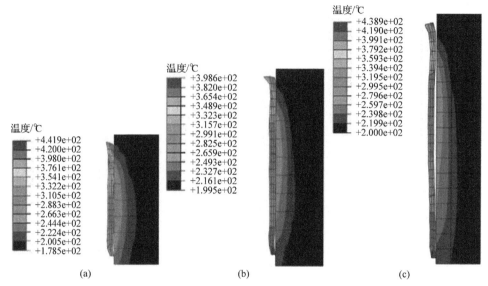

(a)　　　　　　　　　　(b)　　　　　　　　　　(c)

图 3-34　不同坯料初始高度下成形件的贴膜情况[58](扫描章前二维码查看彩图)
(a) 初始高度 150mm；(b) 初始高度 200mm；(c) 初始高度 300mm

　　不同坯料初始高度下成形件的扩径量和内径公差的变化曲线如图 3-35 所示。随着坯料初始高度的增加，旋压件的扩径量和内径公差都明显增大。原因是坯料初始高度增加，其刚度随之减小，坯料更容易发生向外变形，从而扩径现象愈加明显。

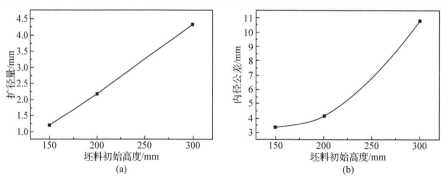

(a)　　　　　　　　　　　　　(b)

图 3-35　扩径量及内径公差随坯料初始高度的变化曲线[58]
(a) 扩径量；(b) 内径公差

2. Ti-7333 合金下防扭臂模锻成形模拟

本部分对 Ti-7333 合金下防扭臂热模锻和等温模锻过程进行数值模拟。通过二次开发导入本构方程和微观组织模型，选取一系列工艺参数进行模拟，分析下防扭臂锻造过程中的宏观物理场及微观组织分布的变化规律，实现下防扭臂热模锻和等温模锻过程的工艺参数优化。

1) 有限元模型的建立

(1) 几何模型。

下防扭臂作为典型锻件，是飞机起落架的重要结构件之一。为了模拟下防扭臂的模锻过程，通过 UG 软件绘制三维实体几何模型，分别为上模、下模、下防扭臂坯料(简称"坯料")，并导入有限元软件中，如图 3-36 所示。

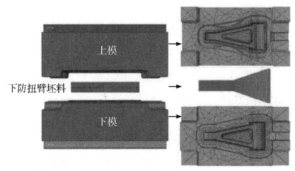

图 3-36　下防扭臂模锻几何模型和网格划分[59]

(2) 材料模型。

在模锻过程中，坯料设置为可变形体，材料选取 Ti-7333 合金，一些基本的热学和力学材料参数的表达式，以及坯料与模具和外界之间的传热系数如表 3-2 所示。

表 3-2　Ti-7333 合金的基本材料参数[59]

参数	表达式/数值
比热容/[J/(g·℃)]	$0.458+7.255\times10^{-4}T-2.259\times10^{-6}T^2+2.562\times10^{-9}T^3$
热导率/[W/(m·℃)]	$6.602+0.023\times T-4.051\times10^5T^2+4.601\times10^{-8}T^3$
弹性模量/GPa	$-0.0390\times(T+273)+119.52$
泊松比	0.33
热膨胀系数/(10^{-60}℃$^{-1}$)	10.31
密度/(g/cm³)	4.76
坯料/模具的传热系数[58]/[N/(s·mm·℃)]	11
坯料/外界的传热系数[58]/[N/(s·mm·℃)]	0.02
热辐射系数[58]	0.6

(3) 变形条件。

借助常规有限元模拟无法实现微观组织在变形过程中的动态演化，因此需要对有限元软件进行二次开发，将材料的各种模型转化为用户子程序并应用于有限元模拟中。有限元软件在模拟的各个阶段为用户设置了种类齐全的用户子程序接口，在子程序中，用户可以提供准确的材料本构方程，同时还可以添加用户自定义变量，最终通过云图实现这些变量的展示。

在本研究中，因为不同锻造方式对应不同的模具温度、下压速率、坯料温度及不同的摩擦系数[59]，故选取 Ti-7333 合金下防扭臂进行热模锻有限元模拟的相关初始参数，如表 3-3 所示。

表 3-3　Ti-7333 合金下防扭臂锻造有限元模拟的初始参数[59]

参数	数值
坯料温度/℃	800、820、840、860、880、900
模具温度/℃	300
摩擦系数	0、0.05、0.3
下压速率/(mm/s)	1、4、10

2) 有限元模拟结果分析

(1) 成形过程的组织演化。

对下防扭臂在成形过程中的组织进行分析，探讨组织动态演变的规律。选取的温度、下压速率、摩擦系数分别为 800℃、10mm/s、0.05。热模锻不同阶段的 β 晶粒尺寸如图 3-37 所示，在变形初期，中部区域由于动态再结晶首先发生晶粒的细化现象，而在变形过渡区域变形较为剧烈，β 晶粒尺寸较低。随着应变增大，如图 3-37(b) 所示，中间区域的晶粒在动态再结晶的作用下进一步细化，但是其他区域的应变较小，对应的 β 晶粒尺寸与变形初期的尺寸接近。到变形末期时，下防扭臂整体发生晶粒细化，但是成形件的顶部和底部区域的动态再结晶程度较低，对应的 β 晶粒尺寸与中部区域存在较大差异。

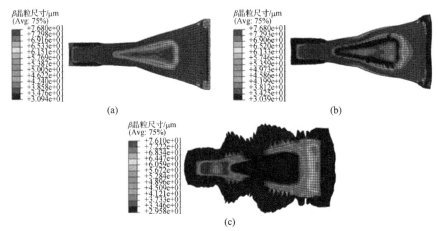

图 3-37　热模锻不同阶段的 β 晶粒尺寸[59](扫描章前二维码查看彩图)

(a) 2.94s；(b) 5.46s；(c) 7.98s

对下防扭臂成形后的各物理量分布情况进行分析，结果如图 3-38 所示。由图可知，下防扭臂不同部位之间的应变速率差异非常大，其范围为 0.02~1.2s^{-1}，中间的大变形部位应变速率较高。与之对应的是下防扭臂的应变范围较大，为 0.1~2.3，在大变形区域其应变较高。在下防扭臂的热模锻过程中，因为坯料与外界存在热传导作用，坯料外部的温度随变形的进行不断降低，所以下防扭臂的不同部位之间的温度范围较大，为 447~687℃。整体的应力分布较为均匀，在成形件侧面中间部位由于温度偏低、应变速率较高时等效应力偏高。整体的位错密度范围为 9.08×10^7~1.23×10^{10}mm^{-2}，在大变形区域位错密度较高。由图 3-38(f)可知，下防扭臂在大变形区域的 β 晶粒尺寸较小，顶部和底部区域的 β 晶粒尺寸较大。

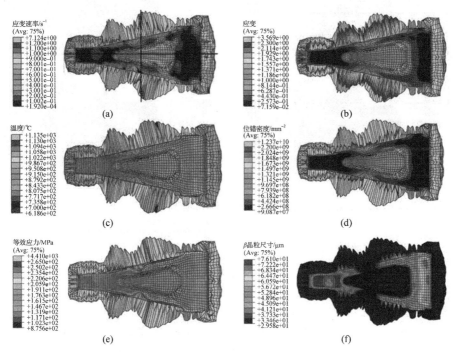

图 3-38　热模锻后的下防扭臂的各物理量分布情况[59](扫描章前二维码查看彩图)
(a) 应变速率；(b) 应变；(c) 温度；(d) 位错密度；(e) 等效应力；(f) β 晶粒尺寸

(2) 温度对成形的影响。

温度对钛合金成形过程和组织演化的影响十分显著，而热模锻过程中模具与坯料的温度差及坯料与空气的热交换导致坯料的温度不断降低，因此坯料的初始温度选取非常关键。本节选取的下压速率、摩擦系数分别为 10mm/s、0.05。对比不同变形温度下的下防扭臂的组织特征，如图 3-39 所示的 β 晶粒尺寸分布云图，变形温度越高，β 晶粒尺寸越小。这是因为变形温度的升高将提供更充足的动态再结晶驱动力，有利于 β 相动态再结晶的发生。再结晶 β 晶粒尺寸随着变形温度的升高而增大，下防扭臂不同部位的 β 晶粒尺寸差异逐渐减小。

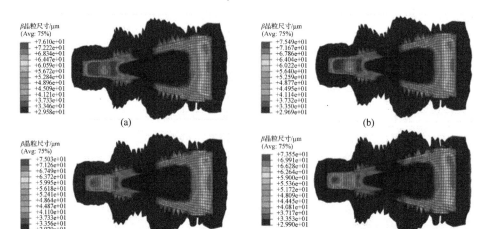

图 3-39　不同变形温度下的 β 晶粒尺寸[59](扫描章前二维码查看彩图)
(a) 800℃；(b) 820℃；(c) 840℃；(d) 860℃；(e) 880℃；(f) 900℃

(3) 下压速率对成形的影响。

不同下压速率可表征变形的快慢及变形时间的长短，这对材料的变形抗力、温度和组织特征造成巨大的影响，因此有必要探讨下压速率对成形的影响。本部分选取的温度、摩擦系数分别为 800℃、0.05。

图 3-40 展示了下压速率分别为 1mm/s、4mm/s、10mm/s 时 β 晶粒尺寸的分布情况。由图可知，随着热模锻过程中下压速率的提高，β 晶粒尺寸呈现一定程度的下降趋势。这是因为在较高的下压速率下，温降速度较慢，动态再结晶的驱动力偏高，晶粒细化的作用更大，而且相对较高的温度也有利于再结晶晶粒的长大。因此，较高的下压速率有利于减小下防扭臂不同部位的晶粒尺寸差异。

(4) 摩擦系数对成形的影响。

在模锻过程中，模具与坯料的摩擦生热现象将对坯料的温度造成影响，为了减小摩擦，通常在模锻时使用润滑剂。不同的润滑剂降低摩擦系数的能力不同，本模拟选取完全玻璃化的玻璃润滑剂与机油、润滑脂等润滑剂进行比较，摩擦系数接近 0.05 和 0.3[60]。本节选取的温度、下压速率分别为 860℃、0mm/s。在不同

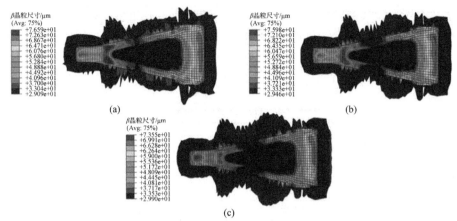

图 3-40 不同下压速率的 β 晶粒尺寸[59](扫描章前二维码查看彩图)

(a) 下压速率为 1mm/s；(b) 下压速率为 4mm/s；(c) 下压速率为 10mm/s

的摩擦系数条件下，对 β 晶粒尺寸的分布情况进行分析，如图 3-41 所示，可知摩擦系数对下防扭臂整体的 β 晶粒尺寸影响较小，然而在下防扭臂底部小变形区域，β 晶粒尺寸随着摩擦系数的升高不断增大。

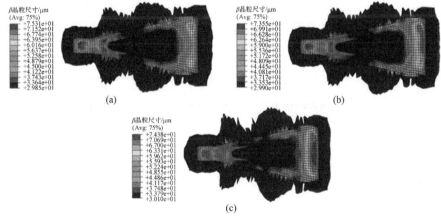

图 3-41 不同摩擦系数下的 β 晶粒尺寸[59](扫描章前二维码查看彩图)

(a) 摩擦系数为 0；(b) 摩擦系数为 0.05；(c) 摩擦系数为 0.3

3. Ti-5553 合金变形过程的晶体塑性模拟

双相材料的变形不仅取决于各个相的变形能力，还受两相材料变形协调关系的影响，同时两相所占的比例及相的尺寸也会影响材料的性能[61]。先采用包含晶粒数目较少的单晶或双晶模型，研究 Ti-5553 合金中 α 相和 β 相的变形特征及其在塑性变形过程中的相互协调作用，然后基于多晶模型研究 α 相的含量及尺寸对双相材料变形的影响。

1) 有限元模型的建立

Ti-5553 合金中 α 相和 β 相的各个滑移系的弹性常数和晶体塑性参数分别如表 3-4

和表 3-5 所示，其中参数的值参考了文献中的数据。在进行参数拟合和有限元计算时，各个相考虑的滑移系如下：体心立方的 β 相的滑移系为 $\{110\}\langle111\rangle$，共 12 组，密排六方 α 相的滑移系为基面 $\{0001\}\langle11\bar{2}0\rangle$ 滑移系，棱柱面 $\{10\bar{1}0\}\langle11\bar{2}0\rangle$ 滑移系和棱锥面 $\{10\bar{1}1\}\langle11\bar{2}0\rangle$ 滑移系，共 12 组。

表 3-4　Ti-5553 的弹性常数[62]

相及滑移系		弹性模量/GPa	泊松比 μ
β 相		85	0.35
α 相	基面	125	0.33
	柱面		
	锥面		

表 3-5　Ti-5553 的晶体塑性参数[62]

相及滑移系		$\bar{r}_0$	n	h_0 /MPa	h_s /MPa	r_0	r_1	f_0	f_1	τ_0 /MPa	τ_s /MPa
β 相		0.001	50	7482	3.8	0.00091	0.000314	14.6	17.9	300	304
α 相	基面	0.001	50	7482	3	0.00091	0.000314	14.6	15.0	200	202
	柱面									50	50.5
	锥面									100	101

注：$\bar{r}_0$ 为位错密度参数；n 为硬化指数；h_0 为初始硬化参数；h_s 为饱和硬化参数；r_0 为同一滑移系内部的初始硬化模量；r_1 为不同滑移系内部的初始硬化模量；f_0 为同一滑移系内部的相互作用强度；f_1 为不同滑移系之间的相互作用强度；τ_0 为初始屈服应力；τ_s 为饱和应力。

　　为了研究 α 相和 β 相的变形特征及其在双相材料变形中的协调作用，建立了如图 3-42 所示的单晶体及双晶体模型，其中，单晶体模型代表 α 相或 β 相的一个

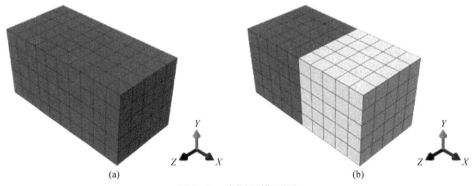

(a)　　　　　　　　　　　　　　　　(b)

图 3-42　有限元模型[63]

(a) 单晶体模型；(b) 双晶体模型

晶粒，双晶体由一个 α 晶粒和一个 β 晶粒组成，其中深灰色的为 β 晶粒，浅灰色的为 α 晶粒。

为研究 Ti-5553 多晶体中 α 相含量对材料力学响应的影响，建立了如图 3-43 所示的两相多晶材料有限元模型，集合体尺寸为 1mm×1mm×1mm，由 400 个晶粒组成，采用自由网格离散，图中显示的是合金中的 α 相，体积分数分别为 30%、50% 和 70%，晶粒的形态均为等轴晶，取向随机分布。

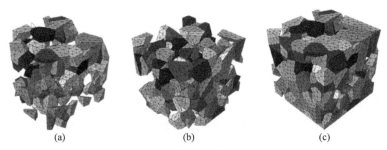

图 3-43　两相多晶材料有限元模型中不同含量的 α 相[63]

(a) α 相含量 30%；(b) α 相含量 50%；(c) α 相含量 70%

2) 有限元模拟结果分析

对于 α 相和 β 相的单晶体模型，晶粒的取向为初始取向，即晶体的[100]、[010]、[001]晶向分别平行于 X 轴、Y 轴和 Z 轴。沿 X 轴方向，即晶体的[100]晶向对模型施加载荷，使其以 $10^{-4}\mathrm{s}^{-1}$ 的恒应变速率变形，至整体应变为 0.1 时的轴向应变及米泽斯(Mises)应力分布如图 3-44 和图 3-45 所示。由图可知，β 单晶体的应变和应力分布较均匀，而 α 晶粒内部的应变和应力分布变化较大。

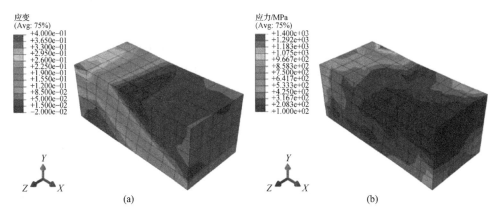

图 3-44　α 单晶体沿[100]晶向拉伸时的应变和应力分布[63](扫描章前二维码查看彩图)

(a) 应变分布；(b) 应力分布

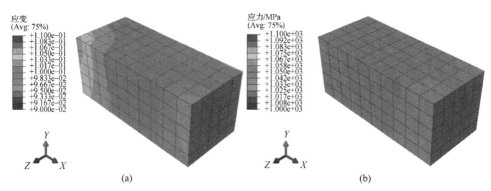

图 3-45　β 单晶体沿[100]晶向拉伸时的应变和应力分布[63](扫描章前二维码查看彩图)

(a) 应变分布；(b) 应力分布

α 相和 β 相单晶体变形特征的差别是由各自滑移系的特点决定的，表 3-6 给出了 Ti-5553 中 α 相和 β 相的滑移系以及单晶体中拉伸轴沿[100]晶向时各个滑移系初始的施密特(Schmidt)因子，其中对于 α 相，编号 A1～A3 为基面滑移系，编号 A4～A6 为棱柱面滑移系，其余为棱锥面滑移系。

表 3-6　Ti-5553 中 α 相和 β 相的滑移系

相	滑移面	滑移方向	编号	施密特因子	相	滑移面	滑移方向	编号	施密特因子
	(0001)	$[11\bar{2}0]$	A1	0		(011)	$[1\bar{1}1]$	B1	0
	(0001)	$[1\bar{2}10]$	A2	0		(011)	$[11\bar{1}]$	B2	0
	(0001)	$[\bar{2}110]$	A3	0		(101)	$[\bar{1}11]$	B3	−0.4082
	$(1\bar{1}00)$	$[11\bar{2}0]$	A4	0.3062		(101)	$[11\bar{1}]$	B4	0.4082
	$(10\bar{1}0)$	$[1\bar{2}10]$	A5	0		(110)	$[\bar{1}11]$	B5	−0.4082
	$(01\bar{1}0)$	$[\bar{2}110]$	A6	−0.4330		(110)	$[1\bar{1}1]$	B6	0.4082
α	$(1\bar{1}01)$	$[11\bar{2}0]$	A7	0.3825	β	$(0\bar{1}1)$	[111]	B7	0
	$(10\bar{1}1)$	$[1\bar{2}10]$	A8	0		$(0\bar{1}1)$	$[\bar{1}11]$	B8	0
	$(01\bar{1}1)$	$[\bar{2}110]$	A9	−0.3825		$(10\bar{1})$	[111]	B9	0.4082
	$(\bar{1}101)$	$[11\bar{2}0]$	A10	−0.3825		$(10\bar{1})$	$[1\bar{1}1]$	B10	0.4082
	$(\bar{1}011)$	$[1\bar{2}10]$	A11	0		$(\bar{1}10)$	[111]	B11	−0.4082
	$(0\bar{1}11)$	$[\bar{2}110]$	A12	0.3825		$(\bar{1}10)$	$[11\bar{1}]$	B12	−0.4082

图 3-46 为沿[100]晶向拉伸至轴向应变为 0.1 时，α 单晶体和 β 单晶体中各个

滑移系上的累积剪切应变分布情况，由图可知，α 相中的变形主要集中在个别滑移系上，而 β 相的变形是多个滑移系的滑移造成的。结合表 3-5 和表 3-6 中各个滑移系的参数及施密特因子分布可知，由于密排六方 α 相的晶体结构对称性较低，当沿拉伸轴施加载荷时，可能只有个别滑移系处于有利于滑移的软取向位置，而其他大部分滑移系则处于不利于滑移的位置，因此变形会集中在少数滑移系上，而且 α 相中有基面、棱锥面和棱柱面三个滑移系组，每个滑移系组的滑移参数又各不相同，这就更加剧了 α 相中变形在各个滑移系上分布的不均匀性。相反，体心立方 β 相的对称性较高，且只有一个滑移系组，施加载荷时同时有多个滑移系的施密特因子相近且处于有利于滑移的位置，因此滑移由多个滑移系承担，变形较均匀。

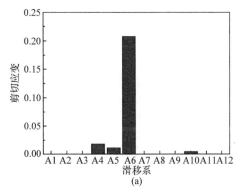 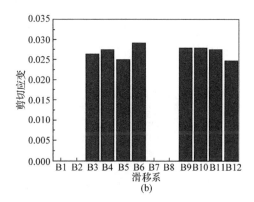

图 3-46　各个滑移系上的累积剪切应变[63]

(a) α 相；(b) β 相

上述分析虽然是针对一个特定的拉伸方向进行的，但也能够说明钛合金中 α 相和 β 相变形的特征，即晶体对称性较低的 α 相的变形更加不均匀，晶粒内部不同部位的应变和应力分布相差较大。正是因为对称性较低，α 相拉伸和压缩的性能不同，图 3-47 为上述单晶体沿 X 轴拉伸和压缩时的应力-应变曲线，由图可知，α 单晶体的拉伸和压缩曲线差别较大，而 β 单晶体的曲线则吻合较好。众所周知，载荷作用下晶体在发生滑移变形的同时，受边界条件和其他晶粒的影响，晶面会发生转动，造成晶体取向的改变，拉伸时滑移面和滑移方向逐渐趋于平行于拉伸轴线，压缩时滑移面逐渐趋于与压力轴线垂直。这种取向的改变对密排六方的 α 相更为明显，改变之后参与滑移变形的滑移系可能会发生变化，且 α 相没有沿 c 轴方向的滑移，使得滑移变形对拉伸和压缩轴线的方向更加敏感，因此 α 相拉伸和压缩时的应力应变响应不一致。相反，对于体心立方的 β 相，由于晶体对称性较高，对取向的改变及载荷轴线的方向相对不敏感，因此拉伸和压缩时的应力-应变曲线吻合良好。

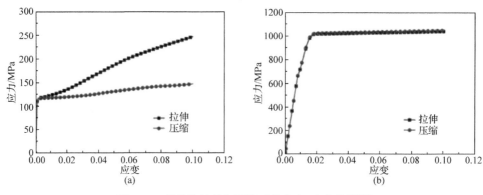

图 3-47　单晶体拉伸和压缩时的应力-应变曲线[63]

(a) α 相；(b) β 相

　　图 3-48 和图 3-49 分别为由 α 相和 β 相组成的双晶模型分别沿[100]晶向和[001]晶向拉伸时的变形和应力分布情况，其中，α 晶粒和 β 晶粒的取向相同，拉伸轴

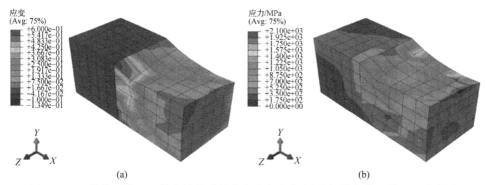

图 3-48　双晶模型沿[100]晶向拉伸时的应变和应力分布[63](扫描章前二维码查看彩图)

(a) 应变分布；(b) 应力分布

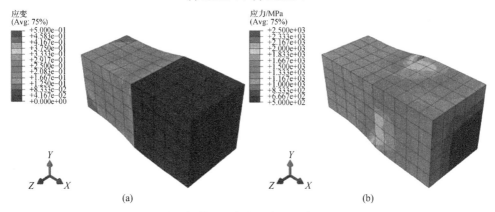

图 3-49　双晶模型沿[001]晶向拉伸时的应变和应力分布[63](扫描章前二维码查看彩图)

(a) 应变分布；(b) 应力分布

线平行于样品坐标系的 X 轴方向。由图可知，当沿[100]晶向拉伸时，变形集中在 α 晶粒内，β 晶粒的变形很小，而沿[001]晶向拉伸时变形主要由 β 晶粒承担。

图 3-50 为双晶模型沿不同晶向拉伸变形至应变为 0.20 时的应力-应变曲线，图中同时还给出了模型中各个晶粒的应力-应变曲线。由图可知，沿[100]晶向拉伸时塑性变形是 α 晶粒的滑移造成的，临界分切应力较小的 α 相滑移系 A6 恰好处于易于发生滑移的软取向位置，承担了主要的塑性变形，而 β 晶粒内应力的升高没有使分切应力达到滑移系启动所需的临界值，只发生了弹性变形。沿[001]晶向拉伸时塑性变形是 β 晶粒的滑移造成的，α 晶粒只发生了弹性变形，这是因为[001]晶向平行于 α 相的 c 轴，即与所有的滑移方向垂直，因此即使应力很高也无法发生滑移。此外，从图中还可以看出，当滑移变形主要由 α 相承担时，模型的应力水平较低，而滑移变形由 β 相承担时应力水平较高。

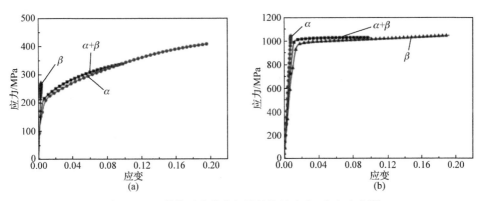

图 3-50　双晶模型中单个相及整体的应力-应变响应[63]

(a) [100]晶向拉伸；(b) [001]晶向拉伸

图 3-50 的结果说明了 Ti-5553 合金中初生 α 相和 β 相的协调变形关系，即 α 相的初始临界分切应力较低，在相同的施密特因子下滑移容易启动，属于较"软"的相，但由于晶体结构的对称性较低，且没有沿 c 轴的滑移，当载荷轴线沿某些方向时所有的滑移系都处于不利于滑移的位置，变形困难，而 β 相虽然初始临界分切应力相对较高，属于较"硬"的相，但由于晶体结构的对称性较高，一旦应力达到一定值会有较多的滑移系启动，协调处于不利位向的 α 相的变形，加上塑性变形过程中产生的晶体取向变化的影响，以上因素综合在一起，共同影响了双相钛合金中 α 相和 β 相的协调变形。

通过上述三个案例的研究，可以看到有限元模拟技术在合金介观尺度塑性行为与组织演化研究中的重要性和实用性。这些研究不仅丰富了对合金塑性变形和组织演化的认识，也为合金材料的加工和应用提供了科学指导。有限元模拟作为一种高效的数值分析工具，在材料科学领域的应用前景广阔，将继续推动材料性能的优化和新材料的开发。

参 考 文 献

[1] BORN M, HUANG K. Dynamical Theory of Crystal Lattices[M]. New York: Oxford University Press, 1996.

[2] HARTREE D R. The wave mechanics of an atom with a non-Coulomb central field. Part I. Theory and methods[C]. Proceedings of the Mathematical Proceedings of the Cambridge Philosophical Society, F, 1928, Cambridge: Cambridge University Press, 2008.

[3] FOCK V. Bemerkung zum virialsatz[J]. Zeitschrift für Physik, 1930, 63(11-12): 855-858.

[4] HODGES C H. Quantum corrections to the Thomas-Fermi approximation: The Kirzhnits Method[J]. Canadian Journal of Physics, 1973, 51(13): 1428-1437.

[5] HOHENBERG P, KOHN W. Inhomogeneous electron gas[J]. Physical Review, 1964, 136(3B): B864.

[6] KOHN W, SHAM L J. Self-consistent equations including exchange and correlation effects[J]. Physical Review, 1965, 140(4A): A1133-A1138.

[7] PERDEW J P, BURKE K, ERNZERHOF M. Generalized gradient approximation made simple[J]. Physical Review Letters, 1996, 77(18): 3865-3868.

[8] HEYD J, SCUSERIA G E, ERNZERHOF M. Hybrid functionals based on a screened Coulomb potential[J]. The Journal of Chemical Physics, 2003, 118(18): 8207-8215.

[9] ANDERSEN O K, KUMAR V, MOOKERJEE A. Lectures on Methods of Electronic Structure Calculations-Proceedings of the Miniworkshop on "Methods of Electronic Structure Calculations" and Working Group on "Disordered Alloys"[M]. Trieste: World Scientific, 1995.

[10] BLAHA P. WIEN2k: An augmented plane wave plus local orbital package for the electronic structure of solids[J]. International Tables for Crystallography, 2024, 6(22): 836-842.

[11] VITOS L, SKRIVER H L, JOHANSSON B, et al. Application of the exact muffin-tin orbitals theory: The spherical cell approximation [J]. Computational Materials Science, 2000, 18(1): 24-38.

[12] HAMANN D, SCHLÜTER M, CHIANG C. Norm-conserving pseudopotentials[J]. Physical Review Letters, 1979, 43(20): 1494.

[13] VANDERBILT D. Soft self-consistent pseudopotentials in a generalized eigenvalue formalism[J]. Physical Review B, 1990, 41(11): 7892.

[14] BLÖCHL P E. Projector augmented-wave method[J]. Physical Review B, 1994, 50(24): 17953.

[15] DUPIN N, ANSARA I, SUNDMAN B. Thermodynamic re-assessment of the ternary system Al-Cr-Ni[J]. Calphad, 2001, 25(2): 279-298.

[16] LIU X L, SHANG S L, HU Y J, et al. Insight into γ-Ni/γ'-Ni$_3$Al interfacial energy affected by alloying elements[J]. Materials & Design, 2017, 133: 39-46.

[17] JIANG C, GLEESON B. Site preference of transition metal elements in Ni$_3$Al[J]. Scripta Materialia, 2006, 55(5): 433-436.

[18] MISHIMA Y, OCHIAI S, SUZUKI T. Lattice parameters of Ni(γ), Ni$_3$Al(γ') and Ni$_3$Ga(γ') solid solutions with additions of transition and B-subgroup elements[J]. Acta Metallurgica, 1985, 33(6): 1161-1169.

[19] MCALISTER A J, KAHAN D J. The Al-Pt (aluminum-platinum) system[J]. Bulletin of Alloy Phase Diagrams, 1986, 7(1): 47-51.

[20] PRICE D L, COOPER B R. Full-potential LMTO calculation of Ni/Ni$_3$Al interface energies[J]. MRS Online

Proceedings Library, 1995, 408(1): 463-468.

[21] HE S M, ZENG X Q, PENG L M, et al. Microstructure and strengthening mechanism of high strength Mg-10Gd-2Y-0. 5Zr alloy[J]. Journal of Alloys and Compounds, 2007, 427(1): 316-323.

[22] GAO L, CHEN R S, HAN E H. Solid solution strengthening behaviors in binary Mg-Y single phase alloys[J]. Journal of Alloys and Compounds, 2009, 472(1): 234-240.

[23] SHANG S, WANG T, LIU Z K. Thermodynamic modelling of the B-Ca, B-Sr and B-Ba systems[J]. Calphad, 2007, 31(2): 286-291.

[24] LIU Y, REN H, HU WC, et al. First-principles calculations of strengthening compounds in magnesium alloy: A general review[J]. Journal of Materials Science & Technology, 2016, 32(12): 1222-1231.

[25] SUETIN D V, SHEIN I R, IVANOVSKII A L. Electronic properties of hexagonal tungsten monocarbide (h-WC) with 3d impurities from first-principles calculations[J]. Physica B: Condensed Matter, 2009, 404(14): 1887-1891.

[26] HUANG Z W, ZHAO Y H, HOU H, et al. Electronic structural, elastic properties and thermodynamics of $Mg_{17}Al_{12}$, Mg_2Si and Al_2Y phases from first-principles calculations[J]. Physica B: Condensed Matter, 2012, 407(7): 1075-1081.

[27] DUAN Y H, SUN Y, PENG M J, et al. First principles investigation of the binary intermetallics in Pb-Mg-Al alloy: Stability, elastic properties and electronic structure[J]. Solid State Sciences, 2011, 13(2): 455-459.

[28] LIU Y, Hu W, Li D J, et al. Mechanical, electronic and thermodynamic properties of C_{14}-type AMg_2 (A= Ca, Sr and Ba) compounds from first principles calculations[J]. Computational Materials Science, 2015, 97: 75-85.

[29] NYE J F. Physical Properties of Crystals: Their Representation by Tensors and Matrices[M]. Oxford: Oxford University Press, 1985.

[30] LIU Y, HU W C, LI D J, et al. Theoretical predictions of the structural and thermodynamic properties of $MgZn_2$ Laves phase under high pressure[J]. Applied Physics A, 2014, 115(1): 323-331.

[31] WU Z J, ZHAO E J, XIANG H P, et al. Crystal structures and elastic properties of superhard IrN_2 and IrN_3 from first principles[J]. Physical Review B, 2007, 76(5): 054115.

[32] CHEN Q, HUANG Z, ZHAO Z, et al. First principles study on elastic properties, thermodynamics and electronic structural of AB_2 type phases in magnesium alloy[J]. Solid State Communications, 2013, 162: 1-7.

[33] ZHOU D, LIU J, XU S, et al. First-principles investigation of the binary intermetallics in Mg-Al-Sr alloy: Stability, elastic properties and electronic structure[J]. Computational Materials Science, 2014, 86: 24-29.

[34] TAO X, OUYANG Y, LIU H, et al. Elastic constants of B_2-MgRE (RE = Sc, Y, La-Lu) calculated with first-principles[J]. Solid State Communications, 2008, 148(7): 314-318.

[35] OZOSOL H, DELIGOZ E, COLAKOGLU K, et al. Structural and mechanical stability of rare-earth diborides[J]. Chinese Physics B, 2013, 22(4): 046202.

[36] GINZBURG V L, LANDAU L D. On Superconductivity and Superfluidity: A Scientific Autobiography. [M] Berlin: Springer. 2009: 113-137.

[37] CAHN J W, HILLIARD J E. Free energy of a nonuniform system. I. Interfacial free energy[J]. The Journal of Chemical Physics, 2004, 28(2): 258-267.

[38] HALPERIN B I. Theory of dynamic critical phenomena[J]. Physics Today, 2019, 72(2): 42-43.

[39] MOELANS N, BLANPAIN B, WOLLANTS P. An introduction to phase-field modeling of microstructure evolution[J]. Calphad, 2008, 32(2): 268-294.

[40] LANGER J S. Models of Pattern Formation in First-Order Phase Transitions[M]. Singapore: Directions in Condensed Matter Physics, World Scientific, 1986.

[41] STEINBACH I, PEZZOLLA F. A generalized field method for multiphase transformations using interface fields[J]. Physica D: Nonlinear Phenomena, 1999, 134(4): 385-393.

[42] SHEN C, SIMMONS J P, WANG Y. Effect of elastic interaction on nucleation: Ⅱ. Implementation of strain energy of nucleus formation in the phase field method[J]. Acta Materialia, 2007, 55(4): 1457-1466.

[43] WHEELER A A, BOETTINGER W J, MCFADDEN G B. Phase-field model of solute trapping during solidification[J]. Physical Review E, 1993, 47(3): 1893.

[44] KIM S G, KIM W T, SUZUKI T. Phase-field model for binary alloys[J]. Physical review E, 1999, 60(6): 7186-7197.

[45] VAITHYANATHAN V, WOLVERTON C, CHEN L Q. Multiscale modeling of precipitate microstructure evolution[J]. Physical Review Letters, 2002, 88(12): 125503.

[46] HOYT J, ASTA M. Atomistic computation of liquid diffusivity, solid-liquid interfacial free energy, and kinetic coefficient in Au and Ag[J]. Physical Review. B. Condensed Matter, 2002, 65(21): 4106.

[47] RACCUGLIA P, ELBERT K C, ADLER P D F, et al. Machine-learning-assisted materials discovery using failed experiments[J]. Nature, 2016, 533(7601): 73-76.

[48] TEICHERT G H, GARIKIPATI K. Machine learning materials physics: Surrogate optimization and multi-fidelity algorithms predict precipitate morphology in an alternative to phase field dynamics[J]. Computer Methods in Applied Mechanics and Engineering, 2019, 344: 666-693.

[49] NOMOTO S, WAKAMEDA H, SEGAWA M, et al. Solidification analysis by non-equilibrium phase field model using thermodynamics data estimated by machine learning[J]. Modelling and Simulation in Materials Science and Engineering, 2019, 27(8): 084008.

[50] YABANSU Y C, STEINMETZ P, HÖTZER J, et al. Extraction of reduced-order process-structure linkages from phase-field simulations [J]. Acta Materialia, 2017, 124: 182-194.

[51] ÅGREN J. Calculation of phase diagrams: Calphad [J]. Current Opinion in Solid State and Materials Science, 1996, 1(3): 355-360.

[52] NI Y, KHACHATURYAN A G. From chessboard tweed to chessboard nanowire structure during pseudospinodal decomposition[J]. Nature Materials, 2009, 8(5): 410-414.

[53] KHACHATURYAN A G. Theory of Structural Transformations in Solids[M]. Chelmsford: Courier Corporation, 2013.

[54] ZHANG T, WANG D, WANG Y. Novel transformation pathway and heterogeneous precipitate microstructure in Ti-alloys[J]. Acta Materialia, 2020, 196: 409-417.

[55] TENG C, ZHOU N, WANG Y, et al. Phase-field simulation of twin boundary fractions in fully lamellar TiAl alloys[J]. Acta Materialia, 2012, 60(18): 6372-6381.

[56] ZHANG T, WANG D, ZHU J, et al. Non-conventional transformation pathways and ultrafine lamellar structures in γ-TiAl alloys[J]. Acta Materialia, 2020, 189: 25-34.

[57] 李文. 钛铝合金片层微结构形成与失稳的数值模拟研究[D]. 武汉: 华中科技大学, 2021.

[58] 尹帮琪. WE71 合金筒形件热旋成型数值模拟[D]. 西安: 西北工业大学, 2020.

[59] 陈家豪. Ti-7333 合金锻造过程中的组织演变与模拟研究[D]. 西安: 西北工业大学, 2019.

[60] 李礼, 张晓泳, 李超, 等. TC18 钛合金盘件等温模锻过程有限元模拟及试验[J]. 中国有色金属学报, 2013, 23(12): 3323-3334.

[61] 赵永庆, 陈永楠, 张学敏, 等. 钛合金相变及热处理[M]. 长沙: 中南大学出版社, 2012.

[62] GERDAY A-F. Mechanical behavior of Ti-5553 alloy. Modeling of representative cells[D]. Liège: University of Liège, 2009.

[63] 谢韶. 基于晶体塑性理论的钛合金多晶体有限元模拟[D]. 西安: 西北工业大学, 2014.

第 4 章　金属材料的高通量制备

本章彩图

　　传统的研发模式存在周期长、成本高等问题。为解决这一问题，美国在 2011 年提出材料基因组计划。该计划的核心是利用大数据作支撑，通过高通量(high throughput)计算设计、快速优化材料组分，通过高通量制备技术获取大量适用样品，并通过高通量快速表征技术验证设计及制备结果，从而达到快速优化材料组分/工艺/性能的目的，实现研发成本、周期"双减半"的目标，推动材料研究从传统模式向低成本、快速响应的高通量研制新模式转变。

　　材料的高通量制备技术作为材料基因组体系的三大基础技术之一[1]，旨在以高效、自动化和快速的方式制备大量样品或材料，从而提高材料研究和开发的效率，同时降低成本和减少实验周期。该技术的开发需要满足高效性、自动化和可制备样品多样性等要求，才能为材料数据库建立、材料优化等应用领域提供足够的支持。总的来说，高通量制备技术不仅为材料基因组提供材料数据的技术基础，也有助于推动材料科学各领域的高效发展。

　　高通量制备技术根据制备的样本形态分为薄膜、块体和粉体制备技术。其中，薄膜材料的高通量实现原理分为掩模法和共沉积法。基于薄膜样本的合成特点，这些样本往往应用于超导体、半导体等功能材料的成分设计，另外，这些具有连续成分的材料样本往往十分有利于材料相图学积累数据。对于金属材料，尤其是结构材料，往往需要制作更为宏观的样本，以满足硬度、拉伸等力学测试要求。因此，需要使用块状样品的制备技术，如扩散多元节、增材制造(3D 打印)技术等。

　　本章首先介绍高通量制备实验的设计流程。其次，以不同的样本类型作为区分标准，介绍合金设计中能够使用的不同高通量制备方法的基本原理及制备方法的特点。再次，列举高通量制备技术在材料设计领域中的相关应用。最后，分析高通量制备技术的应用局限和发展现状。

4.1　高通量制备实验的设计

　　材料研究数据具有高维度、多尺度等特点，仅从成分出发其复杂性就能使材料组合的可能性近乎天文数字[2]。高通量制备实验虽然能够实现多样本的制备，但是盲目的组合实验会导致"垃圾"数据的产生，造成实验成本的浪费。因此，需要对高通量实验进行合理有效的设计，有目的地进行材料搜索和筛选。

在进行设计时，首先需要确定实验的研究目标，问题定义清晰，明确研究涉及的实验参数。其次，应该充分以现有经验或者理论为指导，尽可能减少筛选范围。结合现有的理论模型能够避免盲目实验，提高材料筛选的效率与成功概率。最后，设计过程需要对后续表征方法进行充分考虑，以满足表征要求，符合表征精度。以下归纳了几种高通量组合实验方案设计的方法。

(1) 搜索法：对于所有感兴趣的材料组合全部进行高通量制备，能够对感兴趣的未知区域无差别地进行海选；

(2) 基于统计：如利用正交实验、阶乘组合方法，以有限次实验获得统计学上可靠的结果；

(3) 结合数据驱动方法与领域知识：结合机器学习的主动学习方法为实验制备提供指导，通过领域知识减小搜索范围；

(4) 层级混合法：针对目标材料，综合以上方法逐步聚焦。

设计好高通量实验方法后，则需要对具体的材料样本进行制备。

4.2　薄膜和块体样本的高通量制备

4.2.1　薄膜沉积工艺

薄膜样本的制备统称为薄膜沉积工艺，对应的高通量制备由传统薄膜制备工艺发展而来。其基本流程为两步：第一步将不同组分进行组合；第二步经过一定的扩散或热处理，最终形成薄膜状的晶体或非晶样本。具体方式又分为共沉积薄膜法、阵列掩模板技术、组合激光分子束外延技术和喷印合成法。

1. 共沉积薄膜法

共沉积薄膜法的基本原理是通过对沉积源的射出角及其与基片相对位置的设计，同时将多种成分沉积在同一块基片上，获得具有连续渐变梯度的薄膜样本。该方法使用任何掩模即可获得连续成分分布，且与薄膜沉积的厚度控制无关，成分分辨率可达 0.1%~1.0%，沉积工艺后无须热处理即可获得各元素充分混合的元素组合样品。其优点是能够沉积金属、半导体、绝缘体等多种材料，且可以调控薄膜的组成和厚度。通过精确控制沉积速率和条件，可以获得成分均匀、结构稳定的薄膜。沉积参数，如温度、压力、材料源的供给速率等可以灵活调节，以实现不同的材料特性。根据沉积方式的不同又可以分为共溅射工艺[3]和共蒸发工艺[4]。

共溅射工艺是由磁控溅射镀膜技术发展而来的，在高度真空环境中，将金属靶材置于阴极，样本基片置于阳极，两级间接通高压产生放电，阴极放电的电子冲击金属靶材，使靶材原子溅射出来，并通过磁场的控制，沉积至阳极的基片上。

1969 年，Hanak 首先将此技术用于超导材料成分的开发，并在二元体系中发现了许多优异的超导材料，其研发流程相比传统材料效率提高了 30 倍[2,5]。图 4-1 为三元体系的共溅射制备原理示意图。二元体系和三元体系结构类似，底部有一个直径为 15cm 的单盘状目标电极，顶部有基板支架。二元体系基本为条状，当两种组分溅射率相等时，基板上能够沉淀约 70%的组分。对底部靶材使用分立的电极，能够得到不同的目标成分分布形状。

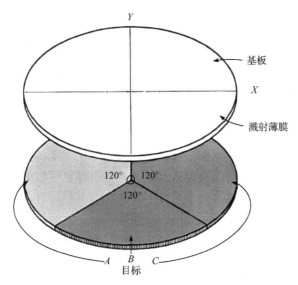

图 4-1 三元体系共溅射制备原理示意图[2]

共蒸发工艺是在真空条件下将不同的蒸发源共同加热使其蒸发或升华，并附着在基片上。1965 年，Kennedy 等[4]以快速建立三元相图为目标，提出了共蒸发工艺。如图 4-2 所示，将三种元素在一个三角形的基板上同时凝结，类似三元相

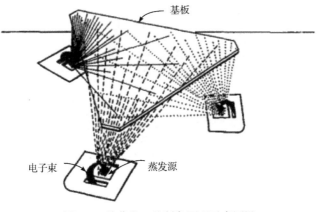

图 4-2 共蒸发工艺制备原理示意图[4]

图，不同组分含量随着位置发生变化。金属蒸发时，由坩埚平面以下的钽丝发出的电子束，经过电磁场弯曲聚焦于坩埚内金属，为其蒸发提供能量。这种设置防止了灯丝被金属蒸气污染，也避免了蒸发源上方存在障碍物。最终，这三种金属沉积在基板上任何一点的相对含量可以通过其蒸发速率的适当变化来改变。

两种制备方法都能制备出具有连续成分分布的金属薄膜样本。共蒸发工艺相对于共溅射工艺的设备结构更为简单，造价低廉，但对于难熔金属与耐高温介质材料难以使用。无论哪一种沉积方式，共沉积薄膜法对于三元以上体系由于设备复杂度高而难以实施，同时由于各沉积源的材料供应量不均匀，难以控制具体的成分分布范围。对于共沉积薄膜法来说，在过程中需要控制多组分材料之间的界面质量和相互扩散，减小残余应力，这需要通过调控沉积条件来实现，并确保不同材料在薄膜中的均匀分布。这些问题现在对于共沉积薄膜法来说是一个挑战。

2. 阵列掩模板技术

阵列掩模板技术的核心原理是利用镀膜及掩模法将不同组分在时间和空间上分别沉积到基板上，以达到不同成分样品的制备。其又可以分为分立掩模法与连续模板镀膜法。其中，分立掩模法是将不同掩模及沉积源进行多次的组合更换，可以实现在基板上获得不受组元数限制的任意成分，同时其空间分布也可以根据掩模设计实现完全可控。其优点是能够在短时间内制备和筛选大量样品，显著提高材料开发的效率。由于每个样品的尺寸较小，可以减少贵重或稀有材料的使用；允许同时评估多个变量(如成分、厚度、处理条件等)的影响，快速识别最佳材料组合。阵列掩模板技术在材料合成、薄膜制备、传感器开发等方面有着广泛的应用。1995 年，Xiang 等[6]首次在 *Science* 上发表使用了分立掩模法并行合成构建材料成分库的研究。该研究以抛光的 MgO 或 LaAlO$_3$ 单晶为基板，分别以 CuO、Bi$_2$O$_3$、CaO、PbO、SrCO$_3$、Y$_2$O$_3$ 和 BaCO$_3$ 作为溅射靶材，使用图 4-3 中展示的

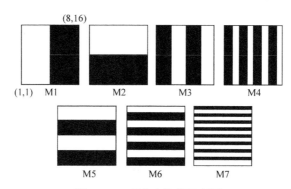

图 4-3　二元分立掩模示意图

括号内数字表示该掩模相对于整体的方位坐标[6]

一系列含有开口的物理掩模生成 16 种或者 128 种成分的试样。在发现 $BiCuCaSrO_x$ 和 $BiPbCuCaSrO_x$ 具有超导性后，又在 128 种成分的 $BiSrCaCuO_x$ 体系中探究化学组分与超导性的关系。

　　Chang 等[7]在项晓东团队研究的基础上将二元掩模拓展至四元掩模，在 1 英寸[*]×1 英寸的 $LaAlO_3$ 衬底上合成了含 256 种不同 $(Ba_xSr_{1-x})TiO_3(0.5<x<1.0)$ 体系的成分。如图 4-4 所示，该团队将掩模设计成根据象限区分的形式，每个掩模上的窗口面积为整个掩模的四分之一，在第 r 个掩模上的窗口数量为 4^{r-1} 个。最终通过 16 步生成了 4^4(共 256)个不同成分样本。

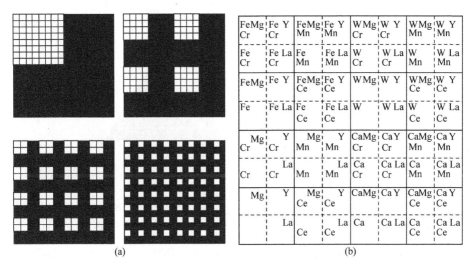

图 4-4　四元分立模板的示意图[7]

(a) 第 r 个掩模上有 4^{r-1} 个窗口，每个窗口又被划分为 4^{4-r} 个网格阵列，每个掩模最多使用四个连续的沉积步骤，每次旋转 90°；(b) 包含不同掺杂的 $BaTiO_3$ 体系位置图

　　分立掩模法能够调控成分组成、沉积顺序与沉积厚度等参数生成不同样本，其能够同时合成的样本数量仅受到掩模与表征的分辨率限制。

　　与分立掩模法不同，连续模板镀膜法是在掩模移动的同时进行薄膜沉积，能够实现组分渐进梯度分布的多元样品合成。该方法在离子束溅射端设置了一个同步快门，通过快门能够控制元素的浓度。如图 4-5 所示，以三元组分沉积到三角形衬底为例，当沉积某一个元素时，随着快门以恒定的速度移动，可以形成具有线性梯度厚度的薄膜。在旋转 120° 后，以同样的方式沉积其他两种成分[8]。这种方法受到工艺限制，往往只用于二元或三元材料的研究，同时由于其样品的成分呈连续梯度，常被应用于系统性的材料相图研究。

---

　　[*] 1 英寸 = 2.54cm。

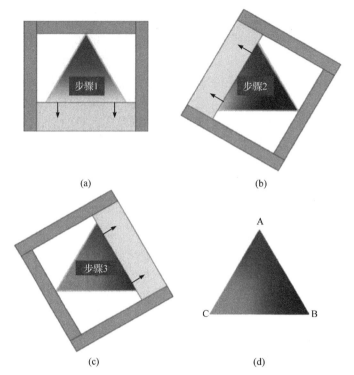

图 4-5 连续模板镀模法制备三元体系样本工艺流程示意图[8](扫描章前二维码查看彩图)
(a) 沉积元素 A；(b) 沉积元素 B；(c) 沉积元素 C；(d) 最终获得的三元相图样品

实际应用过程中，还可以将分立掩模法与连续模板镀膜法两种沉积方法进行结合，以实现成分样本更为复杂的高通量制备。在阵列掩模板技术中，元素的溅射和沉积作用原理与共沉积薄膜法的溅射沉积原理一致，而与共沉积法不同的是阵列掩模板技术生成的成分为离散分布的，而共沉积方法得到的成分分布为连续的梯度成分。阵列掩模板技术不受组分数量限制，因此更加适用于元素种类多、成分跨度大的薄膜材料制备。阵列掩模板技术的挑战在于掩模板的制造精度和对准精度对样品的一致性和可重复性有重要影响。为确保样品的均匀性，以及高通量制备产生大量数据，需要有效的数据处理和分析方法。

3. 组合激光分子束外延技术

组合激光分子束外延技术是在传统激光分子束外延技术上发展而来的。传统的分子束外延(MBE)技术是一种多层薄膜制备的物理沉积技术，能在晶体基片上生长高质量的晶体薄膜。其基本原理是将不同原材料分别加热，在超高真空条件下通过小孔形成分子束或原子束，直接喷射到适当温度的单晶基片上，控制分子束对衬底扫描，使分子或原子按晶体排列层级在基片上形成薄膜。组合激光分子束外延(L-MBE)技术结合了分子束外延技术与脉冲激光沉积技术，提升了制备效率。如图 4-6 所示，Yuan 等[9]为了合成复杂组分并精准控制合成成分，将 $La_{1.90}Ce_{0.10}CuO_4$ 与 $La_{1.81}Ce_{0.19}CuO_4$ 分别作为 $La_{2-x}Ce_xCuO_4$ 的两个扩散端，其分别对应了掺杂成分含量 $x=0.10$ 与 $x=0.19$ 的成分，在两状态下超导临界温度最高。在钛酸锶(STO)衬底上，使用 700℃的移动机械快门，交替沉积一系列单元细胞厚的梯度楔形，实现了成分的梯度制备。

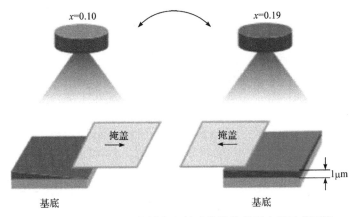

图 4-6　$La_{2-x}Ce_xCuO_4$ 在衬底上的成分扩散外延生长示意图[9]

作为一种物理沉积技术，该方法能够有效地与掩模法结合实现连续梯度成分薄膜样本的高通量制备。

4. 喷印合成法

喷印合成法的原理类似打印机，利用液相(如喷墨)或固相(如等离子或激光喷涂)喷射技术在基板上制备二维或三维组合的材料样品。通过喷头的控制，能够实现多组分的快速递送(2000 微滴/s)和精确控制，实现分子水平的混合(液相)。根据具体的喷涂原理，又分为激光喷涂法、等离子喷涂法和超声雾化喷涂法等。

对于金属材料合成，喷印合成法的基本原理与激光 3D 打印类似，都是以金属粉末为原料，精确控制不同喷嘴的送粉量均匀铺设在衬底上，再利用激光重熔获得成相的合金样本，同时控制脉冲时间和激光功率还可以控制冷却速度，获得成分均匀的高通量组合材料样品库。如图 4-7 所示，激光喷涂法采用了金属激光 3D 打印过程中的同轴送粉工艺，Tsai 等[10,11]应用这种方法制备了二元 Cu-Zr 和三元 Cu-Zr-Ti 体系的金属玻璃组合材料。

4.2.2　块体样本

薄膜样本只能制备体积很小的样本，其相沉积动力学与宏观样本存在较大差异，导致同一组分可能形成不同的微观组织，同时研究人员也难以对薄膜样本进

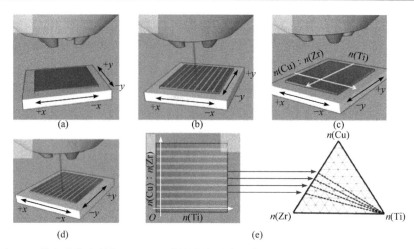

图 4-7 激光喷涂法制备 Cu-Zr-Ti 连续成分样本示意图[11](扫描章前二维码查看彩图)

(a) 初始沉积两层连续的 Cu 和 Zr,以产生分级的 Cu-Zr 轮廓; (b) 一系列均匀间隔的重新熔化线; (c) 在垂直与初始梯度的方向上沉积 Ti 梯度; (d) 使用快速激光对重新熔化的线进行最终抛光,以促进玻璃化; (e) 具有固定 $n(Cu):n(Zr)$ 的三元连线

$n(i)$-i 的物质的量

行力学性能测试,因此薄膜样本高通量制备技术难以被应用于结构材料的研究。为突破薄膜样本的限制,研究人员开发出了不同块体样本的高通量制备技术。块体样本的高通量制备主要有增材制造技术和热等静压技术,其中基于热等静压技术的两种高通量制备方法又主要分为扩散多元节法和蜂巢阵列法。这些技术与特定工艺相关联,在满足高通量制备要求时不需要特殊设备。从设备角度出发,有研究人员设计出能够并行实验的制备设备,将传统熔炼工艺流程自动化以实现高通量目的,如多坩埚同步冶金法。

1. 扩散多元节

将不同的金属块紧密贴合在一起,再经过加压或者高温处理,金属间的原子就会互相扩散形成固溶体或者化合物。扩散多元节就是利用这种金属扩散特征而开发出来的高通量技术,通过控制单个样品的扩散过程,在其扩散界面区域附近会形成一系列连续的成分变化,实现多种合金成分的合成。其具体原理可以通过一个简单的二元合金体系来描述[12]。如图 4-8(a)所示,假设二元系统 A-B 具有中间相,将 A-B 两种元素单质紧靠在一起,形成扩散偶。将扩散偶置于间隙相以上的 T_1 温度固溶热处理,长时保温使元素充分扩散,通过电子探针微量分析(EMPA)[13]得到如图 4-8(c)所示的 0%~100%原子分数的连续成分曲线。这一数据不仅能够分析二元体系间的扩散系数,还能用于相变动力学分析。将在 T_1 充分保温的扩散偶,在温度降低的 T_2 下进行不同时间的保温处理(短时暴露),如图 4-8(d)所示,观察成分变化范围较大区域的微观组织特点,分析形核与相转变所需时间,能够确定相关成分区域的相变动力学。

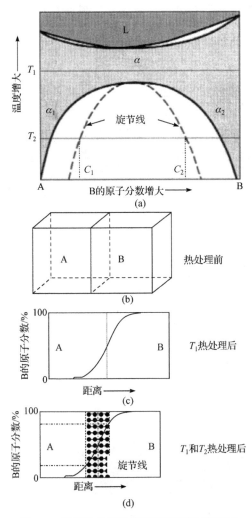

图 4-8　利用扩散偶构建相图的流程示意[12]

(a) 假设的二元相图；(b) 扩散偶示意图；(c)在 T_1 热处理后的成分曲线；(d) T_1 和 T_2 热处理后的微观结构图

Zhao 等[12, 14-16]受到 Carter[17]在相图工作中利用扩散系统的启发，将多个二元扩散偶和扩散三元节集成为一体，开发了扩散多元节方法来快速测定相图和扩散动力学数据，相比单一二元扩散体系大大提升了效率。该方法能够从一个试样上测定多个二元、三元相图，并利用扩散偶和扩散多元节中形成的固溶体和化合物相的成分梯度来进行微区材料性能测试，从而快速获得成分-相-性能关系。

　　扩散多元节技术一方面能够获得具有成分梯度的样本，能为 CALPHAD 提供数据，并有效地指导材料学者进行合金成分与制备工艺设计。同时还能够从二元扩散偶中提取扩散系数的数据，以建立扩散系数/迁移率数据库，为材料扩散过程的模拟提供数据基础。

　　2. 坩埚反应熔炼法

　　坩埚反应熔炼法于 2000 年提出，其原理与扩散多元节相似，都是基于不同成分材料界面的扩散形成成分梯度，主要用于磁性材料开发[18,19]。坩埚反应熔炼法先将样品所需微量元素加入高熔点元素坩埚中进行高温退火和冷却，使熔点低的元素在退火过程中熔融，转变为液态，从而加快坩埚材料和微量元素反应平衡相的形成；然后通过对坩埚切片，结合微区 X 射线衍射和磁光克尔成像等高通量表征技术，获得磁性材料的成分-结构-性能映射关系。该方法已用于 Re-Te-X 多元体系和 Ni-Mn-Ge、Fe-Mn-Ga 三元体系的室温磁性相筛选[19]。图 4-9 为坩埚反

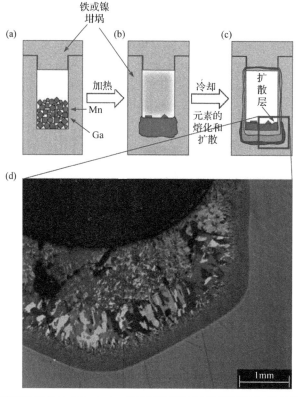

图 4-9　坩埚反应熔炼法制备 Fe/Ni-Mn-Ga 的不同阶段进展示意图[18](扫描章前二维码查看彩图)

(a) 高熔点元素 Fe/Ni 制成坩埚并装满 Mn 和 Ga 粉末；(b) 加热至坩埚内低熔点元素熔化；(c) 熔融态元素与坩埚反应产生具有成分梯度的空间；(d) 反应后的 Fe/Ni-Mn-Ga 切片剖面图

应熔炼法制备 Fe/Ni-Mn-Ca 的路线示意图。

该制备方法的优点在于成本低，步骤简单，不需要特殊的高通量制备设备；缺点在于坩埚界面反应的成分梯度难以具体控制，反应区域的不同成分还需要成分测试，增加了表征的复杂度。

3. 基于蜂巢阵列法的粉末冶金制备

蜂巢阵列法本质上是一种粉末冶金方法，通过混合不同比例的金属粉末并进行热等静压合成。该方法由中国钢铁研究院的王海舟团队提出[20]。热等静压高通量微制备方法的实施流程如图 4-10 所示，首先，通过有限元模拟设计蜂巢阵列，并使用不锈钢 SS316 粉末 3D 打印出蜂巢坩埚。该坩埚可同时容纳 106 种不同成分的粉末混合体进行制备，所制备的大块样本有效避免了微观样本中的尺寸效应。这种方法快速、简单、经济，适用于离散且成分差异较大的样品批量制备，能获得高质量的宏观金属块体样本用于后续表征测试。其难点在于在热等静压过程中协调控制不同金属组分的各向异性体积压缩，以确保每个组分达到较好的致密度，得到高质量样本。

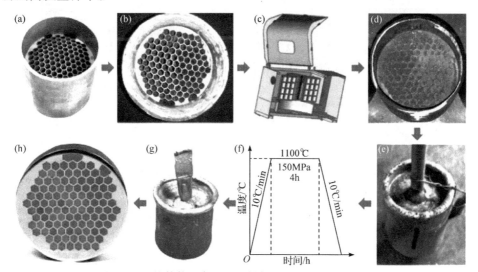

图 4-10 热等静压高通量微制备方法的实施流程图[20]

(a) 使用 SS316 粉末 3D 打印制备蜂巢阵列结构坩埚；(b) 在蜂窝阵列内部涂有 Al₂O₃ 和 SiO₂ 涂层防止扩散；(c) 高通量粉末混合系统；(d) 粉末填充进蜂窝阵列；(e)~(g) 封装并进行热等静压实验；(h) 得到的组合成分样品

4. 多模铸造成形法

多模铸造成形法也被称为快速冶金成形法，是一种半连续铸造、轧制、热处理块体样本的高通量制备技术。Springer 等[21]通过低密度 TWIP 钢成分性能筛选来说明该方法在结构材料设计上的优势。通过向 5 个装有相同成分的

Fe-30Mn-1.2C 合金的铜坩埚中添加不同质量分数的 Al(0%～8%)进行铸造，在相同热处理条件下得到 5 种不同成分的合金并依次进行滚压，通过火花法再将每种成分的样品切割成 9 个 2mm×60mm×55mm 的矩形块样，使用该方法在 35h 内制备出由 5 种不同成分的合金组成的 45 个块体样本。对每种合金的 8 块样品分别进行 450℃、500℃、550℃、600℃保温 1h 和 24h 的热处理实验，然后油淬至室温。采用火花蚀刻的方法将样品制成拉伸测试所需的"工"字形，最终得到 45 种可直接进行拉伸等力学表征测试的不同成分和热处理工艺组合的合金样品库。图 4-11 为多模铸造成形法的工艺流程及设备原型示意图。

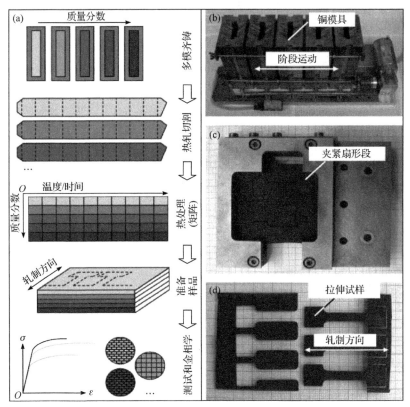

图 4-11　多模铸造成形法的工艺流程及设备原型示意图[21]

(a) 快速合金原型制作方法的示意图；(b) 将 5 种合金铸造成放置在线性平台上的单独铜模具的装置；(c) 热处理完成后将 5 个部分夹紧同时进行火花侵蚀；(d) 3 个拉伸试样的火花侵蚀制备件

σ-应力；ε-应变

　　Pradeep 等[22]研究了非等原子比高熵合金并采用多模铸造成形法制备 CoCrFeMnNi 样品库。通过 CALPHAD 方法设计一系列非等原子的单相固溶体高熵合金成分配比，然后采用多模铸造成形法高通量制备样品进行成分和力学性能表征，结果显示，尽管非等原子比合金的构型熵降低，但材料的力学性能依然很优异，依据以上结论提出了优化的高熵合金成分设计准则，即除了高的构型熵外，还应该满足吉布斯自由能最小化原理。

多模铸造成形法显著提高了生产效率和产品质量，适用于制造复杂的多组分零部件。随着技术的不断发展和应用的深入，多模铸造成形法将在制造业中发挥更加重要的作用，推动制造技术的革新和进步。

5. 多坩埚同步冶金法

多坩埚同步冶金法利用设备自动化，将一般合金的熔炼过程并行化、自动化，提高材料合成效率。其主要优势在于合成的材料样本与基本合金熔炼样本的尺度质量一致。上海大学材料基因组工程研究院的冷海燕等[23]设计的阵列式块体非晶合金的高通量制备装置，与多模铸造成形法中的铸造原理相似，该装置将坩埚和冷却水水冷的铜模作为一个模块，将 12～21 个模块整合在一台装置中，共用一套电磁感应设备和水冷设备，利用电磁感应对各个坩埚中成分不同的合金进行加热熔化、熔体搅拌及熔体净化，待熔体制备完成后利用压差成形的方式将金属液注入冷却水水冷的铜模，可同时制备出多个不同成分的块体非晶合金，实验效率提高 10 倍以上。阵列式块体非晶合金的高通量制备装置示意图如图 4-12 所示。采用这一装置不仅提高了材料的研发效率，还大大降低了研发成本，实现对材料的高通量制备。

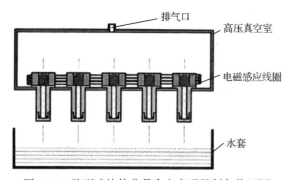

图 4-12　阵列式块体非晶合金高通量制备装置[23]

上海大学材料基因组工程研究院与合肥科晶材料技术有限公司、沈阳科晶自动化设备有限公司共同设计研制块体金相样品的高通量制备设备[24]。如图 4-13 所示，该设备将自动粉末分配系统、球磨混料器、粉末压实机、自动电弧熔炼系统、冷镶嵌机、自动金相磨抛机等设备集成为多工位一体自动化设备。样品从配料、熔炼到金相样品准备，与传统手工配料、手动电弧熔炼相比，该方法提升效率 10 倍以上。该课题组利用高通量实验结合机器学习方法加速非等物质的量比硬质高熵合金 Co-Cr-Ti-Mo-W 的成分设计[25]，根据机器学习模型预测结果建立的

"成分-硬度"与"描述因子-硬度"关系图谱,展示了全成分空间内高熵合金的硬度变化规律,并确定原子半径差为影响硬度的重要描述因子,证明了高通量实验与机器学习相结合可使多元合金成分优化效率提高 100 倍以上。

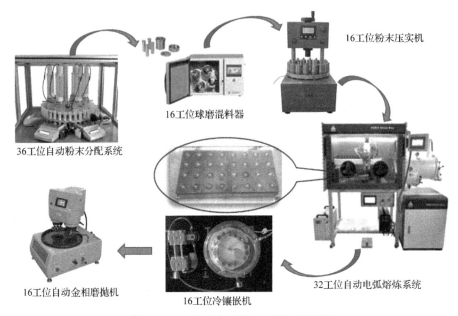

图 4-13　全流程高通量合金制备系统[24]

4.3　增材制造技术

材料高通量制备技术包括扩散多元节、共沉积薄膜法、阵列掩模板技术及增材制造等。增材制造因其制备速度快、能耗低、材料利用率高和自下而上逐层制造的特点而被广泛用于制备成分梯度材料(梯度功能材料)。美国国家增材制造创新机构于 2015 年 5 月发布关于增材制造应用研究与开发项目新版指南,重点研发方向包括为增材制造过程中的新材料制备工艺开发高通量性能表征配套系统,旨在推进美国材料基因组计划,加快材料研发、生产和测试流程向高效型、智能型、经济型转变。欧盟"加速冶金 AccMet 项目"的中心目标是整合合金材料研发所需的制备和表征测试环境,形成一套完整的基于激光增材制造技术的制备表征系统。将增材制造技术与其他高通量制备技术有机融合,不仅可以促进材料本身的发展,还可为制造业提供一项创新制备手段,科学意义和应用价值巨大。基于增材制造的高通量制备技术包括两种工艺:一种是基于送粉或送丝的直接能量沉积技术,另一种是基于铺粉的选区熔化技术。常见的制备能量源包括激光、电子束和等离子束。通过高通量增材制造制备和表征梯度试样，开发和优化增材制造新合金材料，解决不同尺度下增材制造材料面临的科学难题，有望推动航空航天关键部件性能进一步提升。

增材制造技术通过激光、电子束或电弧等提供高能热源，按照分层软件设定的路径将原材料以逐层熔凝堆积的方式成形一体化复杂结构件，是一种"从无到有"的材料添加成形过程，在增材制造技术中，电子束增材制造技术和激光增材制造技术是两种非常重要且广泛应用的技术，所以本节主要介绍电子束增材制造技术和激光增材制造技术。

4.3.1　电子束增材制造技术

电子束增材制造技术是以高能电子束为热源，对金属材料进行连续扫描熔融，逐层熔化生成致密零件，该技术主要分为电子束熔丝增材制造技术和电子束选区熔化成形技术两种类型。

1. 电子束熔丝增材制造技术

1995 年，美国麻省理工学院的 Dave、Matz 等提出了电子束熔丝成形(electron beam solid freeform fabrication，EBSFF)的概念，实现了不锈钢、铝、高温合金等材料的堆积。电子束熔丝增材制造技术是指在真空环境中，高能量密度的电子束轰击金属表面形成熔池，金属丝材通过送丝装置送入熔池并熔化，同时按照预先规划的路径运动，金属材料逐层凝固堆积，形成金属零件或毛坯。电子束熔丝增材制造技术工作原理如图 4-14 所示。

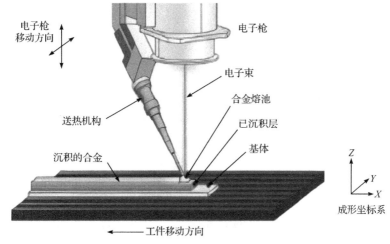

电子枪移动方向　电子枪　电子束　合金熔池　已沉积层　基体　送热机构　沉积的合金　成形坐标系　工件移动方向

图 4-14　电子束熔丝增材制造技术工作原理[26]

电子束熔丝增材制造技术具有多项显著优点：

(1) 电子束可以实现数十千瓦的大功率输出，使得沉积速率高达 15kg/h，对于大型金属结构的快速成形尤为适用。

(2) 该技术在 10^{-3}Pa 的真空环境中进行，有效避免了空气中氧、氮、氢等有害杂质的混入，非常适合钛、铝等活性金属的加工。

(3) 电子束作为热源，熔池较深，能消除层间未熔合现象，并通过电子束扫描对熔池进行旋转搅拌，显著减少气孔等缺陷，使得成形的钛合金零件内部质量达到超声波探伤的 AA 级。

(4) 电子束熔丝增材制造技术具有多功能加工能力。电子束输出功率可以在宽范围内调整，并通过电磁场灵活控制束流运动和聚焦，实现高频复杂扫描。利用面扫描技术，可以进行大面积预热及缓冷，而多束流分束加工技术则允许多束流同时工作，使得同一台设备上既能进行熔丝沉积成形，也能进行深熔焊接。利用这些多功能加工技术，可以根据零件的结构和性能需求，采取多种工艺组合，优化设计制造，实现成本效益最大化。此外，作为一种定向能量沉积工艺方法，电子束熔丝增材制造技术还可用于零件修复。

电子束熔丝增材制造技术在航空航天上的应用非常广泛。2007 年，美国 CTC 公司安排了一个综合小组，针对海军无人战斗机计划，制订了无人战机金属制造技术提升计划，选定电子束熔丝增材制造技术作为未来大型结构低成本高效制造的方案，目标是将无人机金属结构的质量和成本降低 35%。

北京航空制造工程研究所于 2006 年开始电子束熔丝增材制造技术研究工作，开发了国内首台电子束熔丝增材制造设备。开发的国内最大的电子束熔丝增材制造设备真空室体积为 46m^3，有效加工范围为 1.5m×0.8m×3m，5 轴联动，双通道送丝。2012 年，采用电子束熔丝增材制造的钛合金零件在国内飞机结构上率先实现了装机应用[27]。

2. 电子束选区熔化成形技术

电子束选区熔化(electron beam selective melting，EBSM)成形技术是指电子束按预先设定的路径扫描和移动，将预先铺放的金属粉末逐层熔化凝固成形堆积，制造出金属零件。整个加工过程均处于真空环境中，能有效避免空气中有害杂质的影响。电子束选区熔化成形技术原理如图 4-15 所示[28]。其具体工作步骤是电子束在偏转线圈驱动下按预先规划的路径扫描，熔化预先铺放的金属粉末；完成一个层面的扫描后，工作舱下降一层高度，铺粉器重新铺放一层粉末，如此反复进行，层层堆积，直到制造出需要的金属零件，整个加工过程均处于 10^{-2}Pa 以上的真空环境中。

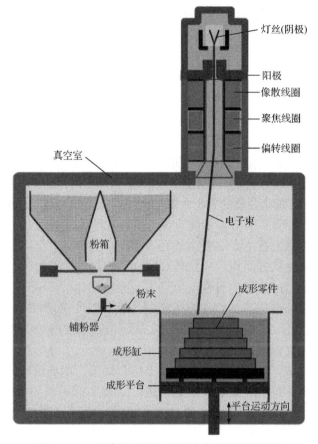

图 4-15　电子束选区熔化成形技术原理示意图[28]

　　电子束选区熔化成形技术具有多项优点。

　　(1) 其真空工作环境能有效避免空气中杂质的混入，提高材料纯度。电子束扫描控制依靠电磁场，无须机械运动，因此具有高可靠性、灵活控制和快速反应的特点。

　　(2) 该技术的成形速度非常快，可达 $60cm^3/h$，是选区激光熔化技术的数倍。

　　(3) 电子束扫描和束流参数的实时调节控制能够有效管理零件表面温度，减少缺陷和变形。

　　(4) 由于具有良好的控温性能，该技术能够加工 TiAl 等金属间化合物材料。尺寸精度可达±0.1mm，表面粗糙度 Ra 在 15～50，实现基本近净成形。

　　(5) 电子束选区熔化成形技术在真空环境下操作，无须消耗保护气体，仅消耗电能和少量阴极材料，未熔化的金属粉末可以循环使用，降低生产成本。此外，该技术适用于加工钛合金、铜合金、钴基合金、镍基合金和钢等多种材料。

电子束选区熔化成形技术适用于制造航空发动机、小型导弹发动机的多联叶片、整体叶盘、机匣、增压涡轮、散热器、飞行器筋板、支座、吊耳、框梁和起落架结构等复杂部件，传统方法难以加工这些结构。其局限在于只能加工小型零件。目前，国内开发的最大电子束成形设备的真空室容积为 $46m^3$，有效加工范围为 1.5m×0.8m×3.0m。清华大学较早在国内开展电子束选区熔化成形技术研究并开发装备。西北有色金属研究院、中国科学院金属研究所、北京航空航天大学、北京爱康宜诚医疗器材有限公司等单位利用Arcam设备进行多孔材料和医学应用研究。2007 年以来，北京航空制造工程研究所在航空支撑及国防预研基金项目支持下，研究钛合金和 TiAl 合金，开发电子束精确扫描、精密铺粉和数据处理软件等核心技术，重点研究钛合金的力学性能、空间点阵结构的承载性能和变形失效行为[27]，已经成功实现了 TiAl 金属化合物低压涡轮叶片的制造。

电子束增材制造技术在某些方面还有不足，增材制造金属材料通常表现为外延生长的粗大柱状晶组织，并且具有较强的织构，这种组织特征会引起合金力学性能的不均匀性和各向异性。为了实现晶粒细化、降低织构强度，一个重要的方法是通过调整成形参数控制熔池过冷度和温度梯度。Dehoff 等[29]通过改变扫描方法、电流、扫描速率等参数，实现了 Inconel718 合金的织构控制，在同一样品的不同位置分别形成等轴晶和柱状晶。然而，成形参数对成形质量的影响是复杂的，如提高能量输入会减少未熔合缺陷，提高致密度，但也可能降低表面质量，并导致 Al 元素挥发更严重[30]。除了通过调整成形参数外，Nag 等[31]的研究表明，在钛合金中添加 TiB_2 也能够获得弱织构的细晶组织。为了改善材料组织和性能，将增材制造与传统变形工艺结合，如激光沉积成形+喷丸强化[32]、电弧熔丝成形+轧制[33-35]等。与电弧熔丝成形相比，复合了电弧熔丝和轧制成形的微铸轧 Ti-6Al-4V 晶粒尺寸明显减小，45 钢的强度和塑性均提高 30%以上。在成形方面，增材制造的典型缺陷包括未熔合、孔洞、热裂纹等，这些缺陷显然会给成形材料的力学性能带来不利影响。热等静压虽然消除大多数的内部孔洞，但是也可能引发新的性能问题，如 TiAl 合金经热等静压后，孔洞处形成的再结晶晶粒导致抗蠕变性降低。因此，了解缺陷在成形过程中的形成机理，并通过成形工艺优化实现缺陷控制是增材制造急需解决的问题。Parab 等[36]、Leung 等[37]利用同步辐射 X 射线实时观测选区激光熔化技术成形时的熔池行为、凝固及缺陷形成过程，获得成形参数对熔化-凝固过程的影响，为成形工艺优化提供了参考，而电子束增材制造技术方面尚未见相关报道。实际上，受本身特性影响，增材制造零件很难完全避免缺陷。因此，在解决小尺寸(≤0.8mm)缺陷的检测问题，获得缺陷对性能影响规律的基础上建立相关设计准则是推进增材制造零件在关键承力结构中应用的前提。在电子束选区熔化过程中还会有吹粉现象发生，吹粉是指粉末在彼此间静电斥力等作用下发生溃散，进而导致成形中止的现象。通过预热可以实现更好的粉末烧结程度，进而提高粉末的导电性，但是过度的烧结显然会对零件精度及成形后的粉末去除不利。此外，降低粉末流动性、选择合适的基板材料、基板表面处理及合理的试样布局也能够避免吹粉现象发生。在高能束流的作用下，Al 等轻元素会有一定程度的挥发，而在电子束增材制造特有的真空环境下，元素挥发被进一步放大，这个问题在 γ-TiAl 中尤为突出。Damri 等[38]的研究提到，通过提高气体压力，可以减少元素(Al 或 Cr)的挥发，改善通过电子束增材制造的零件质量。Al 含量对 $\gamma \rightarrow \alpha 2$ 相变温度起决定性作用，在后续的热处理过程中，$\gamma \rightarrow \alpha 2$ 相变可能只在 Al 较少的位置发生，进而在 $\alpha 2$ 相织构的综合作用下导致合金力学性能各向异性[39]。

　　电子束增材制造技术在低塑性难加工材料成形方面具有明显优势，因此在航空航天领域具有良好的应用前景。然而，电子束增材制造技术对成形环境较高的要求(真空)及相对复杂的设备结构也提高了其制造成本。为实现电子束增材制造产品的工程化应用，需要寻找适合的对象发挥其优势，并建立相关的规范与标准。随着电子束增材制造装备与工艺日趋成熟，以及原材料价格的逐渐下降，其应用领域将不断拓展。

4.3.2　激光增材制造技术

　　激光增材制造技术是一种高精度、广泛适用的先进制造技术[40]，已用于制备合金、复合材料和微纳米结构材料[41]。激光增材制造技术是一门融合了激光计算机软件、材料、机械、控制等多学科知识的系统性、综合性技术。采用离散化手段逐点或逐层"堆积"成形原理，依据产品三维计算机辅助设计(CAD)模型，快速"打印"出产品零件，彻底改变了传统金属零件，特别是高性能难加工、构型复杂等金属零件的加工模式。

1. 直接能量沉积

　　直接能量沉积，又称表面熔覆技术，通过多个喷头精确递送元素粉末至微熔池区，由高能激光在基板上进行原位合金化，冷却凝固为致密合金样品。元素定量控制通过送粉速度或喷头移动速度实现，适用于梯度材料制备和快速零件修复。根据是否与基板反应及原材料形态，直接能量沉积可细分为基板微熔池沉积法和同步混合沉积法。基板微熔池沉积法的原理是将元素粉末或合金粉末 A 按照不同的送粉速度喷射在传统方法或增材制造方法制备的合金基板 B 上，并同步采用高能热源形成熔池，通过变化热源功率、送粉速度可制备出成分连续变化、工艺连续或离散变化的 $A_x B_y$ 合金。$Al_x CoCrFeNi$ 高熵合金体系具有优越的高温强度、耐磨性和抗氧化性，是目前高熵合金领域的研究热点。随 Al 含量的增加，基体会发生结构转变，因此研究微观结构对合金性能的影响尤为重要。Li 等[42]将单质 Al

粉末喷至 CoCrFeNi 基板上进行激光原位合金化，并通过两次重熔提高微熔池均匀性，快速制备 21 种 Al$_x$CoCrFeNi 合金(0.15<x<1.32)。通过微观结构和力学性能的表征实验，证明随着铝含量的增加，合金晶体结构由无序的 FCC 转变为 BCC 结构的有序无序混合相。通过研究铝元素成分(0.51<x<1.25)和淬火速率(26~6400K/s)的关系，证实多数激光沉积合金表现出与铸造材料相似的晶粒组织，且晶粒尺寸与淬火速率呈幂律关系，晶粒细化导致显微硬度的增加遵循霍尔-佩奇(Hall-Petch)关系，用于创建合金库的基板微熔池沉积法的工艺如图 4-16 所示。美国 OPTOMEC 公司开发的喷粉型激光熔覆设备 LENS MR-7 是目前高通量激光增材制备采用的主流商用设备。中国航空工业集团公司沈阳飞机设计研究所开展了 A-100 钢激光直接成形技术在飞机起落架上的应用技术研究，在工艺成形、性能、质量控制等方面取得了关键性技术突破。

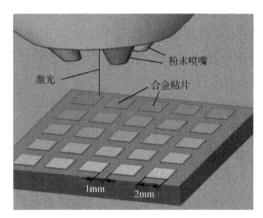

图 4-16　用于创建合金库的基板微熔池沉积法示意图[42]

同步混合沉积通过多喷头实时送粉和高能热源同步合金化，使材料逐层沉积成形。通过调节热源能量和喷粉头，实现多样品成分分布和单样品成分梯度变化，适用于高通量块体复合材料制备。美国威斯康星大学的 Moorehead 等[43]采用元素粉末同步混合沉积制备 Mo-Nb-Ta-W 高熵合金块体，通过 3D 打印校准成分精度。打印样品成分与电弧熔炼样品相比，Mo 和 W 的原子分数偏差±5%，Nb 和 Ta 偏差±10%。Li 等[42]为了探索开发耐腐蚀性和塑性兼备的新合金材料，采用预合金粉末并通过直接沉积技术一次性制备四个 Fe-Cr-Ni 三元系梯度合金。波兰 Polanski 等[44]使用元素粉末同时制备了 25 个梯度成分样品和 188 个成分离散的分立 Fe-Ti-(Ni)储氢合金样品。白玉超等[45]采用激光定向能量沉积(DED)技术将 A131EH36 沉积到传统轧制的 AISI1045 钢上制备双金属结构，结果表明，A131EH36/AISI1045 界面形成了无裂纹、无未熔合缺陷的过渡区，宽度约 0.5mm，展示了优异的冶金结合。过渡区内包含不同组织区域，硬度从 AISI1045 一侧的

182.0HV 逐渐增加到 A131EH36 一侧的 297.1HV，热处理后硬度波动减少。双金属结构的力学性能较好，拉伸强度和屈服强度高于 AISI1045 钢，且热处理后性能进一步提升。切削实验表明，DED A131EH36 的切削力更平稳且较小，切削表面质量优于 AISI1045 钢。英国伯明翰大学冶金与材料学部 Li 等[46]将原材料为丝材的激光同步混合技术称为悬浮液滴技术(SDA)，研究人员制备了五组 Ti 基形状记忆合金纽扣并对其进行均匀化热处理，通过比较激光样品与铸态热处理样品的相变温度，验证了激光样品的结构和晶粒度与电弧熔炼样品大体相似，化学成分与目标成分偏差仅±1%(原子分数)，形状记忆行为类似于铸造后进行均匀化处理的工业钛合金。直接能量沉积的优点如下：无须模具；适于难加工金属材料制备；精度较高，可实现复杂零件近净成形；内部组织细小均匀，力学性能优异；可制备梯度材料；可实现损伤零件的快速修复；加工柔性高，能够实现多品种、变批量零件制造的快速转换。

2. 激光熔覆技术

激光熔覆技术诞生于美国的桑迪亚国家实验室，并且美国早在 1997 年就推出了"LENS 750"激光熔覆成形设备。激光熔覆技术的原理是激光在基板上产生小熔池(直径 0.25～1mm，深度 0.1～0.5mm)，沉积头将粉末材料送入熔池，粉末熔化后随激光束移开而凝固。在某些条件下，粉末可在下落过程中熔化并到达基板[47]。根据 CAD 模型，逐层沉积制造出近终形金属零件。由于激光熔覆技术能够生产出具有高度可控的微观结构特征的完全致密零件，所以该技术已经在航空航天、汽车制造和模具制造等领域中被广泛应用。通过调整工艺参数，如速度、粉末进料速率和激光功率，构建层的厚度通常可以在 0.1～3mm 变化，通过多层包层可以生产更厚的层，这种方法也用于生产渐变层。图 4-17 为 Ocylok 研究所采用激光熔覆技术制备梯度合金的原理图[48]。

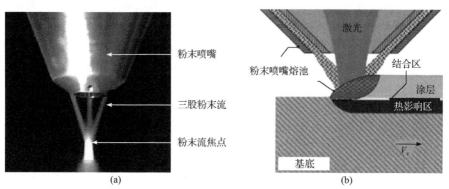

图 4-17　激光熔覆技术制备梯度合金的原理图[48]

(a) 非连续同轴送粉；(b) 激光熔覆过程

V_s-激光扫描速度

3. 激光熔化沉积

激光熔化沉积(laser melting deposition，LMD)结合了激光熔覆和增材制造技术，以金属粉末为原料，通过"激光熔化-快速凝固"逐层沉积，形成金属零件。其原理是利用激光高能量熔化金属粉末和基材，形成熔池，粉末在熔池上方沉积并冷却凝固，形成熔覆层。根据 CAD 模型，运动控制系统控制激光头和送粉喷嘴逐点、逐线、逐层形成金属层，最终沉积成形金属零件[49]。激光熔化沉积工作原理如图 4-18 所示。根据成形件 CAD 模型的分层切片信息，运动控制系统控制 X-Y 移动工作台、Z 轴上的激光头和送粉喷嘴运动，逐点、逐线、逐层形成具有一定高度和宽度的金属层，最终成形整个金属零件。

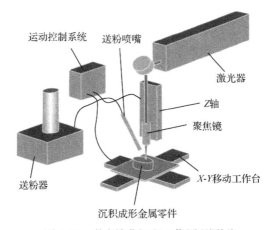

图 4-18　激光熔化沉积工作原理图[49]

4. 选区激光熔化技术

选区激光熔化(selective laser melting，SLM)技术是基于粉床的高能束增材制造技术，1995 年诞生于德国亚琛的弗劳恩霍夫研究所[50]。SLM 工作原理如图 4-19 所示，将 CAD 三维模型切片成多个层，传输到 SLM 设备中。粉末材料(粒度 10～45μm)按设定厚度铺在基板上，利用大功率激光束选择性扫描熔化粉末。基板下降的高度相当于层厚，重复铺粉和激光扫描步骤，逐层堆积直至完成零件[51]。由于使用了完全熔化的标准金属粉末，零件的致密度约为 100%，保证了打印件与常规制造的零件(切削、铸造)的力学性能相近，优于传统铸件甚至锻件[52]。使用该技术可以制造出力学性能良好、表面粗糙度小、精度和致密度较高的产品。

该技术可制造出传统方法无法加工的复杂形状结构，如轻质点阵夹芯结构、空间曲面多孔结构、复杂型腔流道结构等。在航空航天领域，可用于制造火箭发动机燃料喷嘴、航空发动机超冷叶片、小型发动机整体叶轮、轻质接头等。此外，

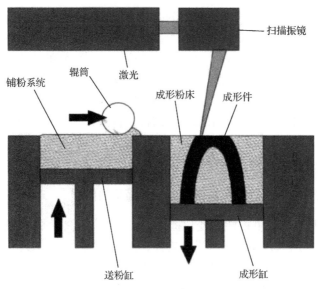

图 4-19　SLM 工作原理[50]

该技术还广泛应用于船舶、兵器、核能、电子器件和医学植入等领域，具有广阔的应用前景。相较于电子束选区熔化成形技术，选区激光熔化技术使用的粉末尺寸小(≤50μm)，分层薄(≤0.05mm)，因此具有很高的尺寸精度(±0.05mm)和表面质量(粗糙度 Ra ≤ 10)，能够实现无余量加工，选区激光熔化技术由激光选区烧结技术发展而来。20 世纪 80 年代以来，经历了低熔点非金属粉末烧结、低熔点包覆高熔点金属粉末烧结、高熔点金属粉末直接熔化成形等阶段。选区激光熔化技术主要用于蜡模、砂模等制造，为精密铸造提供模型。这种原型表面粗糙、疏松多孔，还需要经过高温重熔或渗金属填补孔隙等才能使用。随着激光技术的发展及高亮度光纤激光器出现，国内外金属选区激光熔化技术发展突飞猛进。英国、德国、法国、美国、瑞典等发达国家先后开发 GH4169、Al-Si-10Mg、CoCr、TC4 等合金金属复杂结构的选区激光熔化成形设备，并开展应用基础研究。国外著名 R-R、GE、P&W、MTU、Boeing、EADS、Airbus 等航空航天武器装备已利用此技术开发商业化的金属零部件。

激光增材制造技术需要进行更加深入的机理研究,金属激光增材制造的物理、化学、力学和材料冶金现象极其复杂，技术难度很大，国内外对金属零件激光增材制造内部组织形成规律、内部缺陷形成机理、零件内应力演化规律及变形开裂行为等关键基础问题缺乏深入的认识和研究，而更深入的机理研究可为工艺优化提供理论基础，优化的工艺能保证更高的加工质量。航空航天工业高工艺要求对激光增材制造技术提出更大的挑战，需扩大材料体系、突破零件尺寸来扩大激光增材制造技术适用范围，开发实时监测反馈系统、优化设备和工艺参数来提高加工精度及表面质量；需要设计质量检测的新手段并建立新的加工标准。由于激光增材制造零部件往往形状非常复杂，而且制造的时候是一体式一次制造完成，因此应改进传统的检测方法以避免对零部件造成影响，而新的检测手段必然会引起加工标准的变革；需要更优化的软件、数据库支持。激光增材制造技术成形路径的规划、支撑添加及数据库参数支持对加工质量和成形效率有决定性的影响；激光增材制造技术和传统加工技术的有机结合，将激光增材制造技术成形复杂精细结构、直接近净成形的优点与传统制造技术高效率、低成本、高精度、优良表面质量的优势结合起来，形成最佳的制造策略。

4.3.3 增材制造技术在高通量制备和表征上面临的问题

(1) 增材制造技术可控梯度变化提供比离散样品更丰富的信息，而目前高通量表征手段仍采用一些离散区域进行表征，测试区域受限于表征手段的采样区域大小，且成分变化影响性能表征准确性，无法做到完全梯度连续变化性能的准确表征。提高表征手段的精度，建立准确的梯度连续表征方法仍是一种挑战。

(2) 增材制造材料通常表现出优异的性能，由于可打印材料种类的限制影响了部分材料在增材制造高通量制备和表征上的应用。实现性质差异较大的材料致密完美地打印出来，并形成连续可靠的梯度过渡仍具有挑战。

(3) 增材制造过程中的气孔等缺陷问题显著影响着材料的性能，不同成分的合金增材制造工艺参数往往并不一致，在一定程度上增大了增材制造梯度材料制备的复杂性。建立材料成分-结构-性能的可靠联系仍具有挑战。

4.4　其他高通量制备方法

4.4.1 纳米尖端熔化法

在高通量制备这一领域，纳米尖端熔化法作为一种创新的制备方法，正逐渐展现其独特的优势和广阔的应用前景。纳米尖端熔化法结合了精确的纳米级控制能力和高效的材料处理能力，使其成为高通量制备的重要工具。纳米尖端熔化法是一种利用纳米级尖端在局部区域进行加热和熔化，从而实现材料加工和制备的方法。该方法通常依赖于扫描探针显微镜技术，通过精确控制探针尖端的位置和温度，使其在微小区域内实现高温熔化和材料沉积。

原位纳米尖端熔化法需要将带有多个纳米尖端的棒材两端施以电极并置于原位表征仪器中以实时接触进行合金化表征。图 4-20 展示了纯铝 A(A1～A3) 和高熵合金 H(H1～H3) 的现场实验装置示意图。两类合金接触端通过拉伸形成纳米尖端，在 3～5V 电压下微量移动 A1 和 H1 端接触并凝固，制备出 A1H1 合金尖端。多次移动和重熔确保成分均匀性。采用同样方法制备 A2H2 合金尖端，再将 A2H2 与 A3 纳米针尖熔合，制备出 A2H2A3 合金。样品尖端的制备和表征在实时原位 TEM 和能量色散 X 射线谱(EDS)中进行，一旦获得融合点，即通过原位 EDS 和 TEM 快速测定成分和分析组织结构，适用于高成本材料研究[53]。Xu 等[53]通过该方法高效获取了多组 FeCoNiCrCuAl 高熵合金成分和微观组织信息，证实该方法制备的样品结构与传统方法相同，均为 FCC 单相固溶体结构。

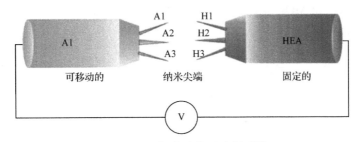

图 4-20　现场实验装置示意图[53]

HEA-高熵合金

　　纳米尖端熔化法能够将原位过程与表征相结合，实现样品的同步制备与表征，其优点在于：纳米尖端可以实现纳米级别的空间分辨率，使得材料加工和沉积过程非常精确；只在尖端接触区域进行加热，避免了对整个样品的热影响，有助于保护样品的其他部分；可用于多种材料的加工，包括金属、半导体和有机材料。其缺点在于：成分精度不可控；尖端加工困难；在高温和反复操作下，纳米尖端的耐久性和稳定性需要进一步提高；纳米尖端熔化法的工艺参数复杂，需要深入研究和优化。

　　在高通量制备中，纳米尖端熔化法被广泛应用于材料筛选和优化，纳米尖端熔化法可以快速制备大量不同成分或结构的纳米材料，通过系统的参数调整(如尖端加热温度、移动速度等)，在短时间内生成大量样品。这种方法特别适用于合金材料、复合材料和薄膜材料的高通量筛选和优化。纳米器件制备中，利用纳米尖端熔化法，可以精确控制纳米器件的形状和尺寸，制备出具有特定功能的纳米结构和纳米器件。例如，纳米尖端熔化法可以用于制造纳米线、纳米点阵列和纳米通道等，这些结构在电子器件、传感器和光学器件中具有重要应用。定制化纳米结构中，通过纳米尖端熔化法，可以根据需要设计和制备具有特定功能的纳米结构。由于该方法具有高度的灵活性和可控性，可以根据具体应用需求，调整工艺参数，制备出性能优异的纳米材料。

4.4.2　微流体控制法

　　微流体控制(简称"微流控")法是一种快速发展的微尺度制备技术，通过微米通道精确控制纳升量级流体，将多种技术集成在微流控芯片上，实现高效测试和表征，广泛应用于化学、材料科学、生物医学和环境监测等领域。微流控芯片集成样品制备和表征操作，主要用于催化反应和气相反应研究[54,55]。如图 4-21 所示，Faustini 等[56]使用纳升滴基微流控策略，实现了金属-有机框架(MOF)晶体和异质结构的快速连续合成，制备了 HKUST-1、MOF-5 和 UiO-66 等纳米晶化合物。通过高压水热法制备均苯三酸配合物，并采用两步微流控法制备核壳纳米结构，扩展到高温水热合成 Ru_3BTC_2 结构。最终，通过两步集成微流控模式，合成了三种不同类型的核壳 MOF 复合材料。Zhou 等[57]利用微流控合成法制备出 CdTe 量子点，并对其温度和晶体生长时间进行了精确控制。

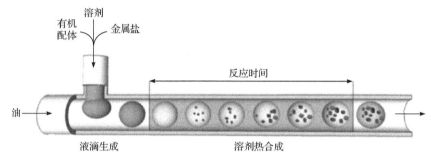

图 4-21　微流控法中的一般微反应示意图[56]

　　微流控法具有很多优点：①高效和快速，微流体装置具有微小尺寸，可以显著提高反应和处理速度。微小通道中的液体流动和混合速度快，有助于实现快速反应和高效分离。②成本低，微流控法使用的试剂和样品量极少，通常只需几纳升或几微升，这不仅降低了实验成本，还减少了废弃物的产生，对环境更友好。③高度集成，微流体装置可以集成多种功能，如泵、阀、反应器和传感器等，实现多步骤操作的一体化。这种高度集成化的设计有助于开发便携、自动化的分析和处理系统。④精确控制，微流控法可以实现对液体流动、混合和反应的精确控制，通过设计不同的微通道结构和控制策略，可以精确调节实验条件，提高实验的重复性和准确性等，已经被投入新材料的研发与生产当中。微流控法的缺点也十分明显，其特殊的反应方式只适用于部分材料，对于特定反应体系还需要找到合适的溶剂载体。采用微流控法的高通量材料制备方法，成功地解决了传统批量合成存在的问题，可制备形态可控、粒径分布窄及单分散性好的材料[58]。随着科技的进步，分析仪器正在向微型化、集成化及便携化方向发展，还需不断地研制多维度、实时监测一体的微流控合成系统。

　　微流体控制法在科学研究和工业应用中具有广阔的前景。随着微加工技术和材料科学的不断进步，微流体装置的设计和制造将更加精确和多样化。未来，微流体控制法将进一步融合人工智能、机器学习和大数据分析等先进技术，实现更加智能化和自动化的操作。

4.4.3　高通量工艺法

高通量工艺法通过铸造、锻造、焊接、热处理和变形等手段串行或并行制备成分均匀的样品，其基本原理是在相同工艺参数下对厚度或直径变化的异型材样品进行热加工，然后进行组织性能表征。

陈永泰等[59]对 Ag-6%Cu-1%Zn-0.5%Ni 合金的楔形试样进行轧制，获得了变形量从 33%～80%连续变化的高通量工艺样品，如图 4-22 所示，并研究了合金变形量对组织、性能的影响规律。司家勇等[60]以经 DP 工艺处理的 GH4169 合金为对象，通过数值模拟的方法设计了高通量双圆锥台试样，研究了热加工工艺参数对双圆锥台试样等效应变场分布的影响规律，获得晶界取向差和晶界特征分布，为高温合金热加工工艺研究和晶粒尺寸控制提供技术参考。中南大学 Wu 等[61]基于端淬实验制备冷却速度线性梯度分布的镍基高温合金样品，然后采用专门开发的程序模拟计算了试样梯度冷却速率，表征了梯度样品的维氏硬度，并与传统热膨胀法制备的样品硬度进行对比，从而探究了淬火速率对镍基高温合金组织和性能的影响。中国科学院宁波材料技术与工程研究所刘剑等[62]发明了一种 LaFeSi 基磁制冷材料的梯度高通量制备方法，在原料铸造过程中采用楔形铜模，使沿高度方向的熔体冷却速率呈梯度变化，从而获得具有凝固合金组织梯度化的楔形合金锭，退火处理获得 NaZn13 型结构的 LaFeSi 基块体磁制冷材料，且该结构具有梯度化的磁热效应。结合磁热性能测试可获得不同组织结构、磁热效应、铜模宽度之间的对应关系等。

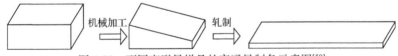

图 4-22　不同变形量样品的高通量制备示意图[59]

在并行高通量工艺法研究方面，王开坤等[63]发明了一种高通量并行锻造热控制方法，利用该方法可以一次加热多个样品，可以设定控制多组温度批量完成不同温度参数下的锻造热模拟实验，得到多个样品在不同工艺条件下的数据。上海大学翟启杰等[64]发明了一种电流高通量制备金属凝固和热处理试样的装置和方法，其可以并行地铸造样品并进行行热处理，快速筛选最优电流施加工艺参数。装置采用统一集中测温，统一外场电流参数处理减少实验参数波动，从而优化电流处理金属熔体温度研究。

4.5　金属材料高通量制备的发展现状

高通量制备的样品需要与相应的高通量表征技术相结合，才能收集针对研究内容的有效数据。例如，使用时域热反射技术(TDTR)来测试热导率以及热膨胀系数，纳米压痕技术可以用来测量微观尺度下的硬度与弹性模量，光学椭圆偏振技术可以用来精确地测量微尺度下的光学性质[65]，消逝微波探头(evanescent microwave probe，EMP)可以用来测量陶瓷材料的介电常数[66]，微尺度四点探针可以用来测量电导率[67]等。

4.5.1　磁控溅射共沉积法的应用

多靶磁控溅射共沉积装置可制备不同成分的多元合金材料，通过调节沉积源角度和位置来控制样品成分。共沉积法无须掩模和热处理，但控制三元以上合金成分有难度。近年来，使用合金沉积源已实现四元、五元等复杂合金体系的制备。

中国科学院物理研究所柳延辉研究组和美国耶鲁大学、约翰霍普金斯大学、日本东北大学组成合作团队，采用多靶磁控溅射共沉积法筛选出具备强玻璃形成能力(GFA)的 Ir-Ni-Ta-(B)材料体系，利用其提出的高通量电阻测量判定(GFA)法可获得综合性能优异的 Ir-Ni-Ta-(B)高温块体非晶合金[68]。该样品的玻璃转变温度超过800℃，比工程应用型锆基非晶合金高 400℃，常温强度约为 5.1GPa，是普通钢材的 10 倍以上，超过 700℃的高温条件可保持 3.7GPa 的强度，远超传统的高温合金和高熵合金。Khan 等[69]应用磁控溅射共沉积法于耐蚀生物合金的设计，使用 Zr-Ti和 Ni-Nb 为双靶材，制备了 Zr-Ti-Ni-Nb 系列金属玻璃材料。其中，合金成分$Zr_{40}Ti_{35}Ni_{14}Nb_{11}$ 表现出 7.1GPa 的高硬度、121.7GPa 的低模量及良好的耐腐蚀性。

在新型合金领域，耶鲁大学的 Kube 等[70]利用三靶磁控溅射共沉积法制备了包含 14 种元素的 2478 种高熵合金样品库。通过能量色散 X 射线分析(energy dispersion X-ray analysis，EDX)和同步 XRD 表征，获取了大量成分结构数据。数据挖掘显示，单相固溶体结构由 FCC 与 BCC 的元素比例和原子尺寸差异共同决定，原子尺寸差异增大时，合金更倾向于形成 BCC 结构。三靶磁控溅射共沉积法制备表征方法和制备样品库如图 4-23 所示。

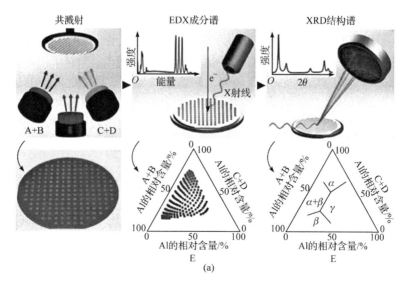

(a)

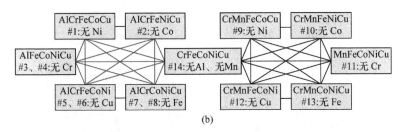

(b)

图 4-23　三靶磁控溅射共沉积法制备含 14 种元素的高熵合金样品库[70](扫描章前二维码查看彩图)

(a) 共沉积法制备及表征示意图；(b) 高熵合金成分体系

Nikolić 等[71]利用磁控溅射共沉积法和背散射电子衍射表征研究了 W-Fe、W-Ti 和 W-Ir 三种二元合金体系的成分与微观组织。Yoo 等[72]通过离子束溅射系统制备 Fe-Ni-Co 样品，并使用多种表征技术，包括扫描微束 X 射线衍射、磁光克尔效应测量和纳米压痕显微镜，构建连续相图并进行成分筛选，验证了这种制备方法在相图研究中的有效性。Liu 等[73]通过多靶磁控溅射共沉积法，对多种非晶合金体系进行了尝试，制备出了 Zr-Cu-Al-Ag 四元合金，并表征其抗菌活性，识别出最佳成分，证明通过共溅射可以在很宽的成分范围内获得全玻璃相的样本。如图 4-24 所示，Zr-Cu-Al-Ag 体系材料库可以通过四个元素目标的溅射来制备。通过在硅片上附加一个物理掩模，可以获得补片膜。溅射靶(靶材 1～4)的角度倾斜导致目标到基底的距离不同，从而改变基底上距离目标的传入通量，最终在沉积过程中实现成分梯度。

薄膜样本往往只能够对其进行 X 射线衍射、微观组织表征及材料物理化学性质测试，因此对应的高通量制备工艺常被用于相图和材料物理化学性质的研究。

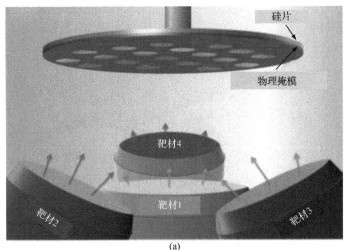

(a)

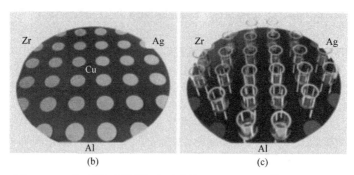

图 4-24　四靶磁控溅射共沉积法制备 Zr-Cu-Al-Ag 体系材料库[73]

(a) 共沉积法制备；(b)存放材料库的外观；(c) 抗菌活性测定材料库外观

4.5.2　掩模法的应用

　　薄膜样本由于性能测试方式的限制，在材料设计方面更广泛地用于半导体等功能材料的设计。项晓东团队在铁电材料、荧光材料和阻磁材料等多种材料领域的研发中应用了掩模法。Mao[8]基于此技术成功制备了多个体系的硫族化合物半导体材料样品库，用于搜索半导体室温 γ 射线和中子探测材料。

　　连续模板镀膜法通过控制基片台来调节样品的沉积速率以实现均匀沉积。此技术结合镀膜与时间控制的掩模移动，制备成分可控的多元合金样品。图 4-25 为连续模板镀膜法制备三元系样品的工艺流程示意图[74]。连续模板镀膜法主要用于研究系统性的材料，如 Fe-Co-Ni 合金等三元系相图。若再对基片台的角度进行适当的控制，便可制备出多种具有连续相图的三元合金材料。日本 Pascal 公司将连续模板镀膜法与分子束外延制备技术相结合，研制出的 laserMBE 系统，可用于材料样品的高通量制备[74]。

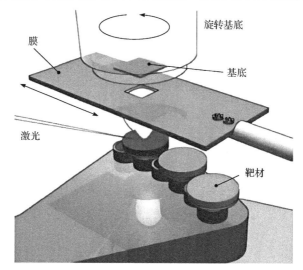

图 4-25　连续模板镀膜法制备三元系样品的工艺流程示意图[74]

分立掩模法结合镀膜与连续模板镀膜法，用于制备具有不同成分的样品。这种方法通过精确控制镀膜的均匀性，实现样品各区域成分的均匀分布，并能制备多组元材料，适用于开发成分跨度大的新型多元材料。Sun 等[75]在 20 世纪 90 年代末将此技术应用于多种材料的研究，使高通量实验技术得到了有效应用。Jin 等[76,77]利用该技术研究了 ZnO 薄膜掺杂过渡金属元素样品的制备。如图 4-26 所示，分立掩模法通常可分为二元、四元和多元掩模。Cooper 等[78]选用多种分立掩模研制了一个多元分立掩模组，通过该掩模组上的单个基片便可得到几十个不同的样品。分立掩模法虽然可用于制备高通量样品，但要想对多元系材料进行更深入的研究，需提高其实验通量。在生产研究中，为了获得相对复杂的材料组分，往往需要将连续模板镀膜法和分立掩模法结合在一起。Xiang 等[6]利用分立掩模法一次性制备出 1024 个不同成分的样品单元，并且是在单个基片上获得的，因此材料研发的效率得到了显著提高。分立掩模法虽然可用于制备高通量样品，但要想对多元系材料进行更深入的研究，需提高其实验通量。在生产研究中，为了获得相对复杂的材料组分，往往需要将连续模板镀膜法和分立掩模法结合在一起。

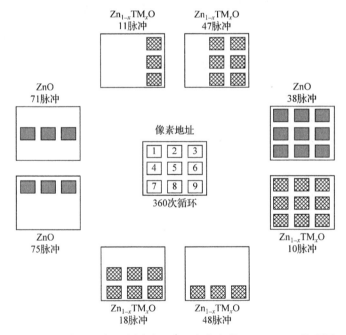

图 4-26　采用组合工艺同时沉积 9 个像素的 $Zn_{1-x}TM_xO$ 薄膜[76]

Gregoire 等[79]结合掩模法和三靶磁控溅射共沉积法，制备了多种 Cu-Au-Si 系非晶态合金样品，并通过高通量表征收集了各样品的性能数据，从而丰富了非晶态合金材料的数据库。

4.5.3 喷印法的应用

在各种合成技术中，喷墨打印(简称"喷印")法广泛而活跃地应用于材料的高通量纳米加工[80-82]。然而，金属物种前驱体的缩合动力学和化学结构不同，导致难以制备可喷墨打印的先驱体，因此只有少数无机材料可以被喷墨打印。Liu等[83]克服了这一难题，利用纳米颗粒溶胶-凝胶协同组装系统制备了优化的无机前驱体油墨，并通过喷印技术高通量制备了多孔金属氧化物催化剂。如图 4-27 所示，改造了传统喷墨打印机，使用两套打印机的颜色梯度控制系统的八个独立颜色通道，分别控制八种金属成分的组合。将打印出的薄膜烧结后得到了目标金属氧化物材料。这种方法每小时能够生成一百万种成分的样品，快速识别出光催化剂材料。通过多维分组测试策略实现了快速识别廉价高效的光催化析氢四元催化剂，从而减少了性能验证实验的次数(比通过穷尽的逐一搜索减少了 25000 次实验)。

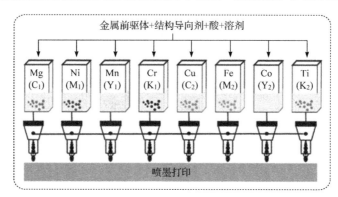

图 4-27　采用喷墨打印辅助协同组装方法的多组分介孔金属氧化物合成方案[83]

较真空蒸镀技术而言，喷墨打印法采用的技术更简单，不必在真空环境中，可以在常温常压下进行，特别是不需要像蒸笼一样有局限性的精细金属掩模板。因此，该工艺具有打印效率高、设备结构简单、低成本和材料利用率高(节省原材料 90%以上)等优势。此外，由于其可印刷性，喷墨打印法在实现大面积和柔性化等对于新型显示薄膜的诸多要求方面，比真空蒸镀技术有明显的优势，是未来显示薄膜发展的最佳技术路线。从数学和物理的角度来分析，喷墨打印法涉及复杂的多组分多相聚合物流体动力学过程，影响良品率和成本的工艺参数甚多。丁时进等[84]聚焦喷墨打印法关键工艺流程中的核心技术困难，提取其中关键的多组分多相聚合物流体动力学问题，进行数学建模、理论分析、数值模拟和工程软件开发。

4.5.4 扩散多元节的应用

Zhao 等[20]将多个二元、三元扩散节组合成扩散多元节，相对于单个扩散偶大大提高了数据获取效率。通过高通量表征技术，对 Ti-Cr-TiAl₃-TiSi₂ 体系的材料进行了制备与表征[85]；扩散多元节方法能够获得具有连续成分的多元样本，可以结合宏观表征手段，对其进行力学性能测试。扩散多元节制备的高通量样本结合微观组织表征与性能表征能够快速建立起成分-相-性能的关系。Zhao 等[86]采用微区测试法测试了 Ni-Ni₄₅.₅Al₅₄.₅ 扩散偶中的热导率。

为了设计具有高强塑性匹配的钛合金，Zhu 等[87]利用扩散多元节方法结合微纳级表征技术，研究了 Ti-3Al-2Nb-1.2V-1Zr-1Sn-xCr-yMo 合金体系，如图 4-28 所示。从扩散元的梯度成分中获得高通量数据，并结合神经网络预测出合金成分。预先制备了 Ti-Al-Nb-V-Zr-Sn(Ti-A)，以及分别加入 Cr 和 Mo 元素的三种合金，通过扩散热处理获得成分不同的梯度样品。在界面附近进行微观硬度表征，建立了组分-微观结构-性能关系。利用神经网络模型预测 Mo 当量，成功设计出一种力学性能优良的钛合金(Ti-3Al-2Nb-1.2V-1Zr-1Sn-4Cr-4Mo)，在 750℃固溶及 450℃时效 6h 后，获得了 12%的断裂伸长率。

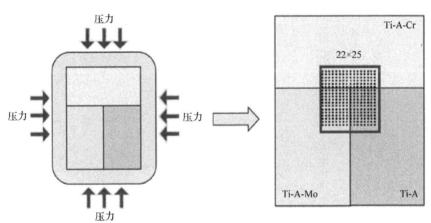

图 4-28　Ti-3Al-2Nb-1.2V-1Zr-1Sn-xCr-yMo 合金(Ti-A-xCr-yMo)高通量扩散多重反应示意图[87]

赵洋[88]针对 Cu-Ni-Sn 合金体系，实施了 Cu-Ni-Cu35Sn 高通量扩散多元节实验。在 650℃对 Cu-Ni-Cu35Sn 扩散多元节试样进行 100～400h 的退火热处理，扩散元和包套间形成了不同程度的扩散过渡层，在扩散过渡层中线性分布着裂纹孔洞，推断为扩散元的原始界面。结合扩散多元节实验结果和 CALPHAD 手段，对 Cu-Ni-Cu35Sn 扩散多元节试样的界面过渡层进行了固态相序列的观察和分析。通过在 Cu-Ni-Cu35Sn 扩散多元节试样上实施电子探针和纳米压痕高分辨扫描测试，分析研究了 Cu-Ni 和 Cu-Sn 合金体系的成分硬度/弹性性能关系。李文道[89]针对多组元 CoNi 基高温合金，以 Co-20Ni-7Al-8W-1Ta-4Ti 为基础合金，由 15 个扩散偶和 7 个三元节组成，共针对 Ni、Cr、Al、W、Ti、Ta、Mo、Nb 等 8 种合金化元素，研究其单独或交互作用对基础合金 1000℃组织稳定性的影响规律，并为机器学习积累实验数据。

扩散多元节可以用于测定很复杂的相图，其普适性已被很多体系证实[90]。将从扩散多元节上测定的三元相图与平衡合金法测定的结果进行对比，结果显示从扩散多元节上测定的相图更可靠。

除了能够有效地测定相图以外，扩散多元节可以用来采集大量的二元系扩散成分分布曲线，从而提取各个相的扩散系数随成分和温度的变化，以构建原子迁移率的数据库，用于材料析出长大及界面反应的模拟。Zhang 等开发了从二元多相扩散成分分布曲线中自动提取扩散系数的程序[91]。用此程序获得的 Co-Cr 二元系的结果如图 4-29 所示。

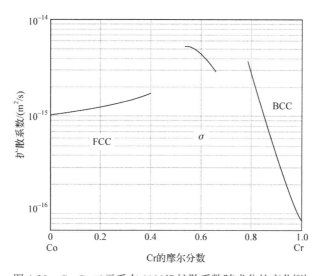

图 4-29　Co-Cr 二元系在 1100℃扩散系数随成分的变化[91]

扩散多元节样本可以形成多元体系合金完整成分梯度的固溶体或金属间化合物，这些微尺度的性能测试技术有望与高通量制备技术结合，加快材料搜索效率。相关力学性能研究的应用较少，新制备与表征技术组合的技术有效性仍需进一步验证发展。

4.5.5　蜂窝阵列的应用

镍基高温合金因其在高温环境下具有优异的强度、抗蠕变性和耐腐蚀性，被广泛应用于航空航天领域。为了调控其微观组织和高温性能，通常需添加 8 种以上元素，这使得高通量制备技术成为加速材料开发的有力保障。赵雷等研究镍基高温合金，采用蜂窝阵列粉末冶金制备方法，以 Ni-12Cr-13Co-3Al-4Ti-4Ta-4Mo-4W-0.2Hf-0.05C-0.05Zr-0.025B 为标称元素，设计了一系列调整 Co、Ta 和 Nb

含量的合金,共 106 个样本[20]。如图 4-30 所示,通过 XRD 表征,确定了不同成分样品中 η 相的质量比,进而确定了镍基高温合金中 η 相的零相分界(ZPF)线。这项研究为优化相稳定性和高温力学性能提供了指导。此技术同时受到微观尺度的限制,导致低于临界尺度的样本测试结果与宏观样本测试结果差距较大。Guo 等[92]利用聚焦离子束制作 SiC 微米尺度试样,分析了 SiC 力学性能的取向和尺寸效应,如图 4-31 所示。

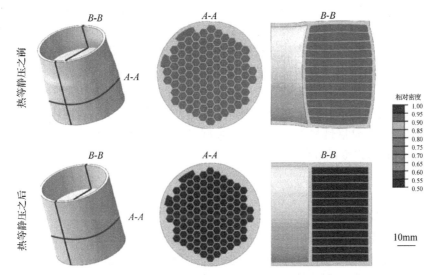

图 4-30　蜂窝阵列组件的横截面和纵截面示意图[20](扫描章前二维码查看彩图)

图 4-31　用 FIB 制作的 SiC 微米尺度的薄片、圆柱、拉伸试样[92]
(a) 薄片;(b) 圆柱;(c) 拉伸试样
FIB-聚焦离子束

4.5.6　增材制造技术的应用

在机理研究方面,德国的 Lodes 等[93]研究了纯铜的电子束增材制造过程。研究使用了颗粒尺寸为 45～106μm,纯度为 99.94%的纯铜金属粉末,采用 Arcam 公司生产的 A2 EBM 设备,在工作台上通过电子束选区熔化成形技术制造了横截面为 15mm×15mm、高度为 10mm 的三维构件，并分析了电子束热输入对纯铜增材制造成形的影响。研究结果显示，当热输入过低或过高时，材料表面会出现孔状缺陷；当热输入为 0.3J/mm 时，能够形成致密的组织，微观照片中未见孔状缺陷。德国埃尔朗根-纽伦堡大学的 Bauereiß 等[94]研究了电子束增材制造过程中缺陷的产生机制，通过实验和建模相结合的方法，提出了一种基于晶格玻尔兹曼方法的介观数值模型。研究表明，当电子束能量较低时，熔化层之间的未熔合缺陷会发展为多层之间的桥接缺陷。日本东北大学的 Yamanaka 等[95]对工业纯钛的电子束增材制造进行了研究，重点分析了构件的微观组织和力学性能。与传统制造方法相比，电子束增材制造所得材料的晶粒没有择优生长取向，表现出各向同性的拉伸性能。由于电子束增材制造过程中材料固化后的冷却速度非常快，β 马氏体会转变为 α' 马氏体。日本东北大学的 Fujieda 等[96]研究了利用电子束选区熔化成形技术实现 AlCoCrFeNi 高熵合金的增材制造。与传统铸造方法相比，该方法制备的高熵合金延展性显著提高，断裂强度可达 1400MPa，是传统发动机使用的 304 不锈钢断裂强度的 6 倍。

1. 电子束熔丝增材制造技术

1) 工艺研究

美国航空航天局兰利研究中心研究了电子束熔丝增材制造 Inconel718 高温合金的工艺，发现沉积态组织具有强烈的织构，⟨001⟩晶向与沉积方向近似平行；经过热处理后，发生了再结晶现象，晶粒尺寸趋于均匀，形成近似等轴晶形貌，织构明显减弱。同时，热处理后材料的力学性能各向异性减弱，抗拉强度、屈服强度及 L 向弹性模量显著提高。美国麻省理工学院的 Matz 和 Eagar 在美国海军研究部资助下，评估了采用电子束熔丝增材制造技术制造涡轮盘的可行性。结果显示，采用该技术制造的部件碳化物尺寸在 300~600nm，传统电弧熔炼铸锭中的碳化物尺寸可达 40μm，表明电子束熔丝增材制造技术有潜力细化碳化物尺寸及其分布。加拿大科学院航空研究中心使用 347 不锈钢丝材在 1mm 厚的 321 不锈钢薄板端部进行了电子束熔丝增材修复实验，获得了无缺陷的修复样品，且修复区性能与基体相当[97]。对电子束熔丝增材修复的 Ti-6Al-4V 钛合金模拟叶片进行计算机断层扫描术(CT)检测发现其内部致密且无缺陷，增材制造的 Ti-6Al-4V 部件拉伸性能符合铸造和增材标准，与变形 Ti-6Al-4V 钛合金材料标准相当，且断后伸长率优异，达到 12%以上[98]。作为电子束熔丝增材制造工艺和工程化应用研究的代表性单位，美国洛克希德·马丁公司对钛合金增材制造工艺开展了大量研究。针对 Ti-6Al-4V 钛合金增材制造过程中 Al 元素的烧损问题，该公司研究了 5 种不同 Al 含量的 Ti-6Al-4V 合金丝及 2 种熔丝沉积效率下的 Al 元素烧损行为[99]。结果表明：沉积效率为 3.2kg/h 的 Al 元素损失量大于沉积效率为 6.8kg/h 的损失量；

2 种沉积效率及 5 种成分丝的 Al 元素烧损比例在 11%～15%；Al 元素的损失量与熔池尺寸、温度及结构轮廓有关。美国空军实验室研究了在 β 取向的单晶 Ti-6Al-4V 合金基板上电子束熔丝增材制造 Ti-6Al-4V 的晶粒外延生长行为[100]。随着沉积高度增加，外延生长的晶粒被区域 2 方向生长的柱状晶逐渐消耗替代，如图 4-32 所示。美国科罗拉多矿冶学院针对电子束熔丝增材制造过程中合金元素的烧损和晶粒外延生长的问题，制备了调整成分的金属粉芯 Ti-6Al-4V 合金丝材，使用该丝材制备的试块铝含量为 6%。同时，与原始 Ti-6Al-4V 合金丝材相比，通过加入 FeB 粉末使得原始 β 晶粒尺寸从 1450μm 减小至 290μm，网篮组织的 α 相宽度从 0.75μm 减小至 0.44μm[101]。此外，美国科罗拉多矿冶学院评价了脉冲电子束对熔丝成形 Ti-6Al-4V 合金原始 β 晶粒及 α 相的影响，结果表明：与传统方法相比，脉冲电子束能使柱状晶向等轴晶转变，β 晶粒尺寸从 1164μm 减小至 734μm[102]。针对沉淀强化型 2139 铝合金电子束熔丝增材制造实验发现，Mg 元素烧损了 60%～80%。由于 Mg 能够促进 Ω(Al$_2$Cu)沉淀相的形成，Mg 烧损使得固溶时效后的成形组织中 Ω 相少于基体。通过补偿丝材中 Mg 元素含量，获得了与基体相似的 Ω 相数量，力学性能与基体相当[103]。

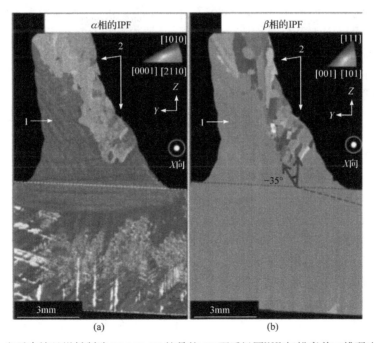

图 4-32　电子束熔丝增材制造 Ti-6Al-4V 的晶粒 YZ 面反极图[100](扫描章前二维码查看彩图)

(a) α 相；(b) 重构获得的原始 β 相

IPF-反极图

中国航发北京航空材料研究院针对飞机和发动机用 TC4、TC11、TA15、TC17、Ti60 钛合金及 GH4169 高温合金[104]开展了电子束熔丝增材制造工艺及组织性能研究。研究发现，电子束熔丝增材制造的 TC17 钛合金经过不同固溶温度处理后，其微观组织尺寸及比例与力学性能间可用改进的霍尔-佩奇(Hall-Petch)公式表达[105]。增材制造的 TA15 钛合金在优化热处理工艺下力学性能各向异性几乎消失，且强度和塑性获得同时提升[106]，增材制造的 Ti60 钛合金抗蠕变性达到锻件水平。南昌航空大学对比分析了 TA3、TB5、TC4 钛合金基板对电子束熔丝增材 TC4 钛合金组织特征及力学性能的影响[107]，结果表明，在相同层数下，柱状晶宽度 TC4 (TB5 基板)> TC4 (TA3 基板)> TC4 (TC4 基板)。华中科技大学研究团队将电子束熔丝增材钛合金内部气孔分为三种类型[108]，其形成机理分别如下：Ⅰ型气孔为熔池内的氢等元素在凝固过程中溶解度突变，来不及逸出形成的；Ⅱ型气孔为易挥发 Al 元素从高温熔池逸出与Ⅰ型气孔碰撞形成混合气泡，随后金属元素依附于气泡壁形核长大，形成内壁具有球状组织的气孔；Ti、V 的凝固前沿所捕获的Ⅰ型气孔气泡在受到 Al 元素蒸发的反冲压力作用时被撕破，形成了具有爆炸撕裂状特征的Ⅲ型气孔。

刘海浪等[109]研究了在 Inconel617 合金表面涂覆一层陶瓷粉末 WC-CoCr。WC-CoCr 涂层中的 WC 是硬质合金，通过高速火焰喷涂结合电子束熔覆方法在基体表面制备该涂层，熔覆层 WC 和 W_2C 为枝状晶体，均匀分布在 CoCr 中，这使得基体的显微硬度由之前的 $480\sim490HV_{0.3}$ 提高到 $1090\sim1110HV_{0.3}$，从而增强其耐磨性。Liu 等[110]还在 Inconel617 合金表面电子束熔覆了 Co 合金粉末，通过研究 Co 合金熔覆层的表面质量、显微组织、相组成和显微硬度，指出在 Co 合金涂层中，主要物相是 γ-Co、$Cr_{23}C_6$、Cr_2Ni_3 和 Co_3Mo_2Si。这些相硬度较高，熔覆层的平均硬度为 $880HV_{0.2}$，高于基体材料的硬度 $460HV_{0.2}$，从而增强了材料的耐磨性。Ahmad 等[111]用镍基合金作为基体，在其表面熔覆 SiC 涂层，使材料表面层形成超细晶亚稳态表层组织和相结构，增加了初生相的硬度，涂层中的 SiC 硬质相阻碍位错运动从而增强了涂层的硬度，通过提高材料表面的硬度从而增强耐磨性。刘科等[112]采用电子束在 45 钢上熔覆预置的 $WC_{12}Co$ 粉末，经过实验测得熔覆后的改性层硬度大大提高，其耐磨性也得到改善。Zenker 等[113]采用电子束熔覆预置在软质基体上的高硬度合金粉末涂层，经过实验测试，结果表明其涂层表面的硬度有所提高，从而其耐磨性也提高了。Marginean 等[114]对镍基合金采用高速氧燃料喷涂技术制备的金属陶瓷 WC-CoCr 涂层进行了电子束重熔研究，处理后的合金层耐腐蚀性得到了改善。马延涛[115]将 Ti 粉末预置在 9310 渗碳轴承钢表面，经电子束 10 次强流脉冲熔覆后，其耐腐蚀性明显提高。张可敏等[116]以 Ti 粉作为涂层，在 316L 不锈钢表面电子束熔覆该粉末，经过电子束 10 次强流脉冲熔覆后，形成了一层富钛层，其耐腐蚀性得到改善。40 钢表面电子束熔覆 AISI316 钢带，所得的熔覆层组织均匀，表面光滑平整，与基体熔接紧密且无明显缺陷，具有良好的耐电化学腐蚀性能[117]。叶宏等[118]在镁合金表面通过电子束熔覆技术制备了铝涂层，得到的合金化涂层致密均匀，平整光滑没有裂纹，并且生成新相和氧化膜，从而使得耐腐蚀性大大提高。王波等研究了碳钢表面电子束熔覆 FeCrNi 涂层的耐腐蚀性，实验表明改性层组织均匀且无缺陷形成，并且双层熔覆 FeCrNi 改性层的耐腐蚀性优于 STS304 不锈钢[119,120]。Engelko 等[121]采用强流脉冲电子束在 316 不锈钢和 T91 钢表面熔覆 Al 合金涂层，熔覆工艺参数为束流能量 120keV，涂层的厚度在 5～10μm，脉冲数为 2～3 次，且使 Al 涂层全部熔化。通过这种方法在 316 不锈钢和 T91 钢表面形成 Al_2O_3 薄膜熔覆层，大大提高了其在液态 Al 及不同的氧气浓度和温度下的耐腐蚀性。Peng 等[122]用强流脉冲电子束熔覆预置在镍基合金 GH4169 上的钴铬铝钇涂层，结果显示，初始表面的钴基氧化物和结构缺陷消失，熔覆涂层中出现了一层致密的抗氧化层。大连理工大学 Mei 等[123]采用不同能量密度的强流脉冲电子束熔覆预置在 DZ4 合金表面的 ZrO_2 涂层，陶瓷涂层 ZrO_2 中稳定的 Y_2O_3 含量是 6%～8%。经过多次循环氧化实验，与之前相比氧化增重有所降低，表明抗氧化性提高。邹建新等[124]研究了钢的强流脉冲电子束表面快速渗铝及其抗氧化性。在 20 钢和 H13 钢表面用电弧离子镀的方法预置了一定厚度的纯铝层，然后用强流脉冲电子束对该涂层进行熔覆处理。对获得的合金层进行抗氧化性测试，结果表明，钢在高温下的抗氧化性显著提高。另外，在 TC6 钛合金表面电子束熔覆 Ti-Al-Cr 涂层，熔覆后涂层与基体熔接紧密，且熔覆层表面光滑平整，没有出现裂纹和气孔，表面还有致密氧化物 Al_2O_3 和 Cr 氧化物形成，这些氧化膜降低了氧化速率，使其高温抗氧化性显著提高[125]。

2) 工艺设备

中国航空制造技术研究院于 2006 年开始进行电子束熔丝增材制造研究，开发了国内首台电子束熔丝增材制造设备，能够实现双通道送丝和 5 轴联动[96]。在电子束熔丝增材制造设备方面，美国国家航空航天局(NASA)兰利研究中心最早开始研制，先后研制了大尺寸的电子束熔丝增材制造设备及适用于太空环境的便携式小尺寸电子束熔丝增材制造设备[126]。美国 Sciaky 公司开发了商用电子束熔丝增材制造设备，并推出了 EBAM68、EBAM88、EBAM110、EBAM150、EBAM300 等一系列适用于不同尺寸结构件电子束熔丝增材制造设备，最具代表性的 EBAM110 电子束熔丝增材制造设备真空室尺寸为 2794mm×2794mm×2794mm，最大功率为 45kW，加速电压为 60kV。作为国际上最成熟的电子束熔丝增材制造设备供应商，美国 Sciaky 公司核心专利之一为闭环控制系统。通过闭环控制系统可实现电子束熔丝增材制造工艺参数的自动实时调节，使熔池尺寸保持不变，可有效保证成形尺寸精度及工艺可重复性[127]。乌克兰红波公司推出了基于冷阴极电子枪的电子束同轴熔丝增材制造设备。采用的丝材直径可达 3.2mm，加速电压小于 20kV，可在低和中真空度下工作，成形效率可达 2000cm³/h。除上述公司外，德国 SST 公司、英国剑桥真空公司、乌克兰巴顿电焊研究院等电子束焊接设备厂商均在开发商用电子束熔丝增材制造设备[127]。国内电子束熔丝增材制造设备生产厂家主要有中国航空制造技术研究院、桂林狮达技术股份有限公司和西安智熔金属打印系统有限公司。由于电子枪等核心部件技术与国外相比仍有较大差距，且熔丝成形软件与控制系统尚不完善，国内电子束熔丝增材制造设备尚不成熟。

3) 应用

美国 Siciaky 公司与洛克希德·马丁公司合作，采用电子束熔丝增材制造技术，成功制造了机身框架、翼梁、接头等 Ti-6Al-4V 钛合金结构件。中国航空制造技术研究院在大尺寸金属结构的高效电子束熔丝增材制造及复杂形状功能结构的精密无余量成形方面取得了重大突破，制造的 TC4 钛合金零件已经在飞机上得到应用。2002 年，美国 Sciaky 公司与 Beaver Aerospace and Defence 公司合作，利用电子束熔丝增材制造与电子束焊接组合加工的方法，制造了大型 Ti-6Al-4V 金属万向节，如图 4-33 所示，其尺寸为 φ432mm×297mm，壁厚 76mm，共用时间为 5 周。

图 4-33　电子束熔丝增材制造与电子束焊接组合制造的钛合金零件[128]
(a) 万向节；(b) 支座

Sciaky 公司与洛克希德·马丁公司制造的 F-22 钛合金支座，经过两次全寿命谱疲劳实验后又成功通过了最终负载实验，未发现明显变形。电子束熔丝增材制造技术已成功应用于空客 A320neo 飞机钛合金后上翼梁[129]、F-35 飞机翼梁等结构的制造，如图 4-34 所示。据报道，装有电子束熔丝增材制造钛合金零件的 F-35 飞机已于 2013 年初成功试飞[27]。

为满足发动机双性能盘的需求，中国航发北京航空材料研究院采用电子束熔丝增材制造了钛合金双合金离心叶轮，叶片部位能够满足 600℃使用要求，盘心

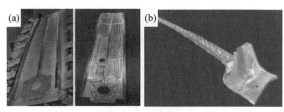

图 4-34　电子束熔丝增材在国外航空装备上的应用

(a) A320neo 飞机后上翼梁[129]；(b) F-35 飞机翼梁[27]

部位具有更高的强度。中国航空制造技术研究院采用电子束熔丝增材制造了 TC4 钛合金飞机框梁、TC18 钛合金滑轮架等结构件[27]。

2. 电子束选区熔化增材制造

1) 工艺研究

国外针对电子束选区熔化增材制造研究的材料主要为钛合金、高温合金及钛铝金属间化合物。研究的单位主要分布在美国、英国、日本、沙特、意大利、德国、瑞典、新加坡等。在钛合金电子束选区熔化增材制造研究方面，以色列金属研究所对比研究了 Ti-6Al-4V 新粉和回收粉电子束选区熔化增材制件的组织及力学性能[130]，与新粉相比，重复使用 69 次后的回收粉氧含量增加，粉末团聚、拉长和破损，力学性能下降，伸长率和断面收缩率急剧降低。美国综合材料设计中心 (Integrative Materials Design Center)针对电子束选区熔化成形 Ti6Al4V ELI 合金开展了热处理对组织性能的影响，发现随着冷却速度增加，拉伸强度和硬度增加，然而塑性急剧下降。β 转变温度以上固溶使得原始柱状晶转变为等轴晶[131]。Biamino 等[132] 的研究工作表明，EBSM 成形的 Ti48Al2Cr2Nb 钛铝合金在经过热处理后获得双态组织，在经过热等静压后获得等轴组织，材料具有与铸件相当的力学性能。德国埃尔朗根-纽伦堡大学的 Körner 教授团队报道了其利用 EBSM 增材制造技术制备出了第二代镍基单晶材料 CMSX-4 的单晶试样[133]，试样直径 12mm，高 25mm，致密、无裂纹，如图 4-35 所示。清华大学 2005 年前后开始电子束选区熔化增材制造技术的研究，通过自主研制的 EBSM150 电子束选区熔化增材制造设备进行了一系列实验研究。林峰等研究了在电子束选区熔化增材制造中，预热工艺对 Ti-6Al-4V 金属粉末抗电子束溃散性能的影响[134]。通过对粉末进行预热，可以明显提高粉末的抗溃散性能，且可以有效改善成形表面的"边缘缺陷"，提高表面质量。

英国伦敦学院研究了电子束选区熔化成形 Ti-6Al-4V 合金预热参数对成形质量、组织性能的影响。预热能量(低 206kJ/m²、标准 411kJ/m² 和高 822kJ/m²)输入越大，尺寸误差越大。三个预热参数下尺寸误差分别为 330μm、390μm 和 400μm[135]。英国谢菲尔德大学研究发现，零件摆放角度对电子束选区熔化成形

图 4-35　EBSM 增材制造实验设计的九个立方体样品[133]

Ti6Al4V 合金表面粗糙度同样具有重要影响[136]。不同摆放角度电子束选区熔化成形表面形貌显示，0°试样表面粗糙度最小，为 15.8μm，55°和 90°试样表面粗糙度分别为 36.8μm 和 54.3μm。虽然 0°时表面粗糙度最优，零件高度小，但是在制造时存在需要添加支撑的可能。为避免添加的支撑倾斜摆放使得零件高度增加，表面粗糙度恶化，英国曼彻斯特大学采用高分辨 CT 方法检测了热等静压(HIP)对电子束选区熔化成形 Ti-6Al-4V 合金内部空洞缺陷闭合的有效性[137]。研究发现，经 920℃/100MPa/2h 的 HIP 工艺处理后，不同形状试样内部未发现大于 5μm 的缺陷。德国先进工艺和材料连接研究所对电子束选区熔化成形 Ti-6Al-4V 合金的工艺窗口进行了研究[138]。随着侧向扫描速度增加，工艺窗口趋向于常数。50μm 和 100μm 扫描间距下，需要的最小体能量密度为 15J/mm³。减小扫描间距至 20μm，所需最小体能量密度增加至 22.5J/mm³。日本东北大学对电子束选区熔化成形 Ti-6Al-4V 合金沉积态、热处理和 HIP 三种状态的组织和抗疲劳性研究发现[139]：沉积态 Z 向屈服强度、抗拉强度和伸长率分别为 788MPa、870MPa 和 13.8%；HIP 后 Z 向屈服强度、抗拉强度和伸长率分别为 711MPa、819MPa 和 16.1%。沉积态 107 疲劳极限为 460MPa，热处理态疲劳应力-失效循环次数(S-N)曲线与沉积态相似，HIP 处理后疲劳极限明显改善，达到 580MPa。在高温合金电子束选区熔化工艺研究方面，法国格勒诺布尔大学电子束选区熔化成形 Ni-Co-Cr-Mo-Al-Ti-B 镍基高温合金宏微观组织，研究发现，柱状晶宽度随高度增加而增加，随高度变化晶内 γ 沉淀相尺寸急剧增大；裂纹沿柱状晶晶界扩展，大角度晶界(>15°)对裂纹敏感，而小角度晶界未产生裂纹[140]。德国埃尔朗根-纽伦堡大学针对 CMSX4 合金研究发现[141]，电子束选区熔化成形的枝晶臂间距为 6μm，得益于电子束选区熔化成形工艺的高凝固速度和温度梯度，其元素偏析程度是传统铸造工艺的约 1%。在 TiAl 金属间化合物电子束选区熔化成形工艺研究方面，德国埃尔朗根-纽伦堡大学针对 Ti-48Al-2Cr-2Nb 研究了线能量和束流与 Al 元素烧损量的关系[142]，认为控制 Al 元素烧损的可行方法之一是调整扫描策略，降低熔池过热，从而减小挥发损失。

德国福特新材料研究院通过数值模拟与实验验证研究了 Ti-48Al-2Cr-2Nb 合金在电子束选区熔化增材制造过程中 Al 元素的分布，结果表明，在面能量输入(Ea)相同条件下，随着偏移量的增加，Al 元素烧损量急剧增加。随着扫描速度增加，面能量输入降低，Al 元素烧损量降低 50%。通过工艺实验获得了扫描策略(扫描速度和偏移量)相应的面能量输入与获得致密组织的关系曲线。通过增加面能量输入，未熔合缺陷消失，致密度达到 99.5%[143]。该单位针对电子束选区熔化成形的 Ti-45Al-4Nb-C 高铌合金热处理对组织性能影响的研究发现[144]，随着片层组织含量增加，最小蠕变速率降低，全片层组织表现出最优的抗蠕变性而塑性较低，空冷和炉冷对抗蠕变性影响不明显。与铸造 Ti-45Al-4Nb-C 合金相比，沉积态蠕变速率高一个数量级，而经 1320℃处理获得片层组织后蠕变速率降低到铸造水平。日本大阪大学针对 Ti-48Al-2Cr-2Nb 合金组织及力学性能的各向异性研究发现[145]，沉积态组织及力学性能存在明显的各向异性。在 45°方向屈服强度达到约 566MPa，稍低于高度和水平方向试样，然而即使这样依然强于铸造状态性能，得益于增材制造获得的细小组织。45°方向伸长率达到 2%，远高于传统的铸造合金。西北有色金属研究院研究了 Ti-6Al-4V 粉末在电子束选区熔化增材制造工艺下的重复利用对粉末成分、尺寸分布、松装密度、流动性、外观形貌及增材制件力学性能的影响[146]。随着重复利用次数增加，Ti-6Al-4V 粉末氧含量从 0.09%增至 0.19%(21 次)，Al 和 V 含量稳定，粉末球形度变差，表面粗糙度、流动性提高，抗拉强度和屈服强度增加。

北京航空制造工程研究所的锁红波等[147]对电子束选区熔化增材制造 Ti-6Al-4V 的力学性能进行了深入研究。结果表明，利用电子束选区熔化增材制造技术制备的钛合金构件的抗拉强度、断面收缩率和断后伸长率均超过锻件标准。成形过程中，形成均匀细化的组织是获得高强度和高塑性的重要原因。Cheng 等[148]对电子束选区熔化增材制造蜂窝状 Ti-6Al-4V 合金的压缩变形行为进行了研究。利用电子束选区熔化增材制造可以得到孔隙率为 62%~92%的蜂窝状结构，主要由马氏体相组成。中国科学院固体物理研究所的 Gao 等[149]研究了氧化物弥散强化铁素体钢的电子束选区熔化增材制造。实验结果显示，添加的纳米颗粒氧化物会均匀地分散在熔化金属中，而且在快速熔化和冷却过程中，颗粒的尺寸并没有粗化。相比于利用粉末冶金制备的同种成分的构件，其抗拉强度要远远高于前者。颜永年等[150]利用电子束选区熔化增材制造技术进行不同形状的 316L 不锈钢粉末的成形研究，制造出层间为完全冶金结合，层内没有未熔颗粒和空洞，均匀细小的蜂窝状枝晶组织的三维结构金属零件，其水平和垂直拉伸试样的抗拉强度、断后伸长率分别为 600MPa、40%和 560MPa、35%。

2) 工艺设备

随着 EBSM 增材制造工艺在医疗和航空航天等领域的广泛认可和应用，国内外研究机构对 EBSM 增材制造装备的开发也越来越重视。目前，国外电子束选区熔化增材制造设备厂商主要有瑞典 Arcam 公司、日本 JEOL 和英国 Wayland 公司。

瑞典 Arcam 公司先后推出了多种适用于医疗及航空领域的设备，在售的适用于航空和材料研发等领域的有 Q20Plus、A2X 和 Spectra H 设备。其中，Spectra H 设备最大功率 6kW，成形仓尺寸为 ϕ 250mm×430mm。除此之外，Spectra H 设备所有预热和熔化步骤所需时间减少一半，带有防尘环境的闭环系统，其活动隔热屏可改善绝缘，含自动粉末分配和粉末回收系统，有旋风分离器和磁力分离器可实现最大化的粉末控制等特点[127]。瑞典的 Arcam 公司是首家将 EBSM 增材制造装备商业化的公司，该公司于 2001 年申请了利用电子束在粉末床上逐层制造三维零件的专利[151]，并于 2002 年研发出原型机，2003 年推出首台商业化 EBSM 增材制造设备 EBM-S12。随后，Arcam 公司相继推出了 A1、A2、A2X、A2XX、Q10、Q20 等多种型号的商业化装备，同时向用户提供 Ti6Al4V、Ti6Al4V ELI、Ti Grade-2 和 ASTM F75Co-Cr 等 4 种标准配置的球形粉末材料。目前，全球已有超过 100 种该公司的设备投入使用，主要应用于医疗植入体和航空航天领域。尽管 Arcam 公司研发的 EBSM 增材制造设备性能稳定，但对标准配置材料以外的其他材料的兼容性不足。清华大学、西北有色金属研究院、上海交通大学等也在积极开展 EBSM 增材制造装备的研究和开发[28]。清华大学从 2004 年至今，对粉末铺设系统、电子束扫描控制系统等在内的 EBSM 增材制造装备关键技术展开深入研究，在国内率先取得 EBSM 增材制造设备专利，研制了具有自主知识产权 EBSM-150 和 EBSM-250 实验系统[152]。国内电子束选区熔化设备厂商主要有天津清研智束科技有限公司和西安赛隆增材技术股份有限公司。

3) 应用

在工程应用领域，罗·罗(Rolls·Royce)公司采用电子束选区熔化增材制造的 Trent XWB-97 发动机叶环如图 4-36 所示。该发动机叶环直径 1.5m，材料为钛合

图 4-36　电子束选区熔化增材制造的发动机叶环[128]

金。增材制造的 48 个翼型导叶构成一个完整的组件。相较常规的铸造和加工流程,不仅显著缩短了发动机研发周期,也为设计带来了明显的灵活性[127]。

意大利 Avio Aero 公司正在批量生产 GE9X 发动机 TiAl 低压涡轮叶片[153]。增材制造的涡轮叶片质量约为传统镍合金涡轮叶片的一半。采用 Arcam A2X 电子束选区熔化增材制造设备每炉次可以生产 6 个叶片,而 Arcam Spectra H 设备可以在相同时间生产多达 10 个叶片。通用航空公司为波音新 777X 宽体喷气式飞机开发的 GE9X 发动机,与其前身 GE90 相比,TiAl 低压涡轮叶片减少的质量可以使燃料消耗减少 10%。中国航发北京航空材料研究院电子束选区熔化增材制造了飞机用 TC4 钛合金平衡环,力学性能达到锻件水平。中国航空制造技术研究院增材制造了 TiAl 样品[154]。目前,国内电子束选区熔化增材制造技术在航空装备领域的应用仍处于研究阶段,尚未获得装机应用。

3. 激光增材制造

对于激光增材制造,SLM 技术的研究主要集中在德国、美国和日本,涉及 SLM 设备的制造和 SLM 成形工艺。国外有许多专业生产 SLM 设备的公司,如美国的 PHENIX,德国的 EOS 等。在中国,SLM 设备的研究主要集中在高校,如华中科技大学、西北工业大学和华南理工大学。华中科技大学史玉升团队因大尺寸激光选区烧结设备研究获得 2018 年国家科技进步奖二等奖。然而,国内成熟的商业化设备仍存在空白,目前主要依赖国外产品,这是我国 SLM 技术发展的重点方向[155]。在 SLM 成形工艺方面,许多研究机构进行了深入研究。白俄罗斯科学院的 Tolochko 等[156]研究了选区激光熔化时金属粉末球化过程,指出球化形成碟形、杯形、球形三种典型形状,并分析了其机理。德国鲁尔大学的 Meier 等[157]研究了不锈钢粉末在 SLM 成形中的相对密度与工艺参数的关系,发现高激光功率有助于成形高密度零件,低扫描速度有助于扫描线连续,促进致密化。英国利兹大学 Badrossamay 等[158]对不锈钢和工具钢合金粉末进行了 SLM 研究,分析了扫描速率、激光功率和扫描间隔对成形件质量的影响。华中科技大学 Wen 等[159]对 SLM 成形过程中熔池边界对成形件性能的影响进行了深入的研究,研究表明,熔池边界对成形件的力学性能,尤其是延展性与韧性有很大的影响。华南理工大学杨永强等对 SLM 成形金属零件上表面的粗糙度影响因素进行了研究,发现成形件上的表面粗糙度主要受熔道宽度、扫描间距和铺粉层厚 3 个因素的共同影响,并提出利用电化学处理提高表面精度的方法[160]。SLM 技术在医学领域也有重要的应用,西班牙的萨拉曼卡大学利用澳大利亚科学协会研制的 Arcam 型 SLM 设备成功制造出了钛合金胸骨与肋骨,并成功植入了罹患胸廓癌的患者体内[150]。基于铺粉型的 SLM 技术是金属 3D 打印的热点技术,与激光熔覆技术相比,其优势在于成形件的致密度高且成形精度高,但受制于原料的给送方式,并未大量应用于高通量制备领域。多年来陆续有研究机构开展该领域的高通量制备探索。德国亚琛工业大学的 Hasse 等[161]使用机械混合粉末 3D 打印尺寸为 20mm×20mm×20mm 的五元高熵合金 Co-Cr-Fe-Mn-Ni 块体，然后用火花法沿着粉末沉积和激光扫描方向将其切割制备成多个成分分析测试样品，与传统法制备的样品相比，3D 打印样品成分均匀且密度高、压缩强度更优越。由于传统的选区激光熔化技术每一层只能铺覆一种粉末，所以无法制备梯度功能材料。针对这一问题，华中科技大学的 Han 等[162]通过层间换粉的思路，实现了利用选区激光熔化技术制备梯度材料，首先将两种材料的粉末按照设计的成分比例混合好，然后将第一梯度层的混合粉末装入粉缸开始 3D 打印，当第一梯度层 3D 打印完成后，打开舱门，清除粉缸内的粉末，再将第二梯度层的混合粉末装入粉缸，关上舱门，充入氩气之后继续 3D 打印，这样循环几次之后就制造出了成分渐变的梯度材料，最终达到了利用选区激光熔化增材制造技术制备梯度功能材料的目的。

对于激光金属直接成形(LMDF)技术的研究主要集中在成形工艺和组织性能。美国 Sandia 和 Los Alamos 国家实验室对镍基高温合金、不锈钢、钛合金等进行了大量研究，制造的复杂金属零件力学性能接近或超过传统锻造零件[163]。LMDF 技术受到了许多国家的重视和大力发展，清华大学的宁国庆等[164]在激光快速成形同轴送粉系统的研制、熔覆高度检测及控制方面取得了研究进展；西北工业大学的黄卫东等[165]通过对单层涂覆厚度、单道涂覆宽度、搭接率等主要参数进行精确控制，获得件内部致密，表面质量良好的成形件；西安交通大学的张安峰、李涤尘等研究了激光金属直接成形 DZ125L 高温合金零件过程中不同工艺参数(如激光功率、扫描速度、送粉率、Z 轴提升量等)对单道熔覆层高度、宽度、宽高比和成形质量的影响规律，并优化了工艺参数[166]。英国的罗·罗公司曾计划利用激光金属直接成形技术，生产 Trent XWB-97(罗·罗研发的涡轮风扇系列发动机)由钛和铝的合金构成的前轴承座，其前轴承座包括 48 片机翼叶，直径为 1.5m，长度为 0.5m[127]。王华明团队利用激光金属直接成形技术制造了大型飞机钛合金主承力构件加强框[155]。西安交通大学在国家重点基础研究发展计划项目的资助下，展开了利用激光金属直接成形技术制造空心涡轮叶片方面的研究，并成功制备出了具有复杂结构的空心涡轮叶片[127]。AeroMet 公司获得了美国军方及三大美国军机制造商波音、洛克希德·马丁公司、格鲁曼公司的资助，开展了飞机机身钛合金结构件的激光金属直接成形技术研究，先后完成了激光金属直接成形钛合金结构沉积，并于 2002 年在世界上率先实现激光金属直接成形 Ti-6Al-4V 钛合金次承力构件在 F/A-18 等飞机上的装机应用。

北京航空航天大学率先在国际上全面突破了长期制约钛合金、超高强度钢等高性能金属大型关键结构激光增材制造技术发展的变形开裂预防、力学性能控制、成套装备研发、标准体系建立四大瓶颈，生产出 30 余种钛合金及超高强度钢大型整体关键构件。美国通用电器航空航天(GE)公司已利用激光增材制造技术批量制造航空发动机使用的燃油喷嘴、低压涡轮叶片等关键零件。西北工业大学突破了激光增材制造结构件的轻质、高刚度、高强度、整体化成形，以及应力变形与冶金质量控制、成形组织性能优化等关键技术，利用激光增材制造了 C919 大飞机翼肋 TC4 上、下缘条构件样件。

增材制造不仅通过送粉工艺的控制来实现对成分的梯度控制，还能够通过控制加工参数实现异质结构设计，在同一个样本中生成不同组织。对于钢材中不同的基体组织(奥氏体、铁素体、马氏体)和各种沉淀相(金属间沉淀物、碳化物)决定这类合金的微观组织和性能。增材制造通过改变热过程来控制材料组织结构演变，而高冷却速率的增材制造钢形成了与传统加工显著不同的微观结构和性能。目前，增材制造钢材主要有奥氏体不锈钢、工具钢、铁素体不锈钢和双相钢等，从成分角度来讲，它们随着铁素体稳定元素 Cr 和奥氏体稳定元素 Ni 含量的不同，主要形成 4 种结构[167-169]，如图 4-37 所示。铁素体和奥氏体不锈钢由于高 Cr 含量而具有良好的耐腐蚀性。铁素体不锈钢不含奥氏体稳定元素，室温下为铁素体或铁素体/马氏体结构；奥氏体不锈钢因高 Ni 含量稳定为奥氏体结构。在增材制造过程中，铁素体不锈钢形成细小晶粒，伴有纳米颗粒或氧化物沉淀，而奥氏体不锈钢具有异质结构、高位错密度、特殊亚结构、大角度晶界及元素偏析的综合结构。马氏体钢通常含少量 Cr 元素，如马氏体时效钢和含碳工具钢，最终显微组织为带有沉淀物的马氏体相。高 Ni 含量的马氏体时效钢形成大量残余奥氏体，具有优异延展性；高 C 含量工具钢因碳化物析出表现为硬脆马氏体显微组织，易在热应力下开裂。在凝固过程中，马氏体时效钢和含碳工具钢通过微观偏析使合金元素在枝晶间富集，形成蜂窝状或树枝状凝固微观结构。这些特性为材料设计提供了更多可能。

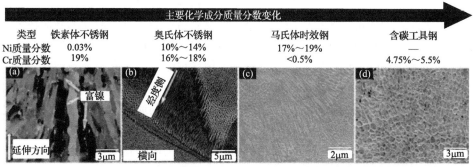

图 4-37　增材制造中钢主要组成元素和微观结构的变化[167-169]
(a) 铁素体不锈钢；(b) 奥氏体不锈钢；(c) 马氏体时效钢；(d) 含碳工具钢

金属增材制造技术经过 30 多年的发展，国外企业及研究单位在成形装备、材料工艺和应用研究方面均取得了明显进步，已完成"技术评估与验证、预生产及生产实施"三个阶段的前两个阶段，现正朝着"生产实施"方向发展。然而，由于金属增材制造技术研究时间仍相对较短，成形过程中的一些关键科学问题尚未明晰，材料、装备、技术、应用领域还有待深入发展。

在成形过程中，热应力和变形的精确控制仍然是一个主要挑战。热循环和冷却速率的不均匀性可能导致材料内部残余应力和微观结构的变化，从而影响零件的性能和可靠性。此外，适用于增材制造的金属材料种类有限，特别是高温合金和高强度合金的工艺开发仍需大量研究。设备的高成本和工艺参数的复杂性也限制了技术的广泛应用和普及。

(1) 设备精度、金属材料品质及成形工艺水平是影响金属增材制造技术发展的关键因素。欧美发达国家商业化设备研发、金属材料开发和成形工艺研究等方面技术水平均处于世界前列。为此，我国应致力于研发性能稳定、成形精度高、价格低廉、具有自主知识产权的商业化设备；重视金属材料特性研究，深入定量研究金属化学成分、物性指标对成形工艺的影响，扩展增材制造用金属材料种类，改变现有金属粉末种类少的现状；开发新型高品质金属材料与开发配套成形工艺同时进行，推动金属增材制造技术全面发展。

(2) 金属增材制造技术主要应用领域是航空、航天等高科技领域，由于设备和材料成本高昂，这项技术并未像欧美发达国家在众多领域获得广泛应用，如汽车工业、模具设计与制造、医学等更广阔的领域。我国应基于选区激光熔化技术和电子束选区熔化增材制造技术在复杂结构和个体化零部件制造优势、激光立体成形技术在混合材料制造和高附加值零部件修复方面的优势、电子束熔丝增材制造技术在高速制造方面的优势，开展相关应用研究，拓展金属增材制造技术应用领域。

(3) 金属增材制造技术是一个跨领域和跨学科的课题，涉及材料的热物性、熔化凝固机理研究、工艺技术、控形控性研究等诸多方面。在未来的工作中，应加强各领域工作者的交流与合作，利用交叉学科的互补优势，突破技术难题，促进该技术在我国的进一步推广应用。金属增材制造作为一种革命性的制造技术，随着科学问题的解决和技术的不断完善，将在未来的制造业中发挥更加重要的作用。通过多学科的协同研究和国际合作，金属增材制造技术有望突破现有的技术瓶颈，实现更广泛、更深入的工业应用。

发展高效率、高均匀性、后处理协同的块体样本高通量制备方法。增材制造技术是实现宏观样品高通量制备的重要途径之一，通过调整原料的给送方式可实现梯度或并行样品的成分工艺组合制备。样品成分的高通量变化可通过调整粉末或丝材的给料速度和给料质量实现。因为粉末本身的粒度和烧结过程的扩散均匀性会直接影响最终样品的性能，所以直接打印成形后的样品成分均匀性较差，需通过高温热处理或热等静压等后处理方法实现均匀化。对于多模铸造成形法或同步冶金法等并行样品制备工艺，一次实验的并行成分样品数量均小于 10^2，样品成分和工艺的高通量组合还需离线单独进行。因此，高效率、高均匀性是高通量制备技术的长期发展目标。

　　经过近 10 年的探索发展，材料基因工程已在薄膜等低维度材料高通量设计、制备和表征等关键技术方面取得了长足的进展。开发宏观物性的高通量表征方法，发展高通量制备与高通量表征同步的一体化实验系统。样品快速分析表征是高通量制备的最终目标，现有的高通量制备和表征技术受制于设备开发能力，只能通过微观样品的数据映射来表征宏观样品的物理性能，而重要的宏观物性，如室温强度和断裂韧性等均无法进行高通量表征，且微观样品的高通量制备和表征离线需分次进行，费时费力。因此，需开发集制备、金相、能谱、图谱识别、宏观性能表征等技术的高通量一体化实验系统，实现微区成分、组织分布、宏观物理力学特性等跨尺度参量的高通量同步获取和分析。

　　发展集成高通量数据在线采集、数据规范管理、机器学习、宽带移动网络和高性能存储硬件的实时一体化云数据平台。高通量实验是材料大数据的天然载体，但是能够对高通量设备持续产生的大数据进行实时采集、结构化解析、存储、分析和挖掘，并将其转换为知识才可有效地实现高通量实验的目标。美国国家标准与信息技术和材料测量实验室正在开发的 MDCS-HTE 数据存储库旨在推进高通量实验元数据标准。因此，我国在开发高通量设备的同时，应关注设备端的数据采集，规范存储系统的同步集成，利用自身的顶层设计优势，确定材料基因工程数据和元数据标准，以支持广泛的、可操作的数据交换。材料高通量制备表征带来的材料研发模式变革必将加速材料大数据时代的到来。

参 考 文 献

[1] 赵继成. 材料基因组计划中的高通量实验方法[J]. 科学通报, 2013, 58(35): 3647-3655.

[2] POTYRAILO R, RAJAN K, STOEWE K, et al. Combinatorial and high-throughput screening of materials libraries: Review of state of the art[J]. ACS Combinatorial Science, 2011, 13(6): 579-633.

[3] JILANI A, ABDEL-WAHAB M S, HAMMAD A H. Advance deposition techniques for thin film and coating[J]. Modern Technologies for Creating the Thin-Film Systems and Coatings, 2017, 2(3): 137-149.

[4] KENNEDY K, STEFANSKY T, DAVY G, et al. Rapid method for determining ternary-alloy phase diagrams[J]. Journal of Applied Physics, 1965, 36(12): 3808-3810.

[5] HANAK J, GITTLEMAN J, PELLICANE J, et al. The effect of grain size on the superconducting transition temperature of the transition metals[J]. Physics Letters A, 1969, 30(3): 201-202.

[6] XIANG X D, SUN X, BRICEÑO G, et al. A combinatorial approach to materials discovery[J]. Science, 1995, 268(5218): 1738-1740.

[7] CHANG H, GAO C, TAKEUCHI I, et al. Combinatorial synthesis and high throughput evaluation of ferroelectric/dielectric thin-film libraries for microwave applications[J]. Applied Physics Letters, 1998, 72(17): 2185-2187.

[8] MAO S S. High throughput growth and characterization of thin film materials[J]. Journal of Crystal Growth, 2013,

379: 123-130.

[9] YUAN J, CHEN Q, JIANG K, et al. Scaling of the strange-metal scattering in unconventional superconductors[J]. Nature, 2022, 602(7897): 431-436.

[10] TSAI P, FLORES K M. A laser deposition strategy for the efficient identification of glass-forming alloys[J]. Metallurgical and Materials Transactions A, 2015, 46: 3876-3882.

[11] TSAI P, FLORES K M. High-throughput discovery and characterization of multicomponent bulk metallic glass alloys[J]. Acta Materialia, 2016, 120: 426-434.

[12] ZHAO J C. A combinatorial approach for efficient mapping of phase diagrams and properties[J]. Journal of Materials Research, 2001, 16(6): 1565-1578.

[13] GOLDSTEIN J I, NEWBURY D E, MICHAEL J R, et al. Scanning Electron Microscopy and X-ray Microanalysis[M]. Berlin: Springer, 2017.

[14] ZHAO J C. A combinatorial approach for structural materials[J]. Advanced Engineering Materials, 2001, 3: 143-147.

[15] ZHAO J C. The diffusion-multiple approach to designing alloys[J]. Annual Review of Materials Science, 2005, 35: 51-73.

[16] ZHAO J C, JACKSON M, PELUSO L, et al. A diffusion-multiple approach for mapping phase diagrams, hardness, and elastic modulus[J]. Jom-Journal of the Minerals Metals & Materials Society, 2002, 54: 42-45.

[17] CARTER G C, et al. Applications of phase diagrams in metallurgy and ceramics[C]. Washington: National Bureau of Standards, 1978.

[18] ENER S, KRODER J, SKOKOV K P, et al. The search for room temperature tetragonal phases of Fe-Mn-Ga: A reactive crucible melting approach[J]. Journal of Alloys and Compounds, 2016, 683: 198-204.

[19] FAYYAZI B, SKOKOV K P, FASKE T, et al. Bulk combinatorial analysis for searching new rare-earth free permanent magnets: Reactive crucible melting applied to the Fe-Sn binary system[J]. Acta Materialia, 2017, 141: 434-443.

[20] ZHAO L, LIU S R, JIANG L, et al. A high-throughput strategy for rapid synthesis and characterization of Ni-based superalloys[J]. Rare Metals, 2022, 41(8): 2693-2700.

[21] SPRINGER H, RAABE D. Rapid alloy prototyping: Compositional and thermo-mechanical high throughput bulk combinatorial design of structural materials based on the example of 30Mn-1.2C-xAl triplex steels[J]. Acta Materialia, 2012, 60(12): 4950-4959.

[22] PRADEEP K G, TASAN C C, YAO M, et al. Non-equiatomic high entropy alloys: Approach towards rapid alloy screening and property-oriented design[J]. Materials Science and Engineering: A, 2015, 648: 183-192.

[23] 冷海燕, 李谦, 王刚, 等. 阵列式块体非晶合金的高通量制备装置及方法: CN 201610287346.3[P]. 2018-03-06[2024-07-18].

[24] 王炯. 高通量实验和机器学习结合加速硬质高熵合金成分优化[D]. 上海: 上海大学, 2019.

[25] 王炯, 肖斌, 刘轶. 机器学习辅助的高通量实验加速硬质高熵合金 Co$_x$Cr$_y$Ti$_z$Mo$_u$W$_v$ 成分设计[J]. 中国材料进展, 2020, 39(4): 9.

[26] 吴凡, 林博超, 权银洙, 等. 电子束增材制造设备及应用进展[J]. 真空, 2022, 59(1): 79-85.

[27] 巩水利, 锁红波, 李怀学. 金属增材制造技术在航空领域的发展与应用[J]. 航空制造技术, 2013, 56(13): 66-71.

[28] 郭超, 张平平, 林峰. 电子束选区熔化增材制造技术研究进展[J]. 工业技术创新, 2017, 4(4): 9.

[29] DEHOFF R R, KIRKA M M, SAMES W J, et al. Site specific control of crystallographic grain orientation through electron beam additive manufacturing[J]. Materials Science and Technology, 2015, 31(8): 931-938.

[30] JUECHTER V, SCHAROWSKY T, SINGER R F, et al. Processing window and evaporation phenomena for

Ti-6Al-4V produced by selective electron beam melting[J]. Acta Materialia, 2014, 76(9): 252-258.

[31] NAG S, SAMUEL S, PUTHUCODE A, et al. Characterization of novel borides in Ti-Nb-Zr-Ta+2B metal-matrix composites[J]. Materials Characterization, 2009, 60(2): 106-113.

[32] BOOK T A, SANGID M D. Evaluation of select surface processing techniques for in situ application during the additive manufacturing build process[J]. Jom-Journal of the Minerals Metals & Materials Society, 2016, 68(7): 1780-1792.

[33] DONOGHUE J, ANTONYSAMY A A, MARTINA F, et al. The effectiveness of combining rolling deformation with Wire-Arc Additive Manufacture on β-grain refinement and texture modification in Ti-6Al-4V[J]. Materials Characterization, 2016, 114: 103-114.

[34] COLEGROVE P A, COULES H E, FAIRMAN J, et al. Microstructure and residual stress improvement in wire and arc additively manufactured parts through high-pressure rolling[J]. Journal of Materials Processing Technology, 2013, 213(10): 1782-1791.

[35] FU Y, ZHANG H, WANG G, et al. Investigation of mechanical properties for hybrid deposition and micro-rolling of bainite steel[J]. Journal of Materials Processing Technology, 2017, 250: 220-227.

[36] PARAB N D, CANG Z, ROSS C, et al. Ultrafast X-ray imaging of laser-metal additive manufacturing processes[J]. Journal of Synchrotron Radiation, 2018, 25(5): 1467-1477.

[37] LEUNG C L A, MARUSSI S, ATWOOD R C, et al. In situ X-ray imaging of defect and molten pool dynamics in laser additive manufacturing[J]. Nature Communications, 2018, 9(1): 1355.

[38] DAMRI E, TIFERET E, BRAUN D, et al. Effects of gas pressure during electron beam energy deposition in the EBM additive manufacturing process[J]. Metals, 2021, 11(4): 601.

[39] 冉江涛, 赵鸿, 高华兵, 等. 电子束选区熔化成形技术及应用[J]. 航空制造技术, 2019, 62(1): 12.

[40] BAUFELD B, BIEST O V D, GAULT R. Additive manufacturing of Ti-6Al-4V components by shaped metal deposition: Microstructure and mechanical properties[J]. Materials and Design, 2010, 31: S106-S111.

[41] SCHWENDNER K I, BANERJEE R, COLLINS P C, et al. Direct laser deposition of alloys from elemental powder blends[J]. Scripta Materialia, 2001, 45(10): 1123-1129.

[42] LI M, GAZQUEZ J, BORISEVICH A, et al. Evaluation of microstructure and mechanical property variations in Al$_x$CoCrFeNi high entropy alloys produced by a high-throughput laser deposition method[J]. Intermetallics, 2018, 95: 110-118.

[43] MOOREHEAD M, BERTSCH K, NIEZGODA M, et al. High-throughput synthesis of Mo-Nb-Ta-W high-entropy alloys via additive manufacturing[J]. Materials & Design, 2020, 187: 108358.

[44] POLANSKI M, KWIATKOWSKA M, KUNCE I, et al. Combinatorial synthesis of alloy libraries with a progressive composition gradient using laser engineered net shaping (LENS): Hydrogen storage alloys[J]. International Journal of Hydrogen Energy, 2013, 38(27): 12159-12171.

[45] 白玉超, 王迪, 李朝将. 激光定向能量沉积制造 A131 EH36/AISI 1045 双金属结构性能研究[J]. Chinese Journal of Lasers, 2022, 49(14): 1402304-1-1402304-15.

[46] LI S, ADKINS N J E, MCCAIN S, et al. Suspended droplet alloying: A new method for combinatorial alloy synthesis; Nitinol-based alloys as an example[J]. Journal of Alloys and Compounds: An Interdisciplinary Journal of Materials Science and Solid-state Chemistry and Physics, 2018, 768: 392-398.

[47] SONG J l, LI Y T, DENG Q L, et al. Research progress of laser cladding forming technology[J]. Journal of Mechanical Engineering, 2010, 46(14): 29-39.

[48] OCYLOK S, WEISHEIT A, KELBASSA I. Increased wear and oxidation resistance of titanium aluminide alloys by laser cladding[J]. Advanced Materials Research, 2011, 278: 515-520.

[49] 田宗军, 顾冬冬, 沈理达, 等. 激光增材制造技术在航空航天领域的应用与发展[J]. 航空制造技术, 2015, 480(11): 38-42.

[50] BREMEN S, MEINERS W, DIATLOV A. Selective laser melting: A manufacturing technology for the future?[J]. Laser Technik Journal, 2012, 9(2): 33-38.

[51] YAP C Y, CHUA C K, DONG Z L, et al. Review of selective laser melting: Materials and applications[J]. Applied Physics Reviews, 2015, 2(4): 041101.

[52] KRUTH J P, FROYEN L, VAERENBERGH J V, et al. Selective laser melting of iron-based powder[J]. Journal of Materials Processing Technology, 2004, 149(1-3): 616-622.

[53] XU Y, BU Y, LIU J, et al. In-situ high throughput synthesis of high-entropy alloys[J]. Scripta Materialia, 2019, 160: 44-47.

[54] WANG N, ZHANG X, CHEN B, et al. Microfluidic photoelectrocatalytic reactors for water purification with an integrated visible-light source[J]. Lab on a Chip, 2012, 12(20): 3983-3990.

[55] BERGH S, GUAN S, HAGEMEYER A, et al. Gas phase oxidation of ethane to acetic acid using high-throughput screening in a massively parallel microfluidic reactor system[J]. Applied Catalysis A: General, 2003, 254(1): 67-76.

[56] FAUSTINI M, KIM J, JEONG G Y, et al. Microfluidic approach toward continuous and ultrafast synthesis of metal-organic framework crystals and hetero structures in confined microdroplets[J]. Journal of the American Chemical Society, 2013, 135(39): 14619-14626.

[57] ZHOU J, ZENG J, GRANT J, et al. On-chip screening of experimental conditions for the synthesis of noble-metal nanostructures with different morphologies[J]. Small, 2011, 7(23): 3308-3316.

[58] 郭梦园, 李风华, 包宇, 等. 微流控技术在纳米合成中的应用[J]. 应用化学, 2016, 33(10): 1115-1125.

[59] 陈永泰, 谢明, 王松, 等. Ag-6Cu-1Zn-0.5 Ni 合金变形行为的高通量研究[J]. 贵金属, 2019, 40(S01): 35-39.

[60] 司家勇, 宋思远, 廖晓航, 等. DP 工艺 GH4169 合金热加工高通量测试方法[J]. 中国有色金属学报, 2016, 26(6): 10.

[61] WU H, LI J, LIU F, et al. A high-throughput methodology search for the optimum cooling rate in an advanced polycrystalline nickel base superalloy[J]. Materials & Design, 2017, 128: 176-181.

[62] 刘剑, 欧阳亦, 张明晓, 等. 一种 LaFeSi 基磁制冷材料的高通量制备方法: CN201811163998.1[P]. 2020-08-25 [2024-07-18].

[63] 王开坤, 杨栋, 胡志强. 一种高通量锻造热控制方法: CN201810009999[P]. 2020-11-20[2024-07-18].

[64] 翟启杰, 张云虎, 孙杰, 等. 电流高通量制备金属凝固和热处理试样的装置和方法: CN201610284043.6[P]. 2018-03-02[2024-07-18].

[65] TAKEUCHI I, YANG W, CHANG K S, et al. Monolithic multichannel ultraviolet detector arrays and continuous phase evolution in $Mg_xZn_{1-x}O$ composition spreads[J]. Journal of Applied Physics, 2003, 94(11): 7336-7340.

[66] WEI T, XIANG X D, WALLACE-FREEDMAN W, et al. Scanning tip microwave near-field microscope[J]. Applied Physics Letters, 1996, 68(24): 3506-3508.

[67] BØGGILD P, GREY F, HASSENKAM T, et al. Direct measurement of the microscale conductivity of conjugated polymer monolayers[J]. Advanced Materials, 2000, 12(13): 947-950.

[68] LI M X, ZHAO S F, LU Z, et al. High-temperature bulk metallic glasses developed by combinatorial methods[J]. Nature, 2019, 569(7754): 99-103.

[69] KHAN M M, DEEN K M, HAIDER W. Combinatorial development and assessment of a Zr-based metallic glass for

prospective biomedical applications[J]. Journal of Non-Crystalline Solids, 2019, 523: 119544.

[70] KUBE S A, SOHN S, UHL D, et al. Phase selection motifs in High Entropy Alloys revealed through combinatorial methods: Large atomic size difference favors BCC over FCC[J]. Acta Materialia, 2019, 166: 677-686.

[71] NIKOLIĆ V, WURSTER S, SAVAN A, et al. High-throughput study of binary thin film tungsten alloys[J]. International Journal of Refractory Metals and Hard Materials, 2017, 69: 40-48.

[72] YOO Y K, XUE Q, CHU Y S, et al. Identification of amorphous phases in the Fe-Ni-Co ternary alloy system using continuous phase diagram material chips[J]. Intermetallics, 2006, 14(3): 241-247.

[73] LIU Y, PADMANABHAN J, CHEUNG B, et al. Combinatorial development of antibacterial Zr-Cu-Al-Ag thin film metallic glasses[J]. Scientific Reports, 2016, 6(1): 26950.

[74] YAMAMOTO Y, TAKAHASHI R, MATSUMOTO Y, et al. Mathematical design of linear action masks for binary and ternary composition spread film library[J]. Applied Surface Science, 2004, 223(1-3): 9-13.

[75] SUN X D, XIANG X D. New phosphor $(Gd_{2-x}Zn_x)O_{3-\delta}$: Eu^{3+} with high luminescent efficiency and superior chromaticity[J]. Applied Physics Letters, 1998, 72(5): 525-527.

[76] JIN Z, MURAKAMI M, FUKUMURA T, et al. Combinatorial laser MBE synthesis of 3d ion doped epitaxial ZnO thin films[J]. Journal of Crystal Growth, 2000, 214: 55-58.

[77] JIN Z, FUKUMURA T, KAWASAKI M, et al. High throughput fabrication of transition-metal-doped epitaxial ZnO thin films: A series of oxide-diluted magnetic semiconductors and their properties[J]. Applied Physics Letters, 2001, 78(24): 3824-3826.

[78] COOPER J S, ZHANG G, MCGINN P J. Plasma sputtering system for deposition of thin film combinatorial libraries[J]. Review of Scientific Instruments, 2005, 76(6): 062221.

[79] GREGOIRE J M, MCCLUSKEY P J, DALE D, et al. Combining combinatorial nanocalorimetry and X-ray diffraction techniques to study the effects of composition and quench rate on Au-Cu-Si metallic glasses[J]. Scripta Materialia, 2012, 66(3-4): 178-181.

[80] WOODHOUSE M, HERMAN G S, PARKINSON B A. Combinatorial approach to identification of catalysts for the photoelectrolysis of water[J]. Chemistry of Materials, 2005, 17(17): 4318-4324.

[81] EVANS J R G, EDIRISINGHE M J, COVENEY P V, et al. Combinatorial searches of inorganic materials using the ink-jet printer: Science, philosophy and technology[J]. Journal of the European Ceramic Society, 2001, 21(13): 2291-2299.

[82] REDDINGTON E, SAPIENZA A, GURAU B, et al. Combinatorial electrochemistry: A highly parallel, optical screening method for discovery of better electrocatalysts[J]. Science, 1998, 280(5370): 1735-1737.

[83] LIU X, SHEN Y, YANG R, et al. Inkjet printing assisted synthesis of multicomponent mesoporous metal oxides for ultrafast catalyst exploration[J]. Nano Letters, 2012, 12(11): 5733-5739.

[84] 丁时进, 辛周平, 王筱平, 等. 新型显示薄膜喷墨打印技术的数学建模与分析[J]. 中国科学: 数学, 2024, 54(3): 377-406.

[85] ZHAO J C. Reliability of the diffusion-multiple approach for phase diagram mapping[J]. Journal of Materials Science, 2004, 39: 3913-3925.

[86] ZHAO J C, ZHENG X, CAHILL D G. Thermal conductivity mapping of the Ni-Al system and the beta-NiAl phase in the Ni-Al-Cr system[J]. Scripta Materialia, 2012, 66(11): 935-938.

[87] ZHU C P, LI C, WU D, et al. A titanium alloys design method based on high-throughput experiments and machine learning[J]. Journal of Materials Research and Technology, 2021, 11: 2336-2353.

[88] 赵洋. 扩散多元节技术在 Cu-Ni-Sn 弹性铜合金中的应用研究[D]. 北京: 北京有色金属研究总院, 2015.

[89] 李文道. 基于多组元扩散多元节的 CoNi 基高温合金 1000-1150℃组织稳定性与元素作用研究[D]. 北京: 北京科技大学, 2021.

[90] PASK J A, AKSAY I A. Determination of Phase Diagrams using Diffusion Techniques[M]. Berlin: Springer, 1974.

[91] ZHANG Q F, ZHAO J C. Extracting interdiffusion coefficients from binary diffusion couples using traditional methods and a forward-simulation method[J]. Intermetallics, 2013, 34: 132-141.

[92] GUO X, GUO Q, LI Z, et al. Size and crystallographic orientation effects on the mechanical behavior of 4H-SiC micro-/nano-pillars[J]. Metallurgical and Materials Transactions A, 2018, 49: 439-445.

[93] LODES M A, GUSCHLBAUER R, KRNER C. Process development for the manufacturing of 99.94% pure copper via selective electron beam melting[J]. Materials Letters, 2015, 143: 298-301.

[94] BAUEREIß A, SCHAROWSKY T, KRNER C. Defect generation and propagation mechanism during additive manufacturing by selective beam melting[J]. Journal of Materials Processing Technology, 2014, 214(11): 2522-2528.

[95] YAMANAKA K, SAITO W, MORI M, et al. Preparation of weak textured commercially pure titanium by electron beam melting[J]. Additive Manufacturing, 2015, 8(10): 105-109.

[96] FUJIEDA T, SHIRATORI H, KUWABARA K, et al. First demonstration of promising selective electron beam melting method for utilizing high-entropy alloys as engineering materials[J]. Materials Letters, 2015, 159: 12-15.

[97] WANJARA P, BROCHU M, JAHAZI M. Electron beam freeforming of stainless steel using solid wire feed[J]. Materials & Design, 2007, 28: 2278-2286.

[98] WANJARA P, WATANABE K, FORMANOIR C, et al. Titanium alloy repair with wire-feed electron beam additive manufacturing technology[J]. Advances in Materials Science and Engineering, 2019, 2019(1): 3979471.

[99] LACH C L, TAMINGER K, SCHUSZLER A B, et. al. Effect of electron beam freeform fabrication (EBF³) processing parameters on composition of Ti-6-4[C]. Baltimore: 18th AeroMat Conference and Exposition, 2007.

[100] BUTER T M, BRICE C A, TAYON W A, et al. Evolution of texture from a single crystal Ti-6Al-4V substrate during electron beam directed energy deposition[J]. Metallurgical and Materials Transactions A, 2017, 48(10): 4441-4446.

[101] GONZALES D, LIU S, DOMACK M, et al. Using powder cored tubular wire technology to enhance electron beam freeform fabricated structures[C]. TMS 2016 145th Annual Meeting & Exhibition: Supplemental Proceedings. Berlin: Springer International Publishing, 2016.

[102] MITZNER S, LIU S, DOMACK M, et al. Grain refinement of freeform fabricated Ti-6Al-4V alloy using beam/arc modulation[C]. Austin: 23rd Annual International Solid Freeform Fabrication Symposium, 2012.

[103] BRICE C A, TAYON W A, NEWMAN J A, et al. Effect of compositional changes on microstructure in additively manufactured aluminum alloy 2139[J]. Materials Characterization, 2018, 143: 50-58.

[104] LAN B, WANG Y, LIU Y, et al. The influence of microstructural anisotropy on the hot deformation of wire arc additive manufactured (WAAM) Inconel718[J]. Materials Science and Engineering A, 2021, 823: 141733.

[105] ZHANG G, XIONG H, YU H, et al. Microstructure evolution and mechanical properties of wire-feed electron beam additive manufactured Ti-5Al-2Sn-2Zr-4Mo-4Cr alloy with different subtransus heat treatments[J]. Materials & Design, 2020, 195: 109063.

[106] ZHANG G, LI N, GAO J, et al. Wire-fed electron beam directed energy deposition of Ti-6Al-2Zr-1Mo-1V alloy and the effect of annealing on the microstructure, texture, and anisotropy of tensile properties[J]. Additive Manufacturing, 2022, 49: 102511.

[107] 黄薇. 电子束增材制造钛合金的组织特征与拉伸性能研究[D]. 南昌: 南昌航空大学, 2017.

[108] 汤群. 钛合金电子束快速成形缺陷形成机理研究[D]. 武汉: 华中科技大学, 2015.

[109] 刘海浪, 王波, 李行, 等. Inconel617 合金表面电子束熔覆 WC-CoCr 显微组织和耐磨性研究[J]. 航空制造技术, 2017, 60(21): 102-104.

[110] LIU H L, ZHANG G P, HUANG Y P, et al. Investigation on wear resistance and corrosion resistance of electron beam cladding Co-alloy coating on Inconel617[J]. Materials Research Express, 2018, 5: 46513-46517.

[111] AHMAD M, AKHTER J I, IQBAL M, et al. Surface modification of Hastelloy C-276 by SiC addition and electron beam melting[J]. Journal of Nuclear Materials, 2005, 336(1): 120-124.

[112] 刘科, 周小燕. 电子束扫描 45 钢表面合金化处理的研究[J]. 液压气动与密封, 2015, 35(5): 29-32.

[113] ZENKER R, SACHER G, BUCHWALDER A, et al. Hybrid technology hard coating-electron beam surface hardening[J]. Surface and Coatings Technology, 2007, 202(4-7): 804-808.

[114] MARGINEAN G, UTU D. Microstructure refinement and alloying of WC-CoCr coatings by electron beam treatment[J]. Surface and Coatings Technology, 2010, 205: 1985-1989.

[115] 马延涛. 9310 渗碳轴承钢表面强流脉冲电子束合金化研究[D]. 哈尔滨: 哈尔滨工业大学, 2013.

[116] 张可敏, 邹建新, 杨大智. 316L 不锈钢强流脉冲电子束表面钛合金化及其耐腐蚀性[J]. 材料热处理学报, 2006, 27(5): 108-113.

[117] 张迪, 单际国, 任家烈. 高能束熔覆技术的研究现状及发展趋势[J]. 激光技术, 2001, 25(1): 39-42.

[118] 叶宏, 闫忠琳, 薛志芬. 镁合金表面电子束熔覆铝涂层[J]. 铸造技术, 2008, 29(8): 1056-1058.

[119] 王波, 刘海浪, 祁正伟, 等. 电子束熔覆表面改性技术的研究进展[J]. 热加工工艺, 2018, 47(14): 19-22.

[120] LEE K, SON C Y, KIM J S, et al. Hardness and corrosion resistance of steel-based surface composites fabricated with Fe-based metamorphic powders by high-energy electron beam irradiation[J]. Corrosion Science and Technology, 2006, 201(3-4): 835-841.

[121] ENGELKO V, MUELLER G, RUSANOV A, et al. Surface modification/alloying using intense pulsed electron beam as a tool for improving the corrosion resistance of steels exposed to heavy liquid metals[J]. Journal of Nuclear Materials, 2011, 415(3): 270-275.

[122] PENG L, SUN X, CAI J, et al. Microstructure and temperature oxidation resistance of nickel base alloy GH4169 irradiated by high current pulsed electron beam[J]. Surface and Coatings Technology, 2016, 309: 78-79.

[123] MEI X, LIU X, WANG C, et al. Improving oxidation resistance and thermal insulation of thermal barrier coatings by intense pulsed electron beam irradiation[J]. Applied Surface Science, 2012, 263: 810-815.

[124] 邹建新, 吴爱民, 刘振民, 等. 钢的强流脉冲电子束表面快速渗铝及其抗氧化性能[J]. 大连理工大学学报, 2003, 43(5): 555-560.

[125] 郭新政. 钛合金表面熔覆 Ti-Al-Cr 涂层的组织及其高温抗氧化性能[D]. 昆明: 昆明理工大学, 2018.

[126] 陈国庆, 树西, 张秉刚, 等. 国内外电子束熔丝沉积增材制造技术发展现状[J]. 焊接学报, 2018, 39(8): 123-128.

[127] 张国栋, 许乔邨, 郑涛, 等. 航空装备电子束增材制造技术发展及路线图[J]. 航空材料学报, 2023, 43(1): 11.

[128] 熊华平, 郭绍庆, 刘伟, 等. 航空金属材料增材制造技术[M]. 北京: 航空工业出版社, 2019.

[129] 常坤, 梁恩泉, 张韧, 等. 金属材料增材制造及其在民用航空领域的应用研究现状[J]. 材料导报, 2021, 35(3): 03176-03182.

[130] VLADIMIR V P J, ALEXANDER K D, ANDREY G, et al. The effect of powder recycling on the mechanical properties and microstructure of electron beam melted Ti6Al-4V specimens[J]. Additive Manufacturing, 2018, 22:

834-843.

[131] HAIZE G, ROBERT J W, DIANA A L, et al. Effects of heat treatments on microstructure and properties of Ti6Al-4V ELI alloy fabricated by electron beam melting (EBM)[J]. Materials Science and Engineering: A, 2017, 685: 417-428.

[132] BIAMINO S, PENNA A, ACKELID U, et al. Electron beam melting of Ti 48Al-2Cr-2Nb alloy: Microstructure and mechanical properties investigation[J]. Intermetallics, 2011, 19(6): 776-781.

[133] RAMSPERGER M, SINGER R F, KÖRNER C. Microstructure of the nickel-base superalloy CMSX-4 fabricated by selective electron beam melting[J]. Metallurgical and Materials Transactions A, 2016, 47(3): 1469-1480.

[134] 韩建栋, 林峰, 齐海波, 等. 粉末预热对电子束选区熔化成形工艺的影响[J]. 焊接学报, 2008, 29(10): 77-80.

[135] LEUNG C L A, TOSI R, MUZANGAZA E, et al. Effect of preheating on the thermal, microstructural and mechanical properties of selective electron beam melted Ti-6Al-4V components[J]. Materials & Design, 2019, 174: 107792.

[136] SIDAMBE A T. Three dimensional surface topography characterization of the electron beam melted Ti6Al4V[J]. Metal Powder Report, 2017, 72(3): 200-205.

[137] TAMMAS-WILLIAMS S, WITHERS P J, TODD I, et al. The effectiveness of hot isostatic pressing for closing porosity in titanium parts manufactured by selective electron beam melting[J]. Metallurgical and Materials Transactions A, 2016, 47: 1939-1946.

[138] POBEL C R, OSMANLIC F, LODES M A, et al. Processing windows for Ti-6Al-4V fabricated by selective electron beam melting with improved beam focus and different scan line spacings[J]. Rapid Prototyping Journal, 2019, 25(4): 665-671.

[139] SHUI X, YAMANAKA K, MORI M, et al. Effects of post-processing on cyclic fatigue response of a titanium alloy additively manufactured by electron beam melting[J]. Materials Science and Engineering: A, 2017, 680: 239-248.

[140] CHAUVET E, KONTIS P, JÄGLE E A, et al. Hot cracking mechanism affecting a non-weldable Ni-based superalloy produced by selective electron Beam Melting[J]. Acta Materialia, 2018, 142: 82-94.

[141] RAMSPERGER M, MÚJICA RONCERY L, LOPEZ - GALILEA I, et al. Solution heat treatment of the single crystal nickel-base superalloy CMSX-4 fabricated by selective electron beam melting[J]. Advanced Engineering Materials, 2015, 17(10): 1486-1493.

[142] SCHWERDTFEGER J, KÖRNER C. Selective electron beam melting of Ti-48Al-2Nb-2Cr: Microstructure and aluminium loss[J]. Intermetallics, 2014, 49: 29-35.

[143] MOHAMMAD A, ALAHMARI A M, MOHAMMED M K, et al. Effect of energy input on microstructure and mechanical properties of titanium aluminide alloy fabricated by the additive manufacturing process of electron beam melting[J]. Materials, 2017, 10(2): 211.

[144] JUECHTER V, FRANKE M M, MERENDA T, et al. Additive manufacturing of Ti-45Al-4Nb-C by selective electron beam melting for automotive applications[J]. Additive Manufacturing, 2018, 22: 118-126.

[145] TODAI M, NAKANO T, LIU T, et al. Effect of building direction on the microstructure and tensile properties of Ti-48Al-2Cr-2Nb alloy additively manufactured by electron beam melting[J]. Additive Manufacturing, 2017, 13: 61-70.

[146] TANG H P, QIAN M, LIU N, et al. Effect of powder reuse times on additive manufacturing of Ti-6Al-4V by selective electron beam melting[J]. Jom-Journal of the Minerals Metals & Materials Society, 2015, 67(3): 555-563.

[147] 锁红波, 陈哲源, 李晋炜. 电子束熔融快速制造 Ti-6Al-4V 的力学性能[J]. 航天制造技术, 2009(6): 18-22.

[148] CHENG X Y, LI S J, MURR L E, et al. Compression deformation behavior of Ti-6Al-4V alloy with cellular

structures fabricated by electron beam melting[J]. Journal of the Mechanical Behavior of Biomedical Materials, 2012, 16: 153-162.

[149] GAO R, ZENG L, DING H, et al. Characterization of oxide dispersion strengthened ferritic steel fabricated by electron beam selective melting[J]. Materials & Design, 2016, 89: 1171-1180.

[150] 颜永年, 齐海波, 林峰, 等. 三维金属零件的电子束选区熔化成形[J]. 机械工程学报, 2007, 43(6): 87-92.

[151] ANDERSSON L E, LARSSON M. Apparatus and method for making a three-dimensional product: DOI SE0001557L[P]. 2001-10-28[2025-05-17].

[152] 林峰, 颜永年, 闫占功, 等. 一种电子束选区同步烧结工艺及三维分层制造设备: CN 200410009948. X[P]. 2005-08-03 [2024-07-18].

[153] 秦仁耀, 张国栋, 李能, 等. TiAl 基合金的增材制造技术研究进展[J]. 机械工程学报, 2021, 57(8): 115-132.

[154] 陈玮, 李志强. 航空钛合金增材制造的机遇和挑战[J]. 航空制造技术, 2018, 61(10): 30-37.

[155] 杨强, 鲁中良, 黄福享, 等. 激光增材制造技术的研究现状及发展趋势[J]. 航空制造技术, 2016, 59(12): 26-31.

[156] TOLOCHKO N K, MOZZHAROV S E, YADROITSEV I A, et al. Balling processes during selective laser treatment of powders[J]. Rapid Prototyping Journal, 2004, 10(2): 78-87.

[157] MEIER H, HABERLAND C. Experimental studies on selective laser melting of metallic parts[J]. Materialwissenschaft und Werkstofftechnik, 2008, 39(9): 665-670.

[158] BADROSSAMAY M, CHILDS T H C. Further studies in selective laser melting of stainless and tool steel powders[J]. International Journal of Machine Tools and Manufacture, 2007, 47(5): 779-784.

[159] WEN S F, LI S A, WEI Q S, et al. Effect of molten pool boundaries on the mechanical properties of selective laser melting parts[J]. Journal of Materials Processing Technology, 2014, 214(11): 2660-2667.

[160] 刘睿诚, 杨永强, 王迪. 选区激光熔化成型金属零件上表面粗糙度的研究[J]. 激光技术, 2013, 37(4): 425-430.

[161] HASSE C, TANG F, WILMS M B, et al. Combining thermodynamic modeling and 3D printing of elemental powder blends for high-throughput investigation of high-entropy alloys-towards rapid alloy screening and design[J]. Materials Science and Engineering: A, 2017, 688: 180-189.

[162] HAN C, LI Y, WANG Q, et al. Titanium/hydroxyapatite (Ti/HA) gradient materials with quasi-continuous ratios fabricated by SLM: Material interface and fracture toughness[J]. Materials & Design, 2018, 141: 256-266.

[163] GRIFFITH M L. Understanding thermal behavior in the LENS process[J]. Materials & Design, 1999, 20(2-3): 107-113.

[164] 宁国庆, 钟敏霖, 杨林, 等. 激光直接制造金属零件过程的闭环控制研究[J]. 应用激光, 2002, 22(2): 5.

[165] 黄卫东, 李延民, 冯莉萍, 等. 金属材料激光立体成形技术[J]. 材料工程, 2002, 30(3): 40-43.

[166] 葛江波, 张安峰, 李涤尘, 等. 激光金属直接成形 DZ125L 高温合金零件工艺的研究[J]. 中国激光, 2011, 38(7): 0703004.

[167] ZHONG Y, LIU L, WIKMAN S, et al. Intragranular cellular segregation network structure strengthening 316L stainless steel prepared by selective laser melting[J]. Journal of Nuclear Materials, 2016, 470: 170-178.

[168] CASATI R, LEMKE J N, TUISSI A, et al. Aging behaviour and mechanical performance of 18-Ni 300 steel processed by selective laser melting[J]. Metals, 2016, 6(9): 218.

[169] KRELL J, RÖTTGER A, GEENEN K, et al. General investigations on processing tool steel X40CrMoV5-1 with selective laser melting[J]. Journal of Materials Processing Technology, 2018, 255: 679-688.

本章彩图

第5章 金属材料的高通量表征

材料科学作为科技的重要支柱，一直引领着科技的发展与应用。然而，面对不断变化的挑战和需求，必须重新审视对材料的认知和研究方法。在信息时代，随着大数据和人工智能的崛起，材料科学面临着更庞大、更复杂的数据处理任务，对传统的研究方法提出了挑战。高通量表征技术的出现改变了这一格局，它通过提高数据采集速度和效率，为材料研究开启了新的大门，通过自动化实验和精密数据分析，可以快速获取大量关于材料性质和行为的信息。

传统的方法受制于实验周期长、数据获取难、成本高等问题。然而，高通量表征技术一个显著特点是不再依赖有限的数据样本，能够以前所未有的速度生成实验数据，并通过先进的数据处理方法挖掘出隐藏的规律。这样可以更全面、系统地理解材料的性质，为材料设计和优化提供新思路。高通量表征技术另一个显著特点是实验与计算的紧密结合。通过实验快速获取数据，再通过计算方法进行分析和模拟，可以更准确地预测材料性能和行为，提高研究效率，并为深入理解材料微观机制提供机会。然而，高通量表征技术的应用存在一系列挑战，如管理巨大数据、整合传统数据、建立可靠实验标准等。这需要技术创新及对整个材料研究体系的重新思考和调整。

本章全面探讨高通量表征技术在材料科学中的应用，为材料科学研究者提供系统深入的分析，激发思考和讨论，推动该技术在材料领域的创新与发展，为材料科学带来更辉煌的未来。

5.1 高通量表征方法及原理

随着对新型金属材料研发和结构材料服役性能研究的不断深入，研究新材料基本成分-加工工艺-微观结构-宏观性能映射关系的定量表征测试方法得到了快速发展。材料高通量表征技术是一种对材料进行分析测试的技术，它可以对大批量样品的成分、结构及性能进行快速、高效的表征。

21世纪以来，随着社会科学技术和工业化的迅速发展，对于材料的性能指标和使用需求提出了更高的要求，面对材料不同的应用需求，科研人员已经陆续开发出针对材料的跨尺度(如宏观、介观及微观)高通量表征技术，涉及材料的成分、结构和性能表征。例如，利用纳米压痕技术可以实现梯度材料或者微区材料的纳米硬度和弹性模量测试，进而借助量纲分析和数值仿真反演出材料的真实应力-应变关系[1]，通过微悬臂梁实验可以获得微区材料的断裂韧性。扫描探针显微镜具有高图像分辨率特性，适用于材料微结构和表面微区分析及高通量表征。例如，通过扫描探针与钙钛矿太阳能电池样品的电力响应，能清楚观察到晶体结构中极性与非极性交替并存的现象[2]；基于局部激励压电显微技术可同时表征多铁材料纳米尺度压电性能和力学性能[3]。Heckman 等[4]通过 X 射线三维成像与电子背散射技术给出增材制造不锈钢 316L 的组织变化(如晶粒尺寸和形貌)，采用单调拉伸方法以 20 个样品成功替代 420 个试样，并获得了与增材过程不敏感的拉伸力学性能。

对于工程结构材料而言，研究尚且集中于材料的基本力学性能(屈服强度、抗拉强度、弹性模量等)测试，疲劳强度、寿命及裂纹扩展机理等关系结构材料的高通量表征仍有较多工作需要开展。随着科技的发展，关于材料的高通量表征方法多使用以同步辐射光源、散裂中子源及基于原位实验的高通量表征方法，本章将重点介绍以上三种相关实验原理及其应用。

5.1.1　同步辐射光源

1947 年，在美国纽约州斯克内克塔迪市通用电气公司实验室的一台能量为 70MeV 的同步加速器上，观察到一种强烈的辐射，因此称这种辐射为"同步辐射"。同步辐射的出现，是继 X 射线及激光光源产生后科技史上的又一次革命。同步辐射是速度接近光速的电子在运动中改变方向时放出的电磁辐射[5]。

第一代同步辐射光源是为在高能物理研究建造的电子加速器和储存环上"寄生"运行的。虽然它们并非专门为同步辐射设计的，但仍具有高强度的特点，并覆盖从远红外到 X 射线的宽广光谱。

第二代同步辐射光源是专门为同步辐射应用设计的。高能物理研究和同步辐射应用对储存环的要求是不同的。高能物理需要大发射度的储存环，通常在几百纳米·拉德，而同步辐射应用需要高亮度，因此要求储存环的发射度要小。美国的加速器物理学家通过将各种使电子偏转、聚焦、散焦等作用的磁铁按特定顺序组装，从而减少发射度，提高同步辐射光的亮度，其发射度约为 100nm·rad。

第三代同步辐射光源的发展是为了满足科学技术对更高空间分辨率、时间分辨率、动量分辨率和能量分辨率的需求。这要求光源具有更高的亮度，因此需要进一步降低储存环的发射度。第三代同步辐射光源在设计低发射度储存环时，大量使用了插入件，其发射度通常小于 10nm·rad。相比最亮的第二代同步辐射光源，第三代同步辐射光源的亮度至少高出 100 倍，相比实验室中最好的 X 射线源，其亮度更是高出一亿倍以上。

同步辐射光源的发展已经历了三代并向第四代迈进。我国已建成并投入使用的同步辐射光源共有五个，包括北京同步辐射装置(Beijing synchrotron radiation facility，BSRF)、上海同步辐射装置(Shanghai synchrotron radiation facility，SSRF)以及合肥国家同步辐射实验室(national synchrotron radiation laboratory，NSRL)。BSRF 是我国建成的第一个同步辐射装置，始于北京正负电子对撞机(Beijing electron-positron collider，BEPC)，属于第一代同步辐射光源。BEPC 和 BSRF 经过二期改进后，同步辐射品质有所提高，大致相当于一代半的同步辐射光源。BSRF 由于与 BEPC 共用相同的储存环，其运行分兼用和专用两种模式：在同步辐射兼用模式下，储存环以高能物理正负电子对撞实验为主，储存环电子束流能量运行在 1.6~2.8GeV，电子束发射度约 390nm·rad；在同步辐射专用模式下，储存环电子束流能量运行在 2.5GeV，电子束发射度约 80nm·rad。BSRF 提供低中能量段的同步辐射光束，以中能量段的硬 X 射线为主。NSRL 是我国建成的第一个第二代同步辐射光源，其储存环电子束流能量运行在 0.8GeV，电子束发射度小于 40nm·rad。NSRL 提供中低能量段的同步辐射，侧重于软 X 射线和真空紫外波段光源，适于向波长更长的红外、远红外波段扩展。SSRF 是我国建成的第一个第三代同步辐射光源，其储存环电子束流能量运行在 3.5GeV，电子束发射度约 3.9nm·rad。SSRF 能够提供低中高能量段的广谱同步辐射，以插入件引出的中能量段硬 X 射线为主。此外，台湾省也有两台三代同步辐射光源：一台电子束流能量运行在 1.5GeV，电子束发射度为 25.6nm·rad 的低能光源(TLS)，更适合于开展软 X 射线和真空紫外波段的研究；另一台电子束流能量运行在 3GeV，电子束发射度为 1.5nm·rad 的中能光源(TPS)，是一个典型的三代中能同步辐射光源。

　　与其他光源相比，同步辐射光源具有很多优良的特性[6-9]：①连续的谱分布。同步辐射光的波长是连续分布的，覆盖红外线、可见光、紫外线及 X 射线波段，是目前唯一能覆盖这样宽的频谱范围又能得到高亮度的光源。通过调节单色器可以随意选择波长，进行实验。同步辐射光谱范围是由加速器中电子的能量和弯转半径决定的。电子的能量越高，同步辐射的特征波长越短。②高亮度。同步辐射光源亮度比实验室 X 射线源连续谱部分强 10^6~10^{11} 倍，比 X 射线的特征谱强度强 10^3~10^8 倍。高亮度的特性决定了其可以用来做许多常规光源所无法进行的工作。③很好的准直性。吉电子伏级电子储存环发射的同步辐射沿电子前进方向的张角小于 1mrad。④高偏振性。在电子轨道平面发出的同步辐射是 100%线偏振的，偏振向量在轨道平面中。电子轨道平面外发出的同步辐射具有椭圆偏振，可用来研究样品内特定参数的取向问题，如利用同步辐射的偏振特性研究磁性材料。⑤脉冲时间结构。储存环中的电子靠高频电场加速，只有落在一定高频相位的电子才能稳定加速。因此，电子在储存环中是以束团的形式运动的，发出的同步辐射不是连续的，而是包含电子运动的时间结构或特定的脉冲结构。脉冲宽度为纳秒量级，脉冲间隔为微秒量级。⑥绝对洁净。同步辐射是在超高真空环境中产生的，且同步辐射是无极发射，因此不会污染光学器件或实验样品，也不会混入其他光谱线而影响实验结果。⑦精确的可预知特性。可以用作各种波长的标准光源。

普通 X 射线成像主要基于样品的吸收衬度，而同步辐射光源具有亮度高、能量可调、方向性好等特点，同步辐射成像是基于吸收衬度和相位衬度的一种成像方法。同步辐射成像方法主要有三种：干涉法、类同轴成像法、衍射增强法。它们的测量对象分别是相位及相位的一阶和二阶导数。干涉法是最早的相位衬度成像方法，现在已很少使用，下面将重点介绍类同轴成像法与衍射增强法。

1. 类同轴成像法

1995 年，欧洲同步辐射光源的 Snigirev 等[10]根据同轴全息理论，提出了类同轴成像模型，实验装置如图 5-1 所示。两块晶体平行放置，组成双晶单色器。根据布拉格公式，只有满足布拉格条件的光才能通过双晶单色器，因此光通过双晶单色器后得到单色性良好的光。如果只有一块晶体也可以达到滤波的目的，但是一块晶体会使反射光偏离原来的方向，给信号的接收带来困难。类同轴成像条件下的光强可以表示为[11]

$$I(x,z) = 1 + \left(\frac{\lambda^2 z r_e}{2\pi} \right) / \rho_e''(x) \tag{5-1}$$

式中，z 为样品到探测器的距离；r_e 为经典电子半径；$\rho_e(x)$ 为样品中的电子密度。

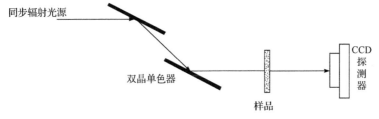

图 5-1　类同轴成像法原理图[10]
CCD-电荷耦合器件

类同轴成像法实验装置比较简单，只需要一个双晶单色器即可。该方法利用从晶体表面反射的光，具有较高的光利用效率。在实验中，探测器与样品之间的距离和入射光的能量变化会显著影响得到的图像衬度，因此选择合适的距离和入射光能量非常重要。成像质量与光源尺寸有关，光源尺寸越小，图像分辨率越高。第三代同步辐射光源尺寸最小，因此为了提高分辨率，通常在第三代同步辐射光源上进行实验。

2. 衍射增强法

衍射增强法是基于相位衬度的一种成像方法，可以通过一种或几种衬度的结合更清楚地显示样品的内部结构[12]。同步辐射光通过单色器晶体后，产生一个特定能量的准平面波，然后穿过样品，在样品中折射率发生变化并对平面波的波前产生扰动，波前的相位发生改变，这与样品中电子对 X 射线的散射作用有关。假设 X 射线沿 z 方向传播。相位改变可表示为

$$\Phi(x,z) = -r_e\lambda\int_M \rho(x,y,z)\mathrm{d}z \tag{5-2}$$

式中，$\rho(x,y,z)$ 为位于样品内 (x,y,z) 的电子密度；λ 为 X 射线的波长，积分式表示 X 射线在样品内传播路径 M 对电子密度的积分。

假设 X 射线开始的传播方向为 z，波数为 k，波函数为 Ψ_0。在 x 方向上的相位改变后，X 射线的波函数可表示为

$$\Psi(x,z) = \Psi_0 \mathrm{e}^{\mathrm{i}kz + \mathrm{i}\psi(x)} \tag{5-3}$$

在 X 射线传播方向上的波矢量为

$$k'(x) = \frac{1}{\mathrm{i}\Psi(x)}\nabla\Psi(x,z) = \frac{\partial\Psi(x)}{\partial x}x + kz \tag{5-4}$$

对于相位梯度(沿 x 方向的一阶导数)较小的情况，从样品出射的光束偏离初始方向的角度为

$$\Delta\alpha \approx \frac{1}{k}\frac{\partial\Psi(x)}{\partial x} \tag{5-5}$$

由此可见，光束传播方向的改变形成波前的相位梯度。这些方向变化改变了 X 射线携带的样品内部结构的信息，这些信息经分析晶体放大后被记录下来，从而在图像中形成衬度。

衍射增强法实验原理如图 5-2 所示，单色器晶体和分析晶体分别取 Si(111)面，样品置于两晶体中间，同步辐射 X 射线经单色器晶体单色化后照射样品，再经分析晶体衍射后记录在介质上，能被分析晶体衍射到探测器上的 X 射线的角度限制在 10^{-6}rad 量级，散射噪声几乎落在这个角之外，因此衍射增强成像法具有很高的信噪比。

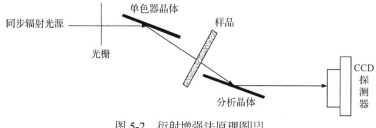

图 5-2　衍射增强法原理图[13]

5.1.2　散裂中子源

1932 年，英国物理学家詹姆斯·查德威克通过 α 粒子轰击铍靶实验发现了中

子。中子的发现极大地促进了原子核的组成、结构和原子核物理学的研究与发展，同时孕育了一门新的学科——中子物理学。中子的主要性质如下：中子的静止质量稍大于质子；自由中子不稳定，会发生 β 衰变，生成质子、电子和反中微子，其半衰期约 15min；中子的自旋为 1/2，为费米子，服从费米-狄拉克(Fermi-Dirac)统计；中子和其他基本粒子一样具有波粒二象性，会发生衍射现象；中子不带电但具有磁矩。按照中子能量 En 一般将中子分类如下：超冷中子(En=10^{-7}~10^{-4}eV)、冷中子(En=10^{-4}~10^{-3}eV)、热中子(En=10^{-3}~10^{0}eV)、超热中子(En=10^{0}~10^{4}eV)、快中子(En=10^{4}~10^{7}eV)和高能中子(En=10^{7}eV)。

因中子不带电，与物质相互作用时，不受库仑场影响，主要是与原子核发生相互作用，中子物理学主要是研究中子与原子核相互作用发生的各种核反应。中子与原子核发生反应的主要类型如下：弹性散射(势散射和共振散射)、非弹散射、辐射俘获反应(如(n，γ))、放出带电粒子的反应(如(n，p)、(n，α)、(n，d))、(n，2n)、(n，3n)及裂变反应等。另外，中子物理学研究范畴还包括中子在大块物质中的慢化、散射和输运等问题。

随着中子的发现和中子物理学的研究，中子应用技术取得了突飞猛进的发展。中子应用技术已经逐步渗透到工业、农业、医药卫生、科学研究等领域，包括中子活化分析、中子治癌、中子测井、中子测水、中子辐照育种、中子照相、中子散射和衍射技术等。其中，中子散射和衍射技术近年来快速发展，成为一种重要的检测分析手段。利用中子不带电、穿透力强、可鉴别同位素、具有磁矩等优点，中子散射和衍射技术不仅可探索物质静态的微观结构，还可用于研究结构变化过程的动力学机制。在物理、化学、材料、工程等研究，中子散射和衍射技术发挥着 X 射线无法代替的作用，已成为物质科学研究和新材料研发的重要手段。

实现中子散射和中子衍射技术所需的中子束主要为热中子或冷中子。中子源产生的中子需要通过特殊的中子慢化器慢化到热中子或冷中子能区，但在慢化过程中大量的中子会损失。另外，中子散射和衍射技术通常还需要通过 T0 斩波器(去除快中子)、带宽或者费米斩波器等技术选择出某一波段的准单能中子，这些过程也会导致大量中子的损失。为了保证热中子束或冷中子束有足够高的注量率，以实现样品的中子散射和衍射的快速分析，要求中子源必须有足够高的强度(或通量)和优异的中子学参数。下面将对各种中子源及其特性进行介绍，以总结满足中子散射和衍射要求的中子源及技术。

1. 中子源的类型及特点

能够产生中子的装置称为中子源。中子源主要分为同位素中子源(又称"放射核素中子源")、反应堆中子源和加速器中子源三大类型。图 5-3 显示了不同类型中子源及其发展趋势[14]。由图中可以看出，20 世纪 30 年代查德威克发现中子以来，中子源物理及技术相关研究开始起步，发展最早的便是同位素中子源。到了20 世纪 40 年代初，美国著名物理学家费米主持建造了世界上第一座核反应堆，标志着人工可控核裂变的实现，反应堆中子源技术从此保持较快的发展速度。与此同时，20 世纪 30 年代末，美国伯克利实验室利用回旋加速器加速的 α 粒子(^{4}He 粒子)轰击 Cm 靶产生中子，标志着加速器中子源的诞生，并开启了加速器中子源快速发展阶段。

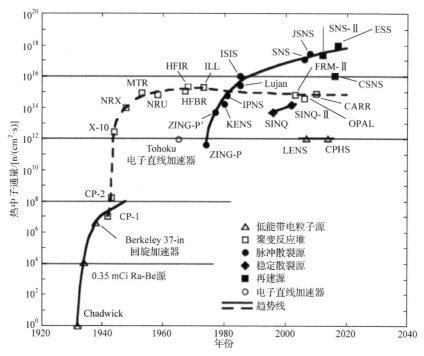

图 5-3　不同类型中子源及其发展趋势[14]

1in = 2.54cm

1) 同位素中子源

同位素中子源通过不稳定核素自发裂变产生中子或者利用同位素衰变产生的 α 射线或 γ 射线轰击靶原子核发生核反应产生中子，根据不同的核反应类型，分为(α,n)中子源、(γ,n)中子源、自发裂变中子源。常见的 ^{241}Am-Be 为典型的(α,n)中子源，^{124}Sb-Be 为典型的(γ,n)中子源，^{252}Cf 为典型的自发裂变中子源。图 5-4(a)、(b)分别给出了 ^{241}Am-Be 中子源和 ^{252}Cf 中子源的出射中子能谱[15]。由图可以看出，同位素中子源出射中子能谱多为快中子；通常，同位素中子源一般中子能量较低，且具有较强的 γ 射线本底，中子性能较差，因此同位素中子无法满足中子散射和衍射技术要求。

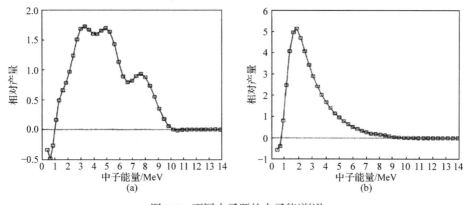

图 5-4　不同中子源的中子能谱[15]

(a) ^{241}Am-Be 中子源出射中子能谱；(b) ^{252}Cf 中子源出射中子能谱

2) 反应堆中子源

反应堆中子源是基于中子与铀或钚等易裂变或可裂变核素相互作用，发生链式裂变反应产生大量中子。其具有通量高、中子性能良好等优点；反应堆中子源产生的中子经过适当的中子慢化过程后可以进行中子散射和衍射技术研究。例如，中国先进研究堆已经建成了中子残余应力衍射谱仪，主要利用中子衍射技术开展残余应力测量；中国绵阳研究堆建设了小角中子散射谱仪，利用中子散射技术开展物质体系在 1~100nm 的微观和介观尺度等研究。但是，反应堆具有体积庞大、造价较高、能耗较高、产生大量的放射性乏燃料且不易处理等缺点，因此其在地域、环境安全、应用领域等方面局限性比较大。

3) 加速器中子源

加速器中子源一般是利用粒子加速器加速到一定能量的粒子轰击靶核发生核反应产生中子。加速器中子源通常利用的核反应为带电粒子核反应、聚变反应、光核反应、散裂反应等几种类型。按照粒子的能量通常分为中低能加速器中子源和高能加速器中子源。目前，加速器中子源较常利用的核反应有 D(d, n)^{3}He、^{9}Be(p, n)^{9}B、^{7}Li(p, n)^{7}Be、^{184}W(γ, n)^{183}W 等。高能加速器散裂中子源具有中子能量更高、中子能区较宽等特点。对于脉冲式散裂中子源，因相邻中子脉冲束流之间具有一定的时间间隔，利用其进行中子散射实验时具有更小的噪声本底、较好的信噪比等优点。另外，其有相对较少的散射谱仪中子束整形处理装置，相对具有更大的探测器安装空间，更有利于提高中子利用率。因此，高能加速器散裂中子源可以满足发展中子散射与衍射技术要求，也是发展该技术最好的中子源选择类型。

2. 散裂中子源基本原理

散裂中子源是一种通过高能质子轰击重核靶产生中子的加速器中子源。如图 5-5

所示，散裂反应包括级联碰撞、蒸发、裂变及衰变等过程[16,17]。当高能质子进入靶核时，首先会与原子核中的核子发生级联碰撞，释放大量的中子、质子、γ射线和π介子等次级粒子；经过级联碰撞后，原子核仍处于激发态，会通过蒸发过程继续放出中子、α粒子、d粒子及γ射线；剩余的原子核可能会发生裂变，进一步释放中子和其他次级粒子，或者通过衰变退激，释放中子及其他粒子。因此，通过高能质子散裂反应，可以产生强度极高的中子源。

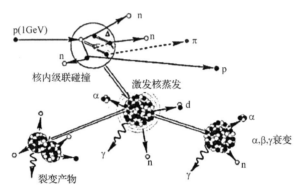

图 5-5　散裂反应示意图[17]

n-中子；p-质子；γ-γ射线；π-π介子；α-α粒子；d-d粒子

散裂中子源具有微秒量级的脉冲特性，中子散射谱仪通过结合大面积探测器和增加谱仪长度，显著提高了谱仪的分辨率和中子探测效率。散裂中子源还可以利用短波长中子实现全散射测量。例如，利用中子全散射不仅获得了最小的"足球"，即富勒烯[18]，还成功确定了锂离子电池材料中氢、锂等轻元素的位置和运动通道[19]。由于中子具有磁效应和超强的穿透能力，散裂中子源可以表征有"磁王"美誉的第 3 代稀土永磁材料 Nd-Fe-B 的晶体结构和磁结构，以及液氮温区高温超导体 Y-Ba-Cu-O 的结构和自旋关联[20]。散裂中子源还具有低本低、不使用核燃料、安全可靠的特点，可对工程材料和部件进行高精度的织构和应变测量。例如，英国利用散裂中子源测定了空客 A380 机翼不同长梁焊接工艺导致的残余应力，建立其失效模型，确定不同焊接工艺对机翼使用寿命的影响，从而筛选出最优的焊接工艺[21]。

描述中子通量随中子能量变化关系的物理量，即中子能谱。中子能谱测量是中子源物理及中子物理应用技术所需的一项重要的基础研究工作。随着中子物理学及中子应用技术的发展，应用中子的能力不断提高，已经发展了多种中子能谱的测量方法。比较常用的测量中子能谱的方法有反冲质子法、活化法、核反应法、中子飞行时间法等。

①反冲质子法。反冲质子法是让中子与含氢的靶材料相互作用，通过弹性碰撞产生反冲质子，利用探测器测量质子角分布及能量等信息来反推出中子能谱。

常见反冲质子法或仪器有核乳胶法、反冲质子望远镜、反冲质子磁谱仪等。能量较高的快中子反冲出质子能量较高，容易被探测，故反冲质子法通常被用于测量快中子。②活化法。中子进入特定活化片的原子核，会发生(n,γ)、(n,α)、(n,p)等核反应生成放射性核素，经冷却后，通过测量放射性强度得到对应活化片的单核反应率，根据中子与活化片相应原子核的反应截面数据，对单核反应率数据进行解谱等数据处理即可得到中子能谱。此方法设备较为简单，活化片体积较小，对辐射场本身扰动很小，且对γ射线响应不灵敏，特别适合强γ射线本底中子辐射场测量。一般反应堆中子能谱常常选用活化法进行测量，如核物理与化学研究所利用活化方法对 CFBR-Ⅱ快中子脉冲堆进行了中子能谱测量。③核反应法。核反应法是通过测量中子与某些原子核反应生成反应产物的能量来确定中子的能量，从而实现中子能谱测量。要利用此方法进行中子能谱测量，前提是要满足反应物的总能量(被探测器探测到的)与中子能量一一对应，这就要求反应产物为带电粒子，且反应产物的能量能够全部沉积于探测器中。另外，中子与反应物的反应截面要足够大。^{3}He 夹心式探测器、^{6}LiF 夹心式探测器是典型利用此方法原理实现中子能谱测量的代表。④中子飞行时间法。中子飞行时间法即通过测量中子飞行已知距离所用的时间计算得到中子的速度，从而得到中子能量，进而得到中子能谱。中子飞行时间法是相对最为准确的测量中子能谱的方法。

5.1.3　基于原位实验的高通量表征原理

原位实验是高通量实验中的一种，能够有效实现数据的快速积累和处理。虽然有些高通量实验需要大型科学设备，但原位实验的实现没有如此大的约束。它可以在扫描电子显微镜(简称"扫描电镜"，SEM)或透射电子显微镜(简称"透射电镜"，TEM)下进行。例如，在原位拉伸实验中，对不同变形量的试样拍摄一系列微观组织图片，并进行分析，从而找出微观组织随变形过程的变化规律。

1. 原位实验原理

原位高通量实验是一种在实时条件下监测和研究材料性质的方法，帮助科学家全面理解材料行为。其核心原理是实时监测与控制，利用先进传感器和监测设备连续记录材料结构、性能和反应动力学信息，并具备实时调控实验条件的能力。高通量数据采集技术在这种实验中尤为重要，通过采集温度、压力、电流、电压等多个参数的信息，提供丰富的数据支持。实验常涉及多尺度观察，从宏观到微观甚至纳米尺度，揭示材料在不同空间和时间尺度上的行为。多模态分析采用成像技术、光谱学、衍射技术等不同手段，综合考察材料各方面性能。高度自动化是其特点，自动控制和数据处理减少人为误差，提高效率和可重复性，并能同时处理多个样品，加速实验进程。原位高通量实验通常结合理论模拟，建立材料行为的全面模型，通过比对实验数据和理论模型，深入理解材料本质，为新材料设计和工程应用提供指导。

扫描电子显微镜及透射电子显微镜问世以来，显微学家们认识到显微镜在研究动态过程中的潜力。按顺序记录的图像可用于追踪操作（如加热或拉伸）或电子辐照引起的变化。实际上，每次 TEM 观察都是一个原位实验，因为样品都受到电子束的影响。然而，原位显微学家旨在有意识地作用于样品，并从结果中获得信息。在原位实验中，样品环境经过控制性改变，并与所得结构和性能变化相关联，使用成像、分析或衍射技术进行观察。理想情况下，样品环境的变化和相应的结构或性能变化同时进行定量记录，以获得基本物理过程的定量理解。

原位实验的优势在于提供了过程的连续视图，替代多次事后测量。例如，加热实验可以通过单次实验提供大量信息，而无须检查多个退火样品。原位观察通常比不同样品的事后比较更清晰地呈现现象，因为它记录了来自相同区域的变化。此外，原位实验更容易捕捉瞬态相或成核事件，提供具体的动力学信息，如个别位错运动或纳米晶体的生长速率。原位实验还可确定纳米结构的性能，如单个纳米管的电导率或沉淀的熔点。在相对真实的加工条件下，原位实验为材料行为提供了窗口，因为材料从反应室取出进行事后分析时可能发生显著变化。

尽管原位实验提供了独特的信息，但这是以增加实验复杂性为代价的。必须谨慎设计试样，以最小化薄膜效应。必须进行测试以了解束流效应，并且对施加的刺激进行校准是至关重要的。在大多数实验中，样品的输入可能是简单的束流加热或控制样品加热。冷却或拉伸、施加电压或磁场，甚至使用扫描探针尖端进行修改，都有实现的可能。对于这些实验，使用专门设计的样品和支架，包括所需的功能：加热器、电气接触、探针尖端或机械拉伸。这些实验可以在大多数标准显微镜中进行，除了那些极小极柱间隙的显微镜；需要侧面进样设计以容纳样品支架的通孔。第二种不常见的实验类别基于改变样品的环境，如使其暴露于反应性气体中或将另一种材料沉积到其上。对于这类研究，有两种实验策略是可能的。封闭式方法使用传统显微镜，但通过修改样品支架实现环境控制，在该支架中，样品和反应环境被封闭在两个透明电子窗口之间。开放式方法涉及修改显微镜本身，如向样品区域添加气体通孔。然后，样品暴露于所需环境，无须窗户。这些开放式实验的子集专注于研究清洁环境要求较高的反应性表面。在这种情况下，整个显微镜必须为超高真空(UHV)设计。UHV 样品区域允许准备原子洁净表面(如加热)，然后在极柱内进行可控修改。真正的 UHV 显微镜很少见，因为它们需要巨大的投资，其包含附加到显微镜的侧腔，可以进行其他准备或沉积处理。

在收集输出数据方面，一些原位实验需要进行原子分辨率成像，而其他一些则使用较低分辨率的应变或缺陷成像、衍射分析，或者使用元素映射等分析技术。过去几十年来，数据记录的速度和准确性有了显著提高，从模拟视频磁带到电荷耦合器件(CCD)记录，再到现代直接电子探测器，能够以 1kHz 以上的速度记录。应收集施加的刺激(如样品温度、气体压力或施加力)以及感兴趣的材料性质(如电导率)的测量数据，并且这些数据需要同时与图像、衍射或光谱测量进行关联。这一系列关联数据非常强大，但在处理和分析上提出了挑战。

2. 扫描电子显微镜原理

随着现代科学技术的发展，大量的科研工作者将研究的方向集中在了对微观世界的探索。然而，仅靠人眼的分辨率并不能满足要求。为了观察更微观的世界，分析更微小的细节，各种具有放大功能的显微镜应运而生。首先出现的是光学显微镜。光学显微镜的分辨率用瑞利公式表示如下：

$$d = \frac{0.61\lambda}{n\sin\alpha} \tag{5-6}$$

式中，λ 为波长；n 为折射率；α 为孔径角[22]。在式(5-6)中，入射波长 λ 是影响光学显微镜分辨率的主要因素。

然而受限于可见光波长范围(400～760nm)，光学显微镜的极限分辨率约为 200nm[23]。为了突破这一限制，科学家利用电子的波粒二象性原理，以及加速电子的极短波长(可达可见光波长的十万分之一)开发了高分辨率的扫描电子显微镜。SEM 在科研和生产等多个领域中发挥着重要作用。全面了解 SEM 的基本原理及其应用范围对于研究人员有效使用该设备具有重要指导意义。

扫描电子显微镜是通过电子枪发射电子束，并在聚焦后对试样表面进行光栅状扫描。通过检测电子与试样相互作用产生的信号，能够观察和分析试样表面的成分、形貌及结构。入射电子与试样相互作用时，会激发出二次电子、背散射电子、吸收电子、俄歇电子、阴极荧光和特征 X 射线等各种信号，如图 5-6 所示[24]。

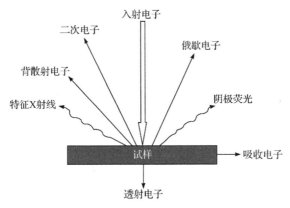

图 5-6　电子与试样相互作用产生的各种信号[24]

SEM 主要由电子光学系统、信号收集及处理系统、信号显示及记录系统、真空系统、计算机控制系统等几部分组成：①电子光学系统。电子光学系统由电子枪、电磁透镜、扫描线圈及试样室等部件组成。由电子枪发射的高能电子束经两级电磁透镜聚焦后汇聚成一个几纳米大小的束斑，电子束在扫描线圈的作用下发生偏转并在试样表面和屏幕上进行同步扫描，激发出试样表面的多种信号。②信号收集及处理系统、信号显示及记录系统。电子束与样品室中的样品表面相互作用激发的二次电子、背散射电子首先打到二次电子探测器和背散射电子探测器中的闪烁体上产生光，再经光电倍增管将光信号转换为电信号，进一步经前置放大器成为有足够功率的输出信号，最终在阴极射线管(CRT)上成放大像。产生的 X 射线信号由斜插入样品室中的能谱仪(或波谱仪)收集，经漂移硅(Si(Li))探测器、前置放大器、主放大器以及脉冲处理器在显示器中展示 X 射线能谱图(或波谱图)，用于元素定性和定量分析。③真空系统。SEM 需要高的真空度，高真空度能减少电子的能量损失，减少电子光路的污染并提高灯丝的寿命。根据 SEM 类型(钨灯丝、六硼化铜、场发射扫描电镜)的不同，其所需的真空度不同，一般在 $10^{-6}\sim$ $10^{-4}Pa$。④计算机控制系统。SEM 有一套完整的计算机控制系统，方便测试人员对其进行控制和操作。

扫描电镜主要利用的是二次电子、背散射电子及特征 X 射线等信号对样品表面的特征进行分析：①二次电子。二次电子是指被入射电子激发出来的试样原子中的外层电子。二次电子能量很低，只有靠近试样表面几纳米深度内的电子才能逸出表面。因此，它对试样表面的状态非常敏感，主要用于扫描电镜中试样表面形貌的观察。入射电子在试样中有泪滴状扩散范围，但在试样的表层尚不会发生明显的扩散，因此二次电子像有很高的空间分辨率[25]。②背散射电子。背散射电子是指入射电子在试样中经散射后再从上表面射出来的电子。背散射电子可用于分析试样的表面形貌。与此同时，背散射电子的产额随着试样原子序数的增大而增加，能显示原子序数衬度，可用于对试样成分作定性的分析。③特征 X 射线。特征 X 射线是指入射电子将试样原子内层电子激发后，外层电子向内层电子跃迁时产生的具有特殊能量的电磁辐射[26]。特征 X 射线的能量为原子两壳层的能量差($\Delta E=E_K-E_L$，E_K 为 K 层的束缚能，E_L 为 L 层的束缚能)，由于元素原子的各个电子能级能量为确定值，因此特征 X 射线能分析试样的组成成分。

扫描电镜对样品微区结构的观察和分析具有简单、易行等特点，是目前应用最广泛的试样表征方式，相比于光学显微镜和透射电镜有其独特的优势：①景深长，视野大。扫描电镜的物镜采用小孔视角和长焦距，因此具有较大的景深。在相同放大倍数下，扫描电镜的景深大于透射电镜，远大于光学显微镜。由于扫描电镜二次电子的产生与电子束入射角度和样品表面的起伏有关，因此其图像具有很强的立体感，可用于观察样品的三维立体结构。②样品制备简单。扫描电镜的样品室较大，可用于观察大约 200mm，高达几十毫米的样品。相比透射电镜，扫描电镜的样品制备要简单得多，样品可以是断口块体、粉体等。对于导电样品，只要大小合适即可直接观察；不导电样品则需在表面喷镀一层导电膜(通常为金、铂或碳)后进行观察。现代的低压扫描电镜和环境扫描电镜可以直接观察不导电样品和生物样品，极大地扩展了应用范围。③分辨率高，倍率连续可调。扫描电镜具有很高的分辨率，普通扫描电镜的分辨率为几纳米，场发射扫描电镜的分辨率可达 1nm，已十分接近透射电镜的水平。光学显微镜只能在低倍率下使用，透射电镜只能在高倍率下使用，而扫描电镜可以在几倍到几十万倍的范围内连续调节，实现了从宏观到微观的观察和分析。④综合分析能力强。扫描电镜可以对样品进行旋转、倾斜等操作，观察样品的各个部位。此外，扫描电镜可以安装不同的检测器(如能量色散 X 射线谱(X-ray energy dispersive spectrum，EDS)、波长色散 X 射线谱(wavelength dispersive X-ray spectroscopy，WDS)及电子背散射衍射(electron back scatter diffraction，EBSD)等)来接收不同的信号，对样品微区的成分和晶体取向等特性进行表征。扫描电镜还可配置相应附件，对样品进行加热、冷却、拉伸等操作，并实时观察动态过程中的变化。

3. 透射电子显微镜原理

随着电子显微技术的不断发展，高分辨扫描透射电子显微镜(scanning transmission electron microscopy，STEM)已经成为目前最为流行和广泛应用的电子显微表征手段和测试方法之一。与传统的高分辨相位衬度成像技术相比，高分辨扫描透射电子显微镜不仅提供更高分辨率，对化学成分也更加敏感，同时还能够生成可直接解释的图像，因此被广泛应用于从原子尺度研究材料的微观结构及成分。其中，高角环形暗场像(high angle annular dark field，HAADF)为非相干高分辨像，其图像衬度不会随着样品厚度及物镜聚焦的改变而发生显著变化，图像中亮点能反映真实的原子或原子对，且像点的强度与原子序数的平方成正比，从而可以获得原子分辨率的化学成分信息[27]。

随着球差校正技术的发展，扫描透射电子显微镜的分辨率及探测敏感度进一步提高，分辨率达到亚埃尺度，使得单个原子的成像成为可能。此外，配备先进能谱仪及电子能量损失谱的电镜在获得原子分辨率 Z 衬度像的同时，还可以获得原子分辨率的元素分布图及单个原子列的电子能量损失谱。因此，可以在一次实验中同时获得原子分辨率的晶体结构、成分和电子结构信息，为解决许多材料科学中的疑难问题(如催化剂、陶瓷材料、复杂氧化物界面、晶界等)提供新的视野[28]。

扫描透射电子显微成像不同于一般的平行电子束透射电子显微成像，它利用会聚电子束在样品上扫描形成图像。STEM 工作原理如图 5-7 所示[27]，场发射电子枪发射的相干电子经过会聚镜、物镜前场及光阑，会聚成原子尺度的电子束斑。

通过线圈控制，电子束斑逐点在样品上进行光栅扫描。在扫描每一个点的同时，放在样品下方且具有一定内环孔径的环形探测器同步接收高角散射的电子。对应每个扫描位置，环形探测器将接收到的信号转换为电流强度，并显示在荧光屏或计算机屏幕上。因此，样品上每一点的扫描与所产生的图像点一一对应。通过连续扫描样品的一个区域，最终形成扫描透射图像。

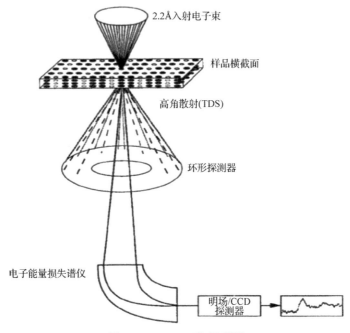

图 5-7　STEM 工作原理[27]

当入射电子束与样品发生相互作用时，会产生弹性散射和非弹性散射，导致入射电子的方向和能量发生改变，在样品下方的不同位置将会接收到不同的信号。在 θ_3(<10mrads)范围内，接收到的信号主要是透射电子束和部分散射电子，利用轴向明场探测器可以获得环形明场像(annular bright field，ABF)。ABF 类似于 TEM 明场像，可以形成 TEM 明场像中各种衬度的像，如弱束像、相位衬度像、晶格像。θ_3 越小，形成的图像与 TEM 明场像越接近。在 θ_2(10～50mrads)范围内，接收的信号主要为布拉格散射的电子，此时得到的图像为环形暗场像(annular dark field，ADF)[29]。在同样成像条件下，ADF 相对于 ABF 受像差影响小，衬度更好，但 ABF 分辨率更高。如果环形探测器的接收角度进一步加大，如在 θ_1(>50mrads)范围内，接收到的信号主要是高角度非相干散射电子，此时得到的像为高角环形暗场像。

Z 衬度像利用高角散射电子成像，为非相干像，是原子列投影的直接成像，其分辨率主要取决于电子束斑的尺寸，因此它比相干像具有更高的分辨率。Z 衬度像随样品厚度和物镜聚焦的变化不会显著影响衬度，也不会出现衬度反转，因此图像中的亮点总是对应原子列的位置[30]。在散射角 θ_1 和 θ_2 包括的环形区域中，散射电子的散射截面 σ 可以用卢瑟夫散射强度 $\theta_1 \sim \theta_2$ 的积分来表示，经过积分后可以得到：

$$\sigma = \frac{m}{m_0}\frac{Z^2\lambda^4}{4\pi^3 a_0^2}\left(\frac{1}{\theta_1^2+\theta_0^2}-\frac{1}{\theta_2^2+\theta_0^2}\right) \tag{5-7}$$

式中，m 为高速电子的质量；m_0 为电子的静止质量；Z 为原子序数；λ 为电子的波长；a_0 为玻尔半径；θ_0 为博恩特征散射角。因此，在厚度为 t 的试样中，单位原子数为 N 时的散射强度 I_s 为

$$I_s = \sigma N t I \tag{5-8}$$

式中，I 为单个原子柱的散射强度。

从式(5-7)和式(5-8)可以看出，HAADF 探测器得到的图像点强度正比于原子序数的平方，因此也被称为 Z 衬度像。由于可以根据图像点的强度区分不同元素的原子，Z 衬度像能够提供原子分辨率的化学成分信息。图像的解释简明直接，一般不需要复杂繁琐的计算机模拟，因此 Z 衬度像特别适合用于研究材料中的缺陷及界面[31]。

在 STEM 中，除了通过环形探测器接收散射电子信号成像，还可以通过后置的电子能量损失谱仪检测非弹性散射电子信号，从而得到电子能量损失谱，用于分析样品的化学成分和电子结构。此外，还可以通过在镜筒中样品上方区域安置 X 射线能谱探测器进行微区元素分析。因此，通过一次实验，可以同时对样品的化学成分、原子结构和电子结构进行综合分析[32]。

1) 原子分辨率 HAADF

由于透射电子显微镜的电磁透镜存在较大的像差，限制了可形成的最小束斑及其电流强度，从而直接影响图像的分辨率和信噪比。利用球差校正技术，可以使透射电镜获得更小的电子束斑及更高的束斑电流强度。配备球差校正器的透射电镜在 200kV 电压下可获得至少 0.1nm 的电子束斑，同时电子束电流密度提高 10 倍以上，使得 Z 衬度像的分辨率和探测敏感度进一步提高。透射电镜的分辨率进入亚埃尺度，可以获得单个原子的成像。高分辨率 Z 衬度像可以从原子尺度来研究界面纳米相和缺陷结构成分及元素偏聚等复杂的材料结构[33]。2011 年，FEI 公司推出了配有化学扫描透射电子显微镜(Chem-iSTEM)技术的球差校正 Titan G2 80-200 电镜，将超稳定的高亮度 Schottky FEG 源与探针校正技术结合,实现了 0.08nm 的原子分辨成像。2014 年 5 月，日本电子株式会社发布了其新一代球差校正扫描透射电子显微镜 JEM-ARM300F，高分辨率透射电子显微镜(HRTEM)的分辨率可以达到 0.05nm，

HAADF-STEM 分辨率达到 0.063nm，将商业化的透射电镜推向了一个新极限。

　　随着技术的发展，球差校正扫描透射电子显微镜在从原子尺度认识材料方面发挥了重要的作用。以镁合金材料为例，孪晶是镁合金塑性变形的重要方式，控制孪晶的形成及生长是使镁合金获得良好成形性的关键。如图 5-8 所示，Nie 等[34]采用 HAADF-STEM 对经过室温压缩和回火后 Mg-Gd、Mg-Zn 合金的孪晶界进行原子尺度的表征，在 $\{10\bar{1}1\}$、$\{10\bar{1}2\}$、$\{10\bar{1}3\}$ 孪晶界面处分别发现了钆和锌原子的周期性偏聚。由于 HAADF-STEM 中原子柱的亮度与原子序数成正比，因此在晶界上可以明显观察到钆和锌的原子柱。钆和锌原子在孪晶界面上的周期性偏聚可以有效地降低孪晶的弹性应变能，并对孪晶的运动起到钉扎作用，从而产生一定的强化效果。这一发现为理解密排六方和面心立方金属的孪晶结构和成分开拓了新的视野，并为有效调控合金的成分及热处理工艺奠定了基础。

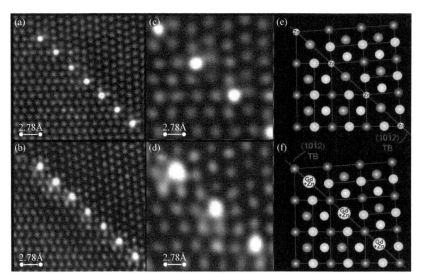

图 5-8　孪晶界处溶质原子周期性排列[34]

(a)、(b)为 Mg1.9Zn 合金孪晶界处 HAADF-STEM 像；(c)、(d)为 Mg1.0Gd0.4Zn 合金孪晶界处 HAADF-STEM 像；
(e)、(f)为(c)、(d)中图像的示意图，其中的 TB 为孪晶界

2）原子分辨率 ABF

　　ABF 探测器主要用于收集透射电子束和部分散射电子成像，与 HAADF 中衬度与原子序数 Z 的平方成正比不同，ABF 的衬度与原子序数 Z 成正比，因此对化学元素的变化更加敏感。尤其是轻元素[35]，如锂原子，由于散射电子强度非常低，在 HAADF 中通常无法观测到，而在 ABF 中则可以清楚地观察到。富锰氧化层(LLOs，$Li_{1+x}Mn_yTM_{1-x-y}O_2$，TM=Ni、Co、Mn、Fe 或 Cr 等)是离子电池中最具吸引力的阴极材料，但是由于锂和氧原子难以观测，这种材料的结构尚未研究清楚。Yu 等[36]通过球差校正的高分辨 ABF-STEM 技术对 LLOs 进行观测，从原子尺度

上揭示了该材料的结构。图 5-9 为 LLOs 材料中 LiTMO₂ 结构沿[100]方向的高分辨 HAADF-STEM 和 ABF-STEM 像，HAADF-STEM 中的亮点及 ABF-STEM 中的暗点对应图中过渡金属的位置，而在 ABF-STEM 中，TM 原子柱夹层中微弱的暗点对应的是 Li 和 O 原子柱的位置。

图 5-9　LiTMO₂ 结构沿[100]方向的高分辨像[36]
(a) HAADF-STEM；(b) ABF-STEM

5.2　高通量表征在材料领域的应用

基于中子和同步辐射的表征技术具有深穿透、高平行度及高通量等特点，可以实现对工程部件点阵应变/应力与取向的高精度三维表征。此外，中子谱仪与同步辐射线站内有足够空间，便于设置复杂多外场环境(如温度和应力)，从而可以原位研究变形与相变过程，揭示其微观机制并验证微观力学参数。中子衍射和同步辐射各有特点：中子衍射限定的有效体积大，即使对于数十微米晶粒尺寸的样品，测量织构与应力的统计性也足够好；同步辐射则有利于研究几个晶粒或晶粒内部局域行为，揭示梯度特征及相关微观机制。中子衍射的点阵应变测量精度略高于同步辐射，二者均明显高于实验室 X 射线衍射。同步辐射 X 射线的光子通量比中子通量高几个数量级，线站 X 射线分布率更高，测量时间更短(曝光时间通常在秒级，甚至达到毫秒级)；中子衍射应力测量时间一般为数分钟或更长，但随着中子源功率增强，中子导管与装置设计水平的提高及探测器的发展，测量时间有望控制在 1min 内。中子还可以更好地分辨合金中组成的化学周期表上近邻元素或同位素，有利于研究特殊合金(如一些 3d 元素组成的高熵合金)长程有序短程无序的精细结构。

金属结构材料是国家基础工业发展的基石，系统研究基础金属材料在外加载荷作用下的组织应力演化过程对指导工业生产和保障工程构件安全具有重要意义。以下借助几种常见结构材料的研究示例，说明应用中子和同步辐射衍射技术进行变形研究的情况。

5.2.1　同步辐射光源的应用

1. 基于同步辐射高能 X 射线衍射技术的高通量表征

高能 X 射线衍射(high-energy X-ray diffraction，HE-XRD)具有能量高和发散度低的特点，可以通过限制光斑在一个或两个方向的大小，并沿该方向对样品进行线扫描或面扫描，实现一维弹性应变梯度或二维弹性应变场高通量测量。Li 等[37]基于 HE-XRD 原位研究了激光冲击强化(laser shock peening，LSP)高纯钛的微观组织和残余应力梯度演化，揭示了 LSP 后加工硬化率升高及局域失稳的物理起源。实验通过狭缝得到 100μm×20μm 的光斑，其沿加载方向的尺寸稍大，以同时保证沿组织和应力梯度方向的空间分辨率及发生衍射晶粒的统计量，LSP 样品及 HE-XRD 表征原理见图 5-10。由图 5-11 可知，宏观残余应力随深度的增大先减小后增大，但晶间应力逐渐成为内部存储冲击能量的主要方式。

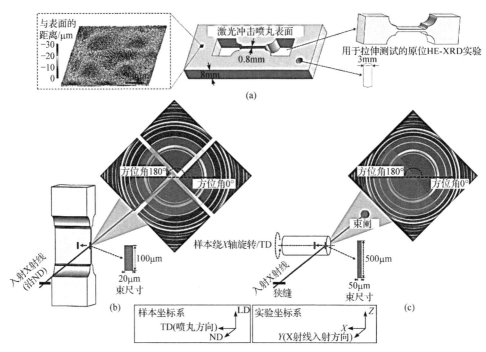

图 5-10　LSP 样品和 HE-XRD 表征原理示意图[37]

(a)LSP 处理板材及取样方式；(b) 原位应力梯度测量；(c) 织构梯度测量

ND-径向；LD-轴向

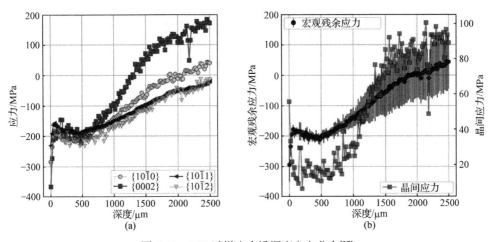

图 5-11　LSP 试样应力沿深度方向分布[37]

(a) 不同取向晶粒沿加载方向的应力；(b) 宏观残余应力和晶间应力

除了进行宏观残余应力(第Ⅰ类内应力)分布测量外，HE-XRD 的深穿透和高通量特点，以及线站实验棚屋内足够的空间，使其更适合在外场(力、温度、磁、高压等)作用下，对金属材料的微观组织、晶间/相间应力配分(第Ⅱ类、第Ⅲ类微观内应力)、晶体结构、缺陷密度演化相关的微观力学行为和相变行为进行原位研究。

利用同步辐射 HE-XRD 进行弹性应变测量的常规实验装置如图 5-12 所示，由调节入射束尺寸的狭缝，调整样品位置的位移台以及一个面探测器组成[38]。该方法实验装置简单，但衍射体积仅能通过入射束水平方向和竖直方向尺寸进行限制，因此只能实现二维空间分辨。获取的衍射信息是沿入射束方向的叠加，无法实现深度分辨。使用高能 X 射线产生的衍射角通常在 10° 以内，衍射矢量方向与垂直于入射束的平面仅存在几度的偏离。如果样品可以进行平面应力假设，即沿入射束方向的应力为 0，例如薄片样品，则只需收集 1/4 的德拜-谢乐(Debye-Scherrer)衍射环就可以进行平面应力计算。由于衍射角较小，面探测器能同时采集多个 hkl 的衍射环，在原位加载实验时可以分析不同晶面的微观应力-应变响应。如果样品可

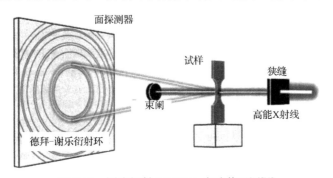

图 5-12　同步辐射 HE-XRD 实验装置图[38]

以旋转，采集一系列不同转角下的衍射数据还可以得到样品的织构信息。

Chen 等[39]制备出了在宽温域下具有零滞后超高弹性应变的 NiCoFeGa 单晶微丝。通过增加 Co 的浓度，可以降低加卸载应力-应变曲线的应力滞后现象。对于 Co20 合金，最大非滞后超弹性应变达到 15.2%，应力为 1.5GPa，断裂强度超过 1.6GPa，伸长率为 16.1%。对不同 Co 含量的单晶微丝进行了原位 HE-XRD 表征，揭示了这种零滞后超高弹性行为的物理机制。图 5-13(a)为同步辐射高能 X 射线衍射实验示意图；图 5-13(b)和(c)分别为 Co10 和 Co15 立方奥氏体 L2$_1$ 相(004)晶面原位拉伸及卸载过程中加载方向晶面间距变化，Co10 具有明显的马氏体相变，而 Co15 表现为连续的晶格畸变。这种连续晶格畸变表明，零滞后弹性应变源于应力作用下的连续相转变，连续转变的物理机制源于一种新型的"原子尺度的有序无序纠缠结构态"导致的微观连续相变(二阶或高阶相变)，并且抑制了传统的一阶马氏体相变。

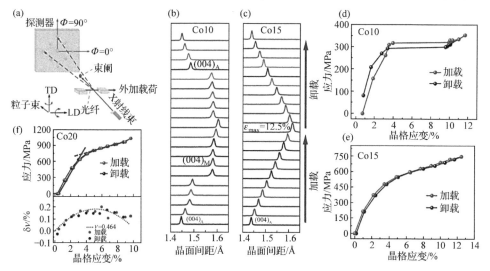

图 5-13 NiCoFeGa 单晶微丝超弹性能的原位 HE-XRD 表征[39](扫描章前二维码查看彩图)
(a) 同步辐射高能 X 射线衍射实验示意图；(b)和(c)分别为 Co10 和 Co15 立方奥氏体 L2$_1$ 相(004)晶面原位拉伸及卸载过程中加载方向晶面间距变化；(d) Co10 加载卸载期间晶格应变与应力关系；(e) Co15 加载卸载期间晶格应变与应力关系；(f) Co20 加载卸载期间晶格应变与应力和泊松比变化量的关系
$\varPhi$-方位角；ν-泊松比；ε_{max}-最大应变

对于钢铁材料，HE-XRD 的研究内容主要集中在单相(如铁素体、奥氏体、珠光体)或多相(奥氏体/铁素体、铁素体/珠光体)组织演化与残余应力分布，变形过程中弹/塑区晶间与相间应力配分，以及温度与应力诱发马氏体/贝氏体相变行为等。单相与多相合金各向异性应力配分(取向相关应力或晶间应力)一直是研究者关心的热点和难点问题。一方面，微观应力测量对验证钢铁材料的微观力学模型非常重要，与变形及相变过程中织构演化密切相关，有助于通过该类应力的研究实现制备工艺的优化；另一方面，微观应力与宏观应力的同时获取可以为钢铁材料/工程部件质量、服役可靠性及失效评估标准的制订提供基础数据。国外学者从实验和模拟角度对此开展了大量研究工作，实验方面，微观应力测量技术的发展主要得益于实验技术，尤其是大科学装置的进步。

21 世纪初，Wang 等[40]聚焦典型钢铁材料变形过程中的微观力学行为，率先应用基于透射几何的 HE-XRD 开展了相关探索工作，先后在再结晶/变形织构、取向相关应力[41-43]等方面取得一系列成果。其中，针对双相钢 DP980 开展的原位微观力学实验，获得了与拉伸方向呈不同角度的多相二维衍射数据，并使用引入体积权重的双峰拟合方法，将相同晶体结构软/硬相的叠加衍射峰分离为具有不同峰位和宽度的两个函数，成功得到铁素体和马氏体各自的{200}衍射峰，进而获得拉伸载荷作用下各相的点阵应变，首次实现了相同晶体结构软/硬相应力配分的原位测量[44]，并结合弹塑性自洽模拟对变形过程中的应力/应变配分进行了解析。进一步通过约束光束尺寸和实时控制样品位移将 HE-XRD 表征技术的空间分辨维度扩展至一维或二维。例如，在中锰钢中，采用 HE-XRD 技术，获得吕德斯带周围奥氏体结构的分布规律，证实吕德斯带扩展导致奥氏体马氏体相变的体积分数增加，并对其机械性能产生明显影响。

Zhang 等[45]利用 HE-XRD 技术原位研究了中锰相变诱发塑性(transformation induced plasticity，TRIP)钢中吕德斯带扩展时组织演化的二维分布。通过分析吕德斯带附近奥氏体含量变化，发现吕德斯带扩展促进 30%的奥氏体转变为马氏体。奥氏体 γ(311)原位拉伸过程中的点阵应变变化，与 Schwab 和 Ruff 提出的材料真屈服行为是下屈服点之后的应变硬化非常吻合，根据模型计算，吕德斯带与拉伸方向夹角为 60°，实验观察到约为 65°，如图 5-14(a)所示。从图 5-14(b)中奥氏体位错密度的二维分布可以看出，吕德斯带扩展使得奥氏体中平均位错密度从 $7\times10^{14}m^{-2}$ 增殖到大于 $1.5\times10^{15}m^{-2}$。这是因为吕德斯带扩展时大量奥氏体转变为马氏体，大量马氏体的出现挤压周围的奥氏体，从而显著增加了奥氏体的位错密度。

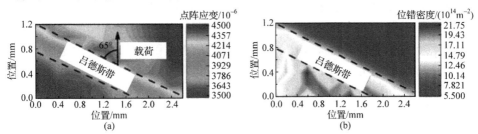

图 5-14　HE-XRD 研究 TRIP 钢吕德斯带扩展中点阵应变和位错密度二维分布[45]

(a) γ(311)点阵应变；(b) γ 相位错密度

温轧态 Ti-30Zr-10Nb 合金在拉伸过程中表现出一种有趣的"双屈服"现象，如图 5-15(a)所示。合金在第一个屈服阶段加工应变硬化率较大且呈现波浪状变化，第二个屈服阶段拉伸应变较大(约 13.5%)且加工应变硬化率极低。借助 HE-XRD 原位实验技术，基于对不同应变状态下采集的 HE-XRD 二维衍射信号的系统分析(图 5-15(b))，成功解释了该"双屈服"现象的微观机理：第一个屈服归因于合金中发生应力诱发马氏体相变及马氏体与基体的弹性交互作用；第二个屈服则是由于合金中发生了可逆的马氏体再取向，表现为在加载方向出现了(110)$_{\alpha''}$衍射峰，并发现马氏体的再取向过程伴随约 23°的晶格旋转，[110]$_{\alpha'}$轴转向了拉伸方向[46]。该工作系统分析了马氏体相变和再取向对 β 钛合金力学性能的影响机制，为 β 钛合金力学性能和加工性能的提升提供了理论和实验依据。

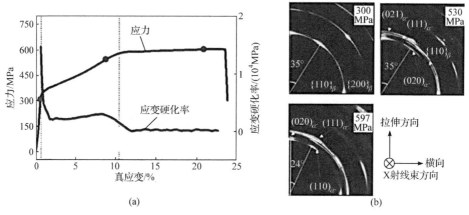

图 5-15　Ti3010 合金拉伸力学行为的 HE-XRD 研究[46]

(a) 应力/应变硬化率-真应变曲线；(b) 不同外加应力下的二维衍射图

对于镍基高温合金，镍基高温合金是航空发动机部件的关键材料，经固溶及时效处理后，一般获得无序固溶体(γ 相)中规则分布的共格有序金属间化合物(γ' 相)双相组织。不同相之间热膨胀系数的差异使得材料内部产生热应力，在使用过程中引起变形，另外，析出相的演化及分布严重影响 γ/γ'相错配度及其热膨胀行为，进一步影响构件服役过程中的热机械性能。国外学者就此做了大量研究工作，如 Kelekanjeri 等[47]借助同步辐射超小角 X 射线散射技术对 γ'析出相的产生及粗化过程进行了定量表征；Jaladurgam 等[48]对不同 γ'相体积分数的镍基高温合金变形行为进行了原位研究，讨论了不同应力配分行为背后的物理机制，并通过弹塑性自洽模型进行了验证。Yan 等[49]应用 HE-XRD 技术原位研究了镍基高温合金 Waspaloy 加热过程(29～1050℃)中不同相(包括 γ 相、γ'相、碳化物等)的演化，系统讨论了包括 γ/γ'晶格错配、析出相回溶及热膨胀行为，发现 γ 基体相对较高的线膨胀系数使得晶格错配度随温度升高不断减小，γ'相和 $M_{23}C_6$ 碳化物在加热过程中存在回溶，当温度降至室温时又重新析出，证明了 $M_{23}C_6$ 溶解对基体晶粒生长的促进作用。相关结果有助于高温合金热处理工艺参数的进一步优化。

具有热弹马氏体相变的合金在外力作用下可以产生远大于弹性极限应变量且

可以自动恢复的应变，这种行为称为超弹性行为。基于一阶马氏体相变或者弱一阶相变的超弹性行为，应力-应变曲线表现出较大的滞后现象，限制了其工程应用。研究人员通过微观组织结构调控，相继开发出 NiTiNb 复合材料、NiTiCu 复合材料、NiCoFeGa 单晶纤维材料等结构功能一体化材料，实现了窄滞后、宽温域、大弹性、高应力的综合特性[50-54]。

对于形状记忆合金，Hao 等[55]利用 NiTi 形状记忆合金的点阵切变变形特点，将其与超高强度 Nb 纳米线复合，在 NiTiNb 复合材料中实现了超大弹性应变(6%)和超高屈服强度(1.65GPa)。该团队采用原位 HE-XRD 研究了 Nb 纳米线及 NiTi 基体的变形及相变行为，如图 5-16 所示。母相态 NiTi 基体在拉伸过程中发生了应力诱发马氏体相变(B2→B19')。Nb 纳米线在拉伸过程中一直发生弹性变形，应变为 4%~6%。外界施加的应力通过 NiTi 基体可有效传递给高强度 Nb 纳米线，使得复合材料呈现出超高强度和窄滞后特征。

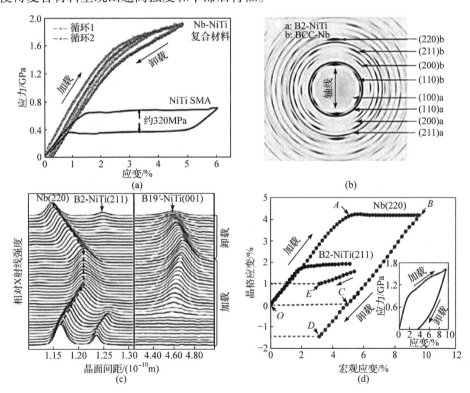

图 5-16　HE-XRD 原位实验研究 NiTiNb 复合材料[55]

(a) 应力-应变曲线；(b) 高能 X 射线二维衍射花样；(c) 不同应力状态下的一维衍射花样；(d) 晶格应变-宏观应变曲线

新兴的结构材料，如高熵合金、异构材料等往往具有复杂的微观结构并表现出特殊的力学行为，对传统材料表征技术提出了新的挑战。同步辐射先进表征技术在该类复杂结构材料的研发和性能分析中往往能起到关键作用。例如，Lee 等[56]应用 HE-XRD 对 NbTaTiVZr 高熵合金中原子尺度点阵畸变诱发的强化作用进行了讨论，证明了高熵合金特有的严重点阵畸变是其优异力学性能的核心因素；Gordon 等[57]应用 HE-XRD 技术对块体单相高熵合金拉伸过程中晶粒的弹性变形、晶格旋转和临界分切应力进行了定量表征，实验数据与晶体塑性有限元模拟数据的不匹配说明了多晶高熵合金变形过程的复杂性；Shi 等[58]制备了一种成分为 $Fe_{22}Co_{20}Ni_{19}Cr_{20}Mn_{12}Al_7$ 的新型双相高熵合金，获得了 1430MPa 的抗拉强度和 19.9%的室温塑性。结合 HE-XRD 技术原位研究了该合金在室温和 77K 下变形过程中的微观力学行为，发现拉伸过程中体心立方相存在巨大晶格畸变({200}晶面弹性应变分别高达 7.0%和 5.6%)。该晶格畸变归因于一种新型应力诱导受限马氏体相变，本质上源于纳米尺度连续分布的有序—无序转变。

共晶高熵合金(eutectic high entropy alloy，EHEA)是近年来发展起来的新型多主元层状复合材料，具有优异的综合力学性能。Shi 等[59]采用定向凝固技术制备出一种具有多级共晶层片结构的鱼骨共晶高熵合金(图 5-17(a)和(b))，成功协调了裂纹容限和高伸长率之间的矛盾，获得超高断裂韧性。Shi 等[59]应用 HE-XRD 技术对该材料拉伸过程中 L1$_2$ 和 B2 相的应力配分情况进行了解析，变形样品的二维衍射图和应力配分情况分别如图 5-17(c)和(d)所示。该结果对这种特殊的相间协

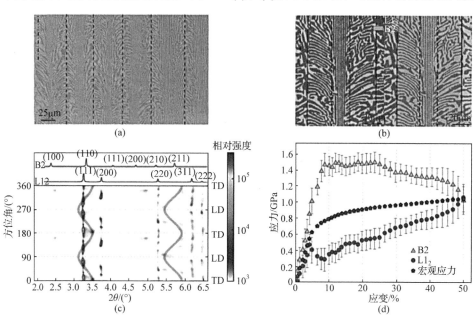

图 5-17　鱼骨共晶高熵合金及其 HE-XRD 原位表征

(a) 鱼骨共晶高熵合金 SEM 图；(b) L1$_2$ 和 B2 相分布(左)及反极图分布(右)；(c) 约48%拉伸变形后的二维衍射图；(d) 拉伸过程中的应力配分[59]

同变形作用,即硬相 B2 层片中萌生高密度微裂纹作为应变补偿者改善材料塑性,软相 L1$_2$ 层片中形成高密度多组态位错和微带增强加工硬化,提供了关键证据。

近年来,随着同步辐射相关技术的进一步发展,HE-XRD 的空间分辨率在介观尺度上得到了显著提高,为复杂结构材料的研究带来了新的机遇。以异质结构材料为例,其变形过程中不同组织微区之间的载荷配分对于理解其变形机制具有重要意义。Li 等[37]通过控制狭缝尺寸,设计了具有一维空间分辨的 HE-XRD 实验,原位研究激光冲击纯钛变形过程中梯度组织的应力响应行为,首次表征了该种梯度材料在单轴拉伸过程中复杂的局部应力演化,揭示了梯度材料的加工硬化增强和机械不稳定性的起源。HE-XRD 技术同样适用于研究多相梯度材料变形过程中的复杂组织、应力演化行为。Ma 等[60]应用类似方法量化了通过低温预扭转360°制备的 304 不锈钢梯度材料中的三个组成相在室温拉伸过程中的晶格应变分布及演化,揭示了面心立方、体心立方和密排六方相在不同位置表现出的不同应变硬化行为。上述典型应用示例表明,具有空间分辨能力的 HE-XRD 技术在研究具有连续梯度的异质材料时具有明显优势。基于德拜–谢乐衍射环的深度分析往往可以得到其他传统表征技术难以获得的兼具统计性与实/倒空间分辨率的有关局域微观结构和应力状态的关键信息。

2. 基于交叉束技术的高通量表征

图 5-18 为交叉束技术示意图[38],该技术用于实现同步辐射 HE-XRD 实验的三维空间分辨。横向(垂直于入射束方向)的分辨率通过调整入射束的尺寸来实现,而深度方向(平行于入射束方向)的空间分辨则通过放置在样品后方的光学器件来限定。该装置利用后方的准直器在样品内定义了一个拉长的菱形衍射体积,其尺寸由入射束的尺寸、衍射角度及准直器的张角决定。准直器可以由两个相距较远的狭缝构成,准直器的张角必须小于待准直衍射束的发散度,并且第一个狭缝要尽可能贴近样品。衍射体积长度方向的尺寸可以通过式(5-9)计算:

$$l = \frac{b + a\cos(2\theta)}{\sin(2\theta)} \tag{5-9}$$

式中,l 为衍射体积长度;a 为入射束宽度;b 为准直器宽度;2θ 为衍射角。显然,2θ 较小时,长度方向(深度方向)的空间分辨率很低。

锥形狭缝技术是一种特殊的交叉束技术,通过一组锥桶嵌套形成一套具有不同2θ 张角的圆锥形狭缝,配合微聚焦的入射束以定义完全浸没于样品内部的衍射体积,再通过移动样品实现沿入射束方向的深度分辨。Nielsen 等[61]于 2000 年在欧洲同步辐射光源(ESRF)搭建了第一代锥形狭缝系统,图 5-19 为锥形狭缝实验装置示意图。

圆锥形狭缝单元由一组碳化钨加工成的锥桶相互嵌套而成,锥桶间形成 6 个

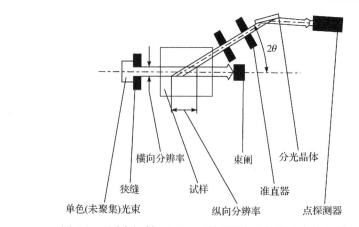

图 5-18 同步辐射 HE-XRD 利用准直器的交叉束技术[38]

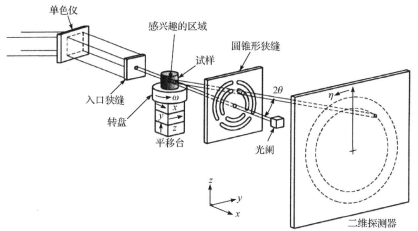

图 5-19 锥形狭缝实验装置示意图[61]

ω-转动方向；η-探测器扫描方向

不同 2θ 张角，间隙为 25μm 的圆锥形狭缝。圆锥形狭缝张角对应面心立方晶体结构的 6 个衍射角，配合微聚焦的入射束即可定义完全浸没于样品内的衍射体积，实现沿入射束方向的深度分辨。所有圆锥有共同的顶点，其到锥形狭缝的距离定义为焦距，该点亦为样品内衍射体积中心。

第一代锥形狭缝的焦距仅为 10mm，第二代则增至 100mm，为了配合原位环境或载荷设备提供更多的操作空间。第三代锥形狭缝适用于立方和六方结构，具备 20μm 的狭缝间隙以及更大的焦距。例如，美国高能同步辐射光源(advanced photon source，APS)的 1-ⅠD 线站配备的锥形狭缝系统焦距为 50mm；德国电子同步加速器(Deutsches elektronen-synchrotron，DESY)研究所，高能材料科学线站线站 PETRA Ⅲ 的锥形狭缝系统的焦距为 10mm[62,63]。PETRA Ⅲ 加速器环的第三代锥形狭缝扫描 0.5mm 厚的纯 Fe 薄膜试样得到(111)晶面衍射的深度分辨率为

0.7mm，(002)面衍射的深度分辨率为 0.64mm。与普通的直线狭缝相比，在使用面探测器的情况下，利用锥形狭缝能够单次曝光得到完整的衍射环，而非部分衍射环，能够实现点阵应变和织构的快速测量。该技术也有明显缺点，即只适合测量特定晶体结构的一组 *hkl* 晶面，不同材料还需要通过调整 X 射线能量以匹配狭缝张角，无法实现原位相变测量，不适合大点阵应变测量，深度方向分辨率较低。

　　Gill 等[64]在 APS 的 1-ⅠD 线站使用锥形狭缝技术研究了 LSP 处理过的 Inconel718 SPF 高温合金在不同功率密度下的残余压应力梯度。由于材料是细晶材料，入射束尺寸被限制为 30μm×50μm，以提高空间分辨率。通过沿着样品高度方向的扫描，并绘制衍射峰强度变化曲线，精确定位衍射体积与冲击表面的深度距离。残余应力沿深度方向在 LSP 平面的 *X* 和 *Y* 方向上的分布如图 5-20 所示，

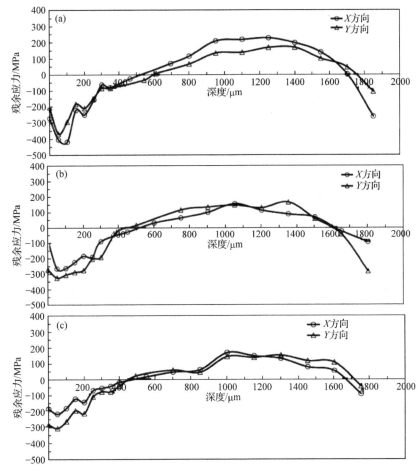

图 5-20　Inconel718 SPF 高温合金在不同 LSP 功率密度下的两个方向平面残余应力[64]

(a) 9GW/cm²；(b) 7.5GW/cm²；(c) 6GW/cm²

呈现典型的勺形分布特征。测量结果显示，LSP 引入了显著的残余压应力层，其大小和深度与 LSP 功率密度密切相关。

3. 基于 3DXRD 技术的高通量表征

如前文所述，普通的同步辐射高能 X 射线衍射实验只能获得材料内部所有晶粒的平均信号。为了实现对块体材料内部单个晶粒的取向、位置、形貌及弹性应变的三维表征，丹麦 RisØ 国家实验室提出一种三维 X 射线衍射技术(3DXRD)或高能 X 射线衍射技术(HEDM)。3DXRD 的核心思想是从不同角度采集样品的衍射信息，然后综合分析所有的衍射谱，以解析出材料内部的晶粒结构信息。3DXRD 的工作原理类似于 X 射线计算机断层成像(X-CT)，但前者采集的是衍射信息，后者则是吸收谱。3DXRD 能够与各种原位环境或加载设备配合使用，以研究工程材料内部晶粒的微观组织和微观力学行为演化。

3DXRD 技术装置简图如图 5-21 所示，样品固定在可以沿着 x、y、z 方向进行高精度平移的样品台上。同时，样品台还能绕着 z 轴进行 360°旋转。二维 CCD 相机用于接收来自样品不同晶粒的衍射信息。高像素分辨率的 CCD 相机主要用于采集近场衍射信息，以获取高分辨率的晶粒形貌信息。低像素分辨率的探测器则用于采集远场衍射信息，以分析晶体取向和弹性应变。在原位研究中，拉伸台或加热炉可以将样品固定在旋转样品台上，允许对样品进行力学加载或温度控制。

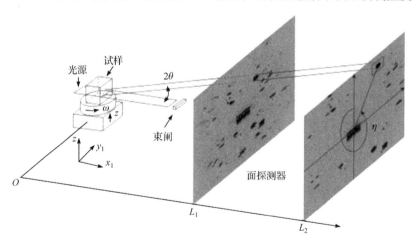

图 5-21　3DXRD 技术装置示意图[65]

传统的表征手段，如断口和裂纹的扫描电镜分析，往往无法清晰地认识材料内部裂纹的产生和扩展过程，也无法无损地表征裂纹源附近的三维晶体学特征、微应变分布及裂纹与晶界/孪晶界的相互作用等。虽然同步辐射 X-CT 技术可以获取材料内裂纹或微孔洞的三维尺寸及空间分布，但无法提供晶粒的形貌、取向、晶界类型及弹性应变等信息。Hanson 等[66]利用 3DXRD 技术研究了 Inconel725 镍基合金的氢脆行为，揭示了晶界的晶体学特征与氢致断裂敏感性之间的关系。在充氢试样被拉断后，利用 X-CT 技术在断口附近发现了几处微裂纹，随后通过近场 3DXRD 对裂纹区域进行了表征(图 5-22(a))，从中获取了微裂纹附近的晶粒形貌和晶体取向信息，并分析了晶界类型对阻碍裂纹扩展的影响。图 5-22(b)展示了裂纹偏折的相关晶体学参数，包括裂纹平面的进入角 θ_{crack} 和反射角 θ_{resist}，以及对应晶界的迹线 n 和 d。这些研究表明，通过 3DXRD 技术能够深入理解晶界在裂纹扩展中的作用，特别是当晶界两侧晶粒中至少有一侧对应低指数晶面时，晶界对裂纹扩展的阻力较高。

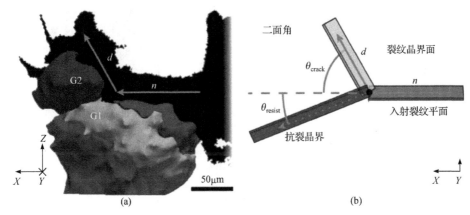

图 5-22　3DXRD 技术三维表征 Inconel725 镍基合金的氢脆裂纹偏折[66]
(a) 晶粒 G1 和 G2 晶界处的裂纹偏折；(b) 晶体学参数

基于同步辐射的实空间三维表征则要借助于同步辐射微 X 射线衍射(μXRD)技术。Li 等[67]以具有平面滑移特征的奥氏体不锈钢疲劳组织为例，如图 5-23 所示。围绕剪切带微观组织与局域应力状态及载荷作用下的动态演化，利用具有亚微米分辨率的 μXRD 表征手段，通过单色光扫描解析与白光衍射分析相结合，首次实现了对晶粒内部疲劳剪切带位错结构引起的超大应力梯度与微小取向梯度的精确表征，建立了考虑剪切带交互作用的疲劳损伤位错新模型，揭示了剪切带形成、交互并诱导微观损伤的疲劳机理，实现了亚微米级的疲劳损伤评价。该工作借助基于同步辐射的新技术补充并深化了对传统微观疲劳损伤理论的理解，对金属材料的疲劳断裂行为与寿命评估，以及高性能设计具有指导意义。

4. 基于微束衍射技术的高通量表征

材料性能及损伤很大程度上取决于介观尺度和微观尺度的组织结构、取向差、化学成分、缺陷及局域应力梯度实际应用中材料多为三维块体，晶体力学性能各

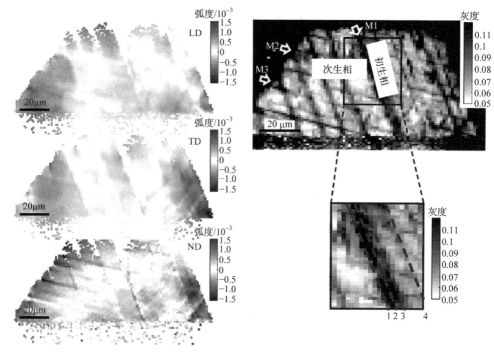

图 5-23　三维微束衍射技术表征不锈钢疲劳组织[67]
以罗德里格斯向量在 LD、TD、ND 方向分量表示的取向分布图
TD-横向

向异性(如弹性模量)及微观组织不均匀性(如晶界、第二相、亚结构、缺陷等)共同
作用,使晶体材料在宏观载荷作用下产生复杂的微观力学响应,晶间(几十微米尺
度)和晶内(微米至亚微米尺度)的变形不协调会产生可观的局域应力集中,进而对
材料的力学和物理性能产生重要影响。因此,具有微米甚至亚微米尺度空间分辨
率的三维无损表征技术,是理解材料微观组织、微观应力演化的重要工具,对解
决材料微观力学行为和局域损伤机制研究中的科学问题具有深远的影响。电子背
散射衍射技术仅能获取二维的晶体结构和取向信息。3DXRD 技术能够提供微米
分辨率的三维晶粒形貌,晶粒质心位置及晶粒平均弹性应变,但很难得到晶粒内
部的弹性应变梯度。得益于 X 射线聚焦光学器件的迅速发展,同步辐射 X 射线微
聚焦光斑尺寸可以轻松达到亚微米级,使得 X 射线微束衍射技术成为可能。
3DXRD 技术出现的同时期,APS 的 34-ⅠD-E 线站开发了另外一种三维微结构 X
射线表征技术,即白光劳厄(Laue)微束衍射技术。其使用差分光阑技术实现了深
度分辨,因此又称为差分光阑 X 射线显微镜(differential-aperture X-ray microscopy,
DAXM)。不同表征技术各参数对比总结于表 5-1。

表 5-1　不同表征技术各参数对比

具体参数	DAXM	3DXRD	EBSD
取向分辨率/(°)	0.01	0.01	0.1
点阵应变分辨率	10^{-4}	10^{-4}	—
空间分辨率/μm	0.5	1	0.1
3D 无损表征	√	√	—
信息来源	内部	内部	表面

　　白光 Laue 微束衍射技术可无损表征晶粒内部微区的晶体结构、晶体取向、缺陷密度和弹性应变偏张量等参量的三维分布。适用于单晶、多晶、单相、多相、复合材料、异质结构等材料。传统的微聚焦单色光衍射为了使小衍射体积内的晶体发生衍射，样品必须同时实现亚微米精度定位和角秒精度旋转，这往往会降低空间分辨率，而白光 Laue 微束衍射无须旋转样品即可满足衍射条件，实验的空间分辨率取决于聚焦光斑尺寸。白光 Laue 微束衍射只能得到弹性应变偏张量，想要得到包括弹性应变球张量在内的弹性应变全张量则需要对至少一个晶面的 Laue 微束衍射斑进行能量扫描，得到绝对的晶面间距。Larson 和 Ice 等详述了微束衍射技术的原理及应用[68,69]。

　　第三代同步辐射光源微束衍射表征技术的空间分辨率已经达到亚微米尺度。能够实现微束衍射实验的线站包括：美国 APS 的波荡器线站 34-ⅠD-E，美国劳伦斯伯克利国家实验室的先进光源超导磁铁线站 12.3.2，欧洲同步辐射中心的 BM32 线站，韩国浦项光源的 1B2 线站，加拿大光源 VESPERS 线站，瑞士光源 MicroXAS 线站和英国 Diamond 光源的 B16 线站。APS 的 34-ⅠD-E 是目前最成熟的利用 DAXM 技术实现晶体微结构三维表征的微束衍射线站。装置有五大核心要素：①波荡器产生的超亮光源；②可实现白光和单色光切换的单色器；③实现亚微米聚焦的聚焦镜；④用于形成差分光阑的线扫描金属微丝；⑤高分辨面探测器。波荡器产生的白光(7~30keV)经过 Kirkpatrick-Baez(K-B)镜聚焦得到截面尺寸为 0.3μm×0.3μm 的微聚焦入射束，高原子序数金属丝贴近样品表面扫描形成差分光阑实现深度分辨，面探采集的 Laue 微束衍射花样经过标定后可确定物相、晶体取向以及弹性应变偏张量。插入双晶单色器后，通过能量扫描可以得到单个衍射晶面的准确晶面间距，用于计算弹性应变全张量。K-B 镜与菲涅耳波带片、组合折射透镜等聚焦光学器件相比，有光子通量密度增益大、分辨率高、白光/单色光聚焦、可实现能量扫描的优点。

　　差分光阑技术用高原子序数金属微丝贴近样品表面进行扫描，遮挡到达探测器的衍射信号，以解析沿入射束穿透方向亚晶粒体积内的 Lane 衍射花样，图 5-24

为其深度分辨原理示意图。微丝在实验前经过标定，其相对入射束和探测器的位置已知，微丝扫描得到探测器各像素强度随微丝位置的变化，前后两步扫描引起的像素强度变化即通过微丝截面形成的差分光阑的衍射信息。根据像素和微丝位置进行射线追踪，可得到各像素内强度信号沿入射束穿透方向的来源。DAMX 技术的深度分辨率为 $0.5\mu m$，因此配合微聚焦光斑可得到 $0.3\mu m \times 0.3\mu m \times 0.5\mu m$ 的空间分辨率。

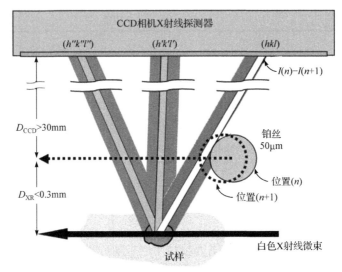

图 5-24　差分光阑技术的深度分辨原理图[68]

D_{CCD}-铂丝与探测器距离；D_{XR}-铂丝与试样距离；$I(n)$-$I(n+1)$-强度差

基于 DAXM 的微束衍射技术非常适合表征单晶或多晶材料，介观尺度的微结构、取向梯度及缺陷相关局域应力场的三维分布。Guo 等[70]在 APS34-ⅠD-E 微束衍射线站，用 DAXM 技术研究了纯钛经过拉伸变形后，滑移带与晶界相交处由位错塞积引起的应力集中。探测的样品体积内晶界和滑移带平面位置关系如图 5-25(a)所示，实验得到的应力张量在线站实验坐标系下，将其变换至开动的滑移系为参考的坐标系下，分切应力的三维分布如图 5-25(b)所示，可以看到 4 个滑移带在晶界处受阻后产生很大的应力集中，可能成为潜在的损伤形核位置。

得益于 DAXM 技术可以得到晶粒内三个方向的晶体取向梯度，Guo 等[71]求解了完整的 9 个奈伊(Nye)张量分量(EBSD 技术一般无法获取全部的 Nye 张量)，并计算了几何必须位错(geometrically necessary dislocations，GND)密度的三维分布，如图 5-25(c)所示。相邻晶粒阻碍了位错滑移向其传递，在晶界处产生位错塞积。变形不协调导致已滑移晶粒内部的局部微塑性变形梯度，在靠近滑移面与晶界相交的地方形成了高 GND 带(图 5-25(d))。作为二次位错源的晶界滑移台阶的形成，可以显著影响 GND 的分布。这一观察结果突出了多晶变形的非连续性，有助于理解更复杂的晶界特征。

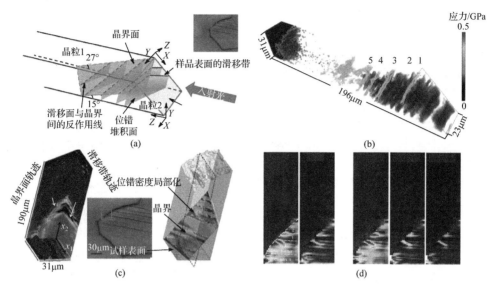

图 5-25　微束衍射表征多晶纯钛滑移带在晶界处的应力集中和位错塞积[70,71]

(a) 晶界和滑移带在试样中的位置关系；(b) 晶界处滑移带分切应力三维分布；(c) 三维 GND 分布；(d) 不同算法
得到的几何必须位错密度
(b)中 1～5 表示滑移带

Li 等[67]以典型 FCC 平面滑移金属材料 AL6XN 超级奥氏体不锈钢为模型材料，应用微束衍射技术对该合金低应变幅下形成的疲劳变形带亚微米尺度应力分布进行了原位研究，发现疲劳形成的变形带交叉位置通过位错反应形成了洛默–科雷特尔(Lomer-Cottrell)位错锁，阻碍位错运动导致同号位错堆积，形成大点阵应变梯度。图 5-26 为疲劳后所研究的[001]‖LD 的晶粒在(480)晶面衍射矢量方向的点阵应变分布，在跨过两滑移带相交处的能量扫描曲线上观察到明显"双峰"峰形，如图 5-26(c)所示，这意味着在该处亚微米衍射体积内存在很大弹性应变梯度甚至突变。该工作揭示了 GND 对变形带形成、变形带交互作用及微观损伤的影响，提出了考虑变形带交互作用的微观损伤模型，澄清了低应变幅下疲劳寿命偏离线性 Coffin-Manson 曲线的物理本质。微束衍射技术定量表征亚微米尺度局域弹性应变梯度的能力，为块体金属材料疲劳局域损伤研究提供了新思路。

5.2.2　散裂中子源的应用

随着中子源相关技术的进一步发展，在钢铁材料、热弹马氏体相变、形状记忆合金等领域得到了广泛应用。20 世纪 80 年代起，中子衍射技术即被应用于评估钢铁材料的残余应力[72]，随后被进一步应用于金属材料变形过程中力学行为的

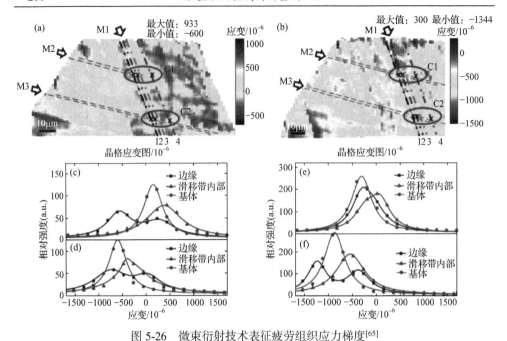

图 5-26　微束衍射技术表征疲劳组织应力梯度[65]

(a) 0.5%拉伸前晶粒内点阵应变分布；(b) 0.5%拉伸后晶粒内点阵应变分布；(c)、(d) C1 区域三个点拉伸前后单色光能量扫描曲线；(e)、(f) C2 区域三个点拉伸前后单色光能量扫描曲线

M2、M3 表示滑移带

分析。例如，Tomota 等[73,74]应用中子衍射技术原位表征了孪晶诱发塑性多相钢、铁素体-渗碳体钢和无间隙原子(IF)钢拉伸变形过程中的微观应力演化；Daymond 等[75]、Oliver 等[76]也利用中子衍射技术分析了铁素体和渗碳体在弹塑性变形过程及马氏体相变行为中的细节。在模拟方面，Lebensohn 等[77]最早开发了考虑晶间相互作用的黏塑性自洽模型用于预测单相材料多晶变形过程中的织构演化。该模型后来被推广至多相材料，并能够同时计算材料变形过程中的应力和应变分布。特别是在密排六方金属材料，如锆合金、镁合金等涉及织构演化和孪晶行为的研究中，该模型取得了持续进展。这些工作为微观应力分析技术的发展奠定了基础。

　　日本京都大学 Tsuji 团队与日本质子加速器研究园区(J-PARC)工程材料谱仪团队联合开发了热机械模拟仪，实现了高温淬火。借助此设备，团队表征了 Fe-C、Fe-Ni 等合金在连续冷却过程中马氏体相变、等温马氏体/贝氏体相变过程中的组织演化。例如，使用 0.4C 低合金钢，实现了追踪高温奥氏体在淬火时的瞬态相变过程[78]。通过在高温变形过程中引入位错，原位表征了位错对相变的影响。以 2s 的时间间隔切取中子衍射数据，经过数据拟合分别得到了奥氏体与马氏体的晶格参数变化(图 5-27)。奥氏体晶格参数随着相变的进行而减小(静水压应力)而在导入位错后(位错密度计算值:$4.4\times10^{14}\mathrm{m}^{-2}$)，晶格参数的减小量也随之减少(图 5-27(b))。在马氏体相变开始温度前后的等温相变过程中，发现奥氏体晶格参数呈现与连续冷却相变相同的变化趋势，且减少量随相变温度的降低而增加。这一系列结果都预示着晶格缺陷可能掩盖了晶格参数变化与相应力之间的真正关系。有研究表明，通过在相变后进行回火处理去除晶格缺陷，马氏体与奥氏体晶格参数的变化关系出现倒转，即低晶格缺陷状态下，相变应变引起的内应力在马氏体中表现为静水压应力，奥氏体受到静水拉应力并与马氏体所受相应力互相平衡。然而，仅考虑位错或孪晶作为晶格缺陷，很难解释这一结果，因为剪切成分只影响衍射峰的宽化。作为晶格缺陷的原子空位可能是唯一能解释的因素，原子空位的增加导致体积膨胀且晶格参数减小。尽管有相变诱导空位理论被提出，但是钢铁材料中具体的原子空位形成机制仍不明确。

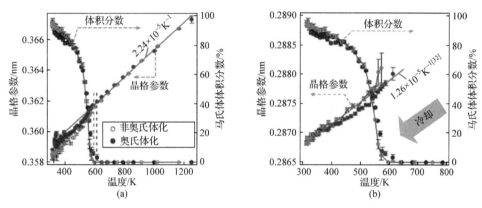

图 5-27　中碳低合金钢淬火过程中晶格参数随温度变化曲线[78]

(a) 奥氏体；(b) 马氏体

　　热弹性马氏体相变在外场(如磁场、应力场)驱动下表现出多种物理效应，如超弹性、形状记忆、磁致伸缩、磁卡、弹卡等，广泛应用于航空航天、机械电子、能源环境、信息存储和生物医学等高新技术领域。研究中关键问题之一是揭示宏观物理效应与微观结构基元的关联。20 世纪 80 年代，Webster 等[79]利用中子粉末衍射技术研究了化学计量比 Ni_2MnGa 合金的晶体结构和相变过程，确认了合金高度有序的 $L2_1$ 结构及温度诱发的可逆马氏体相变。Brown 等[80]则利用高分辨中子粉末衍射技术探究了 Ni_2MnGa 合金的预马氏体相变过程。利用中子束对近邻元素高分辨的特征，各国学者使用中子粉末衍射技术精确给出了非化学计量比 Ni-Mn-Ga 合金中 Ni、Mn 原子在晶胞中的占位信息[81-84]。中子散射技术是利用中子与声子的非弹性散射来确定晶格振动色散关系的一种实验方法。Zheludev 等利用非弹性中子散射技术测量出声子色散曲线，发现了化学计量比 Ni_2MnGa 合金 [ζζ0]TA2 声子的反常软化现象[85,86]。除此之外，国内团队利用中子散射和衍射技术，在外场辅助热弹马氏体相变、窄滞后热弹马氏体相变和大熵变热弹马氏体相变等方面开展了大量研究工作。

此外，形状记忆和磁致伸缩效应与马氏体变体去孪晶过程密切相关。Wang 等利用中子衍射，原位研究了 Ni-Mn-Ga 合金相变过程及马氏体状态下单轴压缩变形过程，分析了微观结构单元如变体分布和晶间应力随单轴载荷的演化规律[87,88]，如图 5-28 所示。原位实验结果阐明了加载-卸载过程中样品内马氏体孪晶变体择优取向状态的演变，据此构建了马氏体孪晶变体去孪晶过程中晶粒择优生长的晶体学模型。此外，他们的研究还证实了磁场"训练"可在 Ni-Mn-Ga 合金马氏体变体间产生残余应力，给出了残余应力辅助磁场驱动去孪晶的直接实验证据[89]。

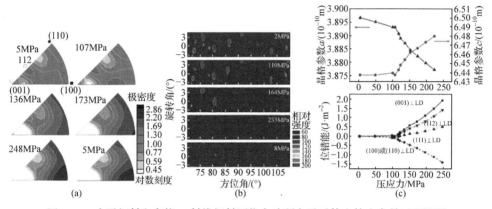

图 5-28　中子衍射和高能 X 射线衍射原位实验研究马氏体变体去孪晶过程[87,88]

(a) 中子衍射实验；(b) 高能 X 射线衍射实验；(c) 取向相关畸变能

Chen 等[39]利用熔融纺丝法成功制备了长度达米级的 NiCoFeGa 单晶纤维。该合金纤维在室温下具有高达 15.2% 的零滞后弹性应变，1.5GPa 的超弹应力，且其超弹性能在 123～423K 的温度条件下基本不随温度变化。通过应用中子散射和高分辨扫描透射电镜等先进材料表征方法，研究人员揭示了这种宽温域零滞后超高弹性行为的物理机制，详见图 5-29。对于 Co20 纤维，研究表明，随着宏观应变的增加，$(004)_A$ 衍射峰的峰位持续移动，这表明材料的零滞后弹性应变源于应力作用下的连续相转变。这种连续相转变的物理机制起源于一种新型的"原子尺度的有序无序纠缠结构态"，导致一阶马氏体相变被抑制，从而演变为微观上的连续相变，属于二级或高级相变范畴。

1996 年开始，发达国家及国际组织相继启动了使用中子衍射技术测量关键工程部件残余应力的多项科研计划，包括由美国与西欧国家组织、日本参与的 VAMAS-TWA20 计划，欧盟组织的 RESTAND 及 TRAINSS 计划。以上计划的目的是制订一种基于中子衍射准确、可靠地测量及评估关键工程部件残余应力的技术标准。目前，包括美国洛斯阿拉莫斯中子科学中心、美国橡树岭国家实验室、美国国家标准与技术研究院、英国 Rutherford-Appleton 国家实验室(ISIS)、法国劳

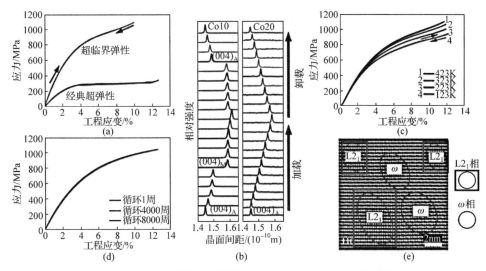

图 5-29　高能 X 射线衍射原位实验研究 NiCoFeGa 单晶纤维[39]

(a) Co10 和 Co20 合金纤维的加卸载力学曲线；(b) Co10 和 Co20 合金纤维拉伸过程中(004)_A衍射峰演化；(c) Co20
合金纤维不同温度下的加卸载力学曲线；(d) Co20 合金纤维循环加卸载 8000 周力学曲线；(e) HAADF 反傅里叶变
换图像显示 L2₁ 相和 ω 相

厄-朗之万研究所在内的国家实验室或研究中心皆将中子衍射残余应力测量技术
列为材料工程研究的重点课题。

　　航空发动机的关键部件，如叶片和涡轮盘，制造过程复杂，难以完全消除成
品中的残余应力。在服役过程中，高温和复杂载荷会导致残余应力的累积，从而
降低零件的承载能力、缩短疲劳寿命，甚至引发意外事故。随着中子散射技术的
快速发展，现在可以在接近实际服役条件下对关键工程部件的多尺度组织、应力
及其服役损伤行为进行原位测量、表征和评估。通过与中国绵阳研究堆、中国散
裂中子源和上海同步辐射装置等中子源设施，以及与中国航发沈阳发动机研究所
的合作，对发动机涡轮机匣、单晶叶片、整流支板等部件内部的三维残余应力进
行测量和评估。同时，与中国航发北京航空材料研究院的合作系统地研究了新型
镍基粉末高温合金涡轮盘模拟件在热变形和热处理过程中三维残余应力的演化及
其影响因素。这些研究为优化粉末涡轮盘的制备工艺、评估其在服役中的损伤行
为提供了基础。

5.2.3　原位电子显微镜的应用

1. 基于原位扫描电子显微镜的高通量表征

　　现有的材料微观组织结构表征方法，如光学显微镜和电子显微镜技术，尽管
具有诸多优势，如可靠性和广泛适用性，但它们也存在光通量密度、空间分辨率

较低，无法对大尺寸样品及材料组织结构进行全视场跨尺度表征等问题，不能满足材料高通量微区测试、材料快速研发和高效率检测的需求。针对上述问题，科研工作者开发了基于原位装置的电子显微镜。

原位扫描电镜(In-situ SEM)技术在扫描电镜中配备了拉伸台，能够在对样品施加力学加载的同时观察其组织形貌。原位扫描电镜采用了自主设计的高亮度场发射电子源、高分辨率电磁复合物镜和直接电子探测器等先进技术，实现了对大尺寸样品组织图谱的高通量获取。与传统扫描电镜相比，其拍摄时间仅为传统扫描电镜的1/50，且智能软件集成了多种特定材料的专业图谱库，能够全自动获取并标定组织结构的类别及特性。此外，采用图形处理单元(GPU)多线程并行运算和大数据挖掘技术，能够更全面地统计和解析大尺寸材料的整体组织结构分布情况，有助于建立材料成分和性能分布之间的统计映射相关性。例如，Wang 等[90]采用电镜原位技术对直径12mm的镍基单晶高温合金样品进行表征，成功获取了全表面γ'相的分布信息，如图 5-30 所示。对数据进行原位统计解析，结果显示小尺寸γ'相主要分布在枝晶中，大尺寸γ'相主要分布在枝晶间，如图 5-31 所示。

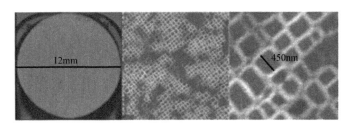

图 5-30　单晶高温合金全视场及放大后的γ'相[90]

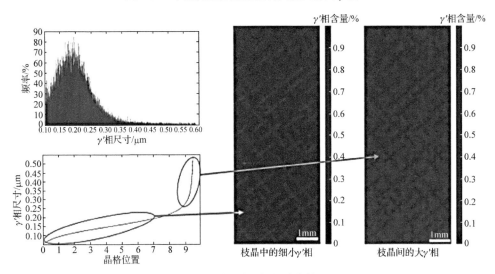

图 5-31　不同尺寸γ'相的分布情况[90]

在金属材料的塑性变形和失效断裂研究中，电子背散射衍射技术已经被广泛应用于多晶体相鉴定、取向、织构和界面分析等多个领域。结合电子显微镜技术，在 SEM 中进行原位拉伸时采集同一区域的 EBSD 信号，即原位电子背散射衍射 (In-situ EBSD)技术。早在 1996 年，In-situ EBSD 就被应用于多晶体塑性变形的晶体转动研究中[91]。然而，由于当时的 EBSD 采集速度较慢，该技术的发展受到限制。随着 EBSD 采集软件运算速率的提升以及高亮度场发射 SEM 技术的普及，In-situ EBSD 在材料科学的多个领域中得到了迅速的发展。

在铝合金的研究中，Kahl 等[92]利用 In-situ EBSD 研究了 3003 铝合金板材的塑性变形和断裂行为，利用铝合金表面第二相颗粒物作为标记点计算了铝合金的应变，得出了不同应变量下的微观组织演变规律，并与理论模型预测的晶体转动行为进行了对比。研究发现，微裂纹萌生处的晶粒，其施密特因子比平均值大，在塑性变形过程中晶体取向转动幅度小于裂纹周围晶粒的转动幅度。

在不锈钢研究中，骆靓鉴等[93]研究了铁素体不锈钢的组织演变和晶体转动行为。Li 等[94]研究了双相钢在塑性变形过程中的织构演变规律和晶体转动行为，利用 EBSD 数据的衍射带斜率分析方法成功区分了铁素体和马氏体相，进一步揭示了铁素体晶粒易于萌生微裂纹的特性。Gussev 等[95]研究了含 Ni 不锈钢的相不稳定性，发现电子束辐照对合金的变形机制产生明显影响，并通过不同分析方法探讨了孪生变形机理和马氏体相变机制。

综上所述，基于 SEM 的 In-situ EBSD 技术在研究多晶体材料的塑性变形和失效断裂行为中发挥了重要作用。一方面，其具有亚微米分辨率和较高的角度分辨率，可以给出精细组织变形的取向演变过程；另一方面，其大视野采集数据和多种数据分析策略及统计方法结合，可以满足对组织结构演变行为进行直观、定性和定量化分析。相比之下，原位透射电镜(In-situ TEM)在空间分辨率方面具有更大优势，能够直接观察到微裂纹尖端无位错区、位错反塞积区的形态和大小，以及微裂纹扩展的动态过程。两种技术可以互补使用，共同支持材料的塑性变形和微裂纹行为研究。

2. 基于原位透射电子显微镜的高通量表征

透射电镜 EDS 具有出色的分辨率(0.1～0.2nm)和高放大倍数，通常配备能谱分析，是表征材料微观组织、结构和成分的重要工具，在材料、化学、生物和地质等领域有广泛应用。传统的 TEM 分析技术包括明场像(bright field，BF)、暗场像(dark field，DF)、选区电子衍射(selected area electron diffraction，SAED)、高分辨透射电镜(high resolution transmission electron microscopy，HRTEM)等，被广泛应用于材料的缺陷和结构分析。在透射电镜中，高能电子束穿过样品后会产生透射束和衍射束。明场像利用透射束直接成像，主要用于形貌观察；暗场像则使用衍射束成像，通常用于分析析出相和缺陷。选区电子衍射技术专门用于选定微区的晶体学结构分析和取向关系测定。高分辨透射电镜(HRTEM)生成晶体三维空间点阵的二维投影像，在特定条件下，能够解释成原子投影像，主要用于分析晶体内部的原子排布、缺陷和界面等精细结构。现代经过聚光镜或物镜球差校正的TEM，其分辨率可达到亚埃级，能直接分辨单个原子。原位透射电镜(In-situ TEM)结合不同加载条件，如力场、热场、电场和气氛环境下的反应，使得在原子尺度下直接观察材料的力学行为成为可能。

在原位透射电镜中进行力学实验，不仅可以在原子尺度直接观察缺陷的运动和相互作用，了解材料的微观力学行为，还能直接测定材料的断裂强度和塑性等力学性质，是新兴高通量表征的重要方式。In-situ TEM 就是将 TEM 和力学加载装置结合，在对 TEM 中的样品进行力学加载的同时，原位观察和记录微观组织结构演变的动态过程。这样既能保证观察手段的分辨率，又可对不同应力应变下的材料变形或断裂过程进行原位跟踪，进而实现高通量表征。该技术已被广泛应用于晶界运动、应力诱导相变、孪生变形等研究中，取得了一系列重要的研究成果。

借助 In-situ TEM，Ovri 等[96]观察了过时效态 Al-Li 合金中的位错滑动行为，提出位错可能会切过析出相，但因为观察视场较大，没有展示出细致的交互过程；Caillard 等[97]在研究锆合金拉伸变形时发现，位错扫过析出相时没有留下位错环，作者将这一现象解释为析出相与基体的界面吸收了位错。Kim 等[98]利用 In-situ TEM 研究了铜箔中裂纹和晶界的交互作用，根据晶界处裂纹的张开角度，给出了不同晶界特征对裂纹扩展的影响规律。单智伟等[99]利用 In-situ TEM 研究了 Ni_3Al 单晶的裂纹萌生与扩展行为，通过迹线分析和施密特因子确定了裂纹扩展的晶体学特征，并指出 Z 字形裂纹扩展的驱动力来源于两方面，位错塞积导致的内应力和外场应力(裂纹萌生与扩展的原动力)。隋曼龄等对 α-Ti 进行了 In-situ TEM 研究，通过双光束衍射和施密特因子分析，确定了激活滑移系和位错的伯格矢量[100]。Baik 等[101]利用 In-situ TEM 研究了高锰钢的微裂纹萌生与扩展行为，分析了滑移系与裂纹扩展路径的联系及微裂纹与孪晶的交互作用。张静武[102]利用 In-situ TEM 系统研究了高锰奥氏体钢、304L 不锈钢、黄铜和铝的塑性变形和裂纹萌生与扩展行为。同时，借助 SAED，指出了裂纹尖端无位错区内晶格畸变和裂纹扩展之间的对应关系。

美国太平洋西北国家实验室的王崇明和胡沈阳研究员团队借助原位力学TEM 方法揭示了 Au 纳米晶中剪切诱导的低角度晶界形成过程[103]，在原子尺度上发现了低角度晶界形成的纳米孪晶介导的位错滑移机制，且该机制与特定的变形条件有关，如纳米晶几何形状、取向和预先存在的孪晶(图 5-32)，这些机制也应该适用于其他面心立方金属纳米晶体，这为设计超高和可恢复剪切能力的纳米器件提供了指导。

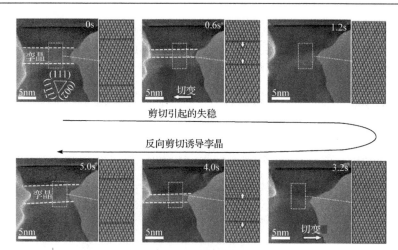

图 5-32　往复剪切下 Au 纳米晶的分裂和孪生行为[103]

　　浙江大学王江伟、张泽院士团队通过原位力学 TEM 解析了 Au 颗粒缺陷孪晶边界的内在变形能力[104]，从原子尺度阐明了利用金属材料中有缺陷的孪晶来增值分层孪晶的方法，丰富了对金属材料中孪生介导塑性的理解。

　　Liu 等[105]借助原位 TEM 力学实验揭示了镁合金塑性变形的新机制，通过原子的局部重排实现像孪晶一样的界面结构。Zhu 等[106]借助球差校正电子显微镜和力-电耦合原位样品杆，实现了独特的原位力学实验方法，从原子尺度上揭示了晶界迁移的机制，如图 5-33 所示。

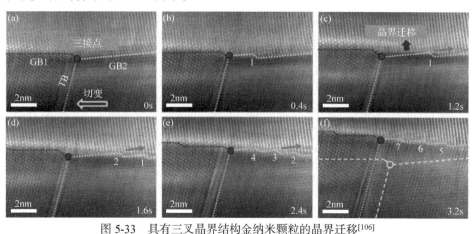

图 5-33　具有三叉晶界结构金纳米颗粒的晶界迁移[106]

(a) 原始的三叉晶界结构的 HRTEM 图像；(b)、(c) 断口 1 从三叉晶界处形核并在 GB2 上滑移，导致相应的晶界
迁移；(d)、(f) 多个断口连续从三叉晶界处形核，并在 GB1、GB2 上滑移
GBi-晶界 i；1～7 表示晶界迁移点

　　Wang 等[107]通过原位 TEM 拉伸实验研究了纳米孪晶铜中位错和孪晶界的相互作用。Kushima 等[108]利用原位 TEM 拉伸实验定量测定了锂化硅纳米线的断裂

强度和塑性，使用同时具有原子力显微镜和扫描隧道显微镜的特点设计的双探针来进行硅纳米线的锂化，然后进行锂化硅纳米线的原位拉伸实验，装置如图 5-34所示，实验结果表明在断裂之前锂化硅纳米线具有一定程度的拉伸塑性。

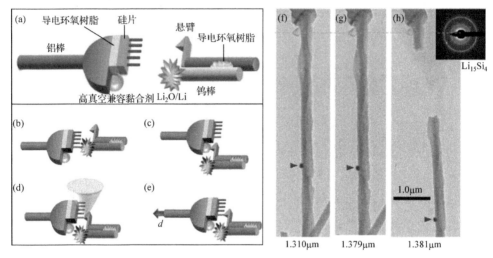

图 5-34　原位拉伸实验示意图及实验现象[108]

(a) 实验装置示意图；(b) 硅纳米线的锂化(金属锂作为对电极)；(c) 通过操作铝棒使其与 AFM 悬臂梁针尖接触；
(d) 通过操作铝棒使 AFM 针尖与硅纳米线接触；(e) 通过位移控制的压电运动以 1～5nm/s 的速率将拉伸应力施加
到硅纳米线上；(f)～(h) 锂化硅纳米线原位拉伸变形过程
AFM-原子力显微镜；d-拉伸应力

　　超临界燃煤发电作为实现节能减排的重要举措,其发展受到耐热材料的制约。G115 马氏体耐热钢是基于现有质量分数为 9%～12%的铬耐热钢开发的，其极限服役温度可达 650℃，具有重要的工程应用价值。G115 钢在合金设计时添加质量分数为 1.0%的铜，起到析出强化作用。然而，由于马氏体钢中铜析出相表征困难，G115 钢中铜的存在形式、分布状态及作用机理等尚不清楚。杨丽霞[109]采用微束荧光原位技术对试样全表面尺寸(8.1mm×8.1mm)进行介观至宏观跨尺度表征，各元素在介观状态呈均匀分布，没有明显偏析，说明微束荧光的分辨率不足以表征样品中铜的差异性。随后，采用扫描电镜能谱对微束荧光分析结果中强度最高的区域进行定位，并进行微观至介观跨尺度表征，在×1000 放大倍数时由于空间分辨率较低，表征区域内(300μm×300μm)各元素仍呈较均匀的弥散分布状态。进而选取铜稍显富集的区域在×20000 放大倍数下再次微观表征，此时，在 15μm×15μm区域内可快速筛选出含铜特性基本单元，能谱面分布图中铜富集区域分布于界面或晶界，且其他元素均呈负偏析，表明铜以富铜颗粒状态单独存在于界面或晶界，而不与其他元素成相。为进一步确定富铜颗粒的存在形式，采用扫描透射电镜对试样薄区界面区域(3μm×3μm)进行多视场面扫描微观表征。结果显示：G115 钢中富铜颗粒为面心立方结构的富铜相，其铜的质量分数约为 90.28%(表 5-2)，呈椭圆形或球形，等效直径为 50~242nm，平均直径为 114nm，常与 $M_{23}C_6$、拉弗斯相沿板条界共生，也可独立存在于板条界处，周围往往分布有大量位错(图 5-35)；另外，采用三维原子探针(3DAP)对不同时效时间的 G115 钢基体中的铜进行了表征，结果表明，时效时间的延长将促进铜的析出(表 5-3)。最终，采用高通量统计映射表征技术从宏观材料至微观特征区域逐级定位筛查，实现含铜特性基本单元的存在形式及分布状态等精细表征，并通过对 G115 钢时效过程中铜的系统表征揭示了铜的演变规律(图 5-36)。

表 5-2　G115 钢中含 Cu 特性单元的 STEM-EDS 分析

元素	Cu	Fe	Cr	Co	Mn
质量分数/%	90.28	5.64	2.13	0.50	1.44

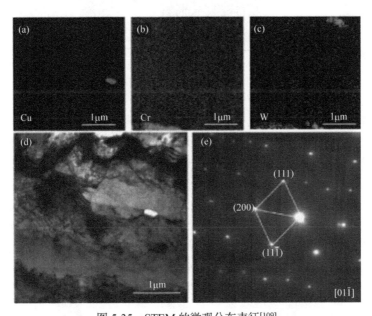

图 5-35　STEM 的微观分布表征[109]

(a) Cu 的 STEM 分布；(b) Cr 的 STEM 分布；(c) W 的 STEM 分布；(d) Cu 的透射电镜图；(e) Cu 的选区电子衍射谱

表 5-3　G115 钢时效过程基体中 Cu 含量的 3DAP 分析结果

处理方式	基体中 Cu 元素质量分数/%
回火	0.48±0.20
650℃热处理(相当于 3000h)	0.18±0.05
650℃热处理(相当于 8000h)	0.15±0.03

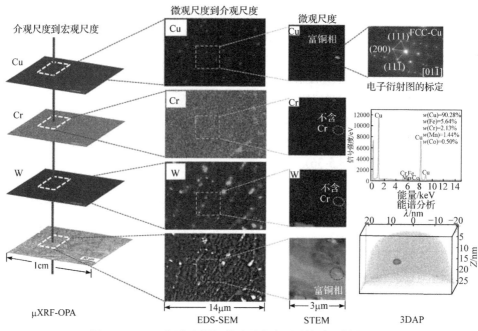

图 5-36　G115 钢中富铜相的跨尺度高通量统计映射表征[109]

w(i)-i 的质量分数；μXRF-OPA-微束荧光技术

相较于传统的原位透射电镜装置，近年来科学家们同样开发了原透射电镜与电子束辐照相结合的新型表征方式。电子束具有很高的动能，它会对样品造成电子束辐照损伤，使分析结果失真。辐照损伤可以通过增加试样的导电性或者降低加速电压、减少束斑强度、减少电子与样品的相互作用来降低，但这也会导致图像分辨率的降低。除此之外，电子束还能对样品进行修饰，改变样品的表面状态，或者作为合成纳米材料的工具。原位透射电镜与电子束辐照的结合，对材料的动力学行为有了新的见解。Lee 等[110]通过原位环形明场成像可视化观察了由结构转变引起的锂离子的动力学行为。在电子束辐照下，LiV_2O_4 四面体位置的锂被置换出来，LiV_2O_4 晶体由尖晶石结构转变成 NaCl 结构(图 5-37)。Phillips 等[111]也观察

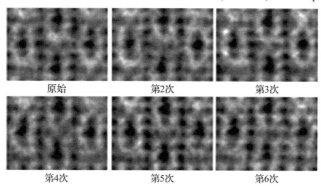

第7次　　　　　　　　第8次　　　　　　　　第9次

图 5-37　LiV_2O_4 由尖晶石结构向 NaCl 结构演变过程的 ABF 的图像(间隔 10s)[110]

到电子束辐射诱导层状的氧化物 Li_2MnO_3 发生结构和电荷的变化。

参 考 文 献

[1] DAO M, CHOLLACOOP N, VAN VLIET K J, et al. Computational modeling of the forward and reverse problems in instrumented sharp indentation[J]. Acta Materialia, 2001, 49(19): 3899-3918.

[2] CHEN S, ZHANG X, ZHAO J, et al. Atomic scale insights into structure instability and decomposition pathway of methylammonium lead iodide perovskite[J]. Nature Communications, 2018, 9(1): 4807.

[3] ZHU Q, PAN K, XIE S, et al. Nanomechanics of multiferroic composite nanofibers via local excitation piezoresponse force microscopy[J]. Journal of the Mechanics and Physics of Solids, 2019, 126: 76-86.

[4] HECKMAN N M, IVANOFF T A, ROACH A M, et al. Automated high-throughput tensile testing reveals stochastic process parameter sensitivity[J]. Materials Science and Engineering: A, 2020, 772: 138632.

[5] 冼鼎昌. 同步辐射光源史话[J]. 现代物理知识, 1992, 1: 12-1.

[6] 冼鼎昌. 同步辐射现状和发展[J]. 中国科学基金, 2005, 6: 321-325.

[7] 吴苍生. 同步辐射的特性和应用[J]. 物理, 1985, 1: 1-7.

[8] 齐日迈拉图. 同步辐射的特性[J]. 呼伦贝尔学院学报, 2006, 8: 62-64.

[9] 唐福元. 同步辐射的发现、特性及其应用领域的开拓[J]. 物理与工程, 2004, 3: 34-38.

[10] SNIGIREV A, SNIGIREVA L, KOHN V, et al. On the possibilities of X-ray phase contrast microimaging by coherent high-energy synchrotron radiation[J]. Review of Scientific Instruments, 1995, 66: 5486-5492.

[11] 陈博. X射线相位衬度成像相关光学问题研究[D]. 合肥: 中国科学技术大学, 2007.

[12] 朱佩平, 袁清习, 黄万霞, 等. 衍射增强成像原理[J]. 物理学报, 2006(3): 1089-1098.

[13] HUANG W, YUAN Q, TIAN Y, et al. Diffraction-enhanced imaging experiments in BSRF[J]. Acta Physica Sinica, 2005, 54(2): 677-681.

[14] 王芳卫, 严启伟, 梁天骄, 等. 中子散射与散裂中子源[J]. 物理, 2005, 34(10): 731-738.

[15] PARK S T. Neutron energy spectra of ^{252}Cf, Am-Be source and of the D(d, n) ^{3}He reaction[J]. Journal of Radioanalytical & Nuclear Chemistry, 2003, 256(1): 163-166.

[16] CUGNON J. Spallation reactions[J]. Annales de Physique, 2000, 25(2): 93-114.

[17] 张苏雅拉吐. ADS 散裂靶相关核数据测量装置的建立及钨评价中子核数据的基准检验[D]. 兰州: 中国科学院研究生院(近代物理研究所), 2015.

[18] JUHÁS P, CHERBA D M, DUXBURY P M, et al. Ab initio determination of solid-state nanostructure[J]. Nature, 2006, 440(7084): 655-658.

[19] BRÉGER J, DUPRÉ N, CHUPAS P J, et al. Short-and long-range order in the positive electrode material, $Li(NiMn)_{0.5}O_2$: A joint X-ray and neutron diffraction, pair distribution function analysis and NMR study[J]. Journal

of the American Chemical Society, 2005, 127(20): 7529-7537.

[20] 张杰. 中国散裂中子源(CSNS): 多学科应用的大科学平台[J]. 中国科学院院刊, 2006(5): 415-417.

[21] 王芳卫. 中国散裂中子源[J]. 科学, 2014, 66(4): 16-20.

[22] 施明哲. 扫描电镜和能谱仪的原理与实用分析技术[M]. 北京: 电子工业出版社, 2015.

[23] 彭昌盛. 扫描探针显微技术理论与应用[M]. 北京: 化学工业出版社, 2007.

[24] 焦汇胜, 李香庭. 扫描电镜能谱仪及波谱仪分析技术[M]. 长春: 东北师范大学出版社, 2011.

[25] 金嘉陵. 扫描电镜分析的基本原理[J]. 上海钢研, 1978(1): 31-47.

[26] 曾毅. 扫描电镜和电子探针的基础及应用[M]. 上海: 上海科学技术出版社, 2009.

[27] BROWNING N D, CHISHOLM M F, PENNYCOOK S J. Atomic-resolution chemical analysis using a scanning transmission electron microscope[J]. Nature, 1993, 366(6451): 143-146.

[28] VARELA M, LUPINI A R, BENTHEM K, et al. Materials characterization in the aberration-corrected scanning transmission electron microscope[J]. Annual Review of Materials Research, 2005, 35: 539-569.

[29] 叶恒强. 透射电子显微学进展[M]. 北京: 科学出版社, 2003.

[30] 李超, 杨光. 扫描透射电子显微镜及电子能量损失谱的原理及应用[J]. 物理, 2014, 43(9): 9.

[31] 戎咏华. 分析电子显微学导论[M]. 北京: 高等教育出版社, 2006.

[32] HUTCHISON J L, TITCHMARSH J M, COCKAYNE D J H, et al. A versatile double aberration-corrected, energy filtered HREM/STEM for materials science[J]. Ultramicroscopy, 2005, 103(1): 7-15.

[33] JAMES E M, BROWNING N D. Practical aspects of atomic resolution imaging and analysis in STEM[J]. Ultramicroscopy, 1999, 78(1-4): 125-139.

[34] NIE J F, ZHU Y M, LIU J Z, et al. Periodic segregation of solute atoms in fully coherent twin boundaries[J]. Science, 2013, 340(6135): 957-960.

[35] LU X, ZHAO L, HE X, et al. Lithium storage in $Li_4Ti_5O_{12}$ spinel: The full static picture from electron microscopy[J]. Advanced Materials, 2012, 24(24): 3233-3238.

[36] YU H, ISHIKAWA R, SO Y G, et al. Direct atomic‐resolution observation of two phases in the $Li_{1.2}Mn_{0.567}Ni_{0.166}Co_{0.067}O_2$ cathode material for lithium‐ion batteries[J]. Angewandte Chemie International Edition, 2013, 52(23): 5969-5973.

[37] LI R, WANG Y, XU N, et al. Unveiling the origins of work-hardening enhancement and mechanical instability in laser shock peened titanium[J]. Acta Materialia, 2022, 229: 117810.

[38] STARON P, SCHREYER A, CLEMENS H, et al. Neutrons and Synchrotron Radiation in Engineering Materials Science: From Fundamentals to Applications[M]. 2nd ed. Hoboken: John Wiley & Sons, 2017.

[39] CHEN H, WANG Y D, NIE Z, et al. Unprecedented non-hysteretic super elasticity of [001]-oriented NiCoFeGa single crystals[J]. Nature Materials, 2020, 19(7): 712-718.

[40] WANG Y D, WANG X L, STOICA A D, et al. Separating the recrystallization and deformation texture components by high-energy X-rays[J]. Journal of Applied Crystallography, 2002, 35(6): 684-688.

[41] WANG Y D, TIAN H, STOICA A D, et al. The development of grain-orientation-dependent residual stressess in a cyclically deformed alloy[J]. Nature Materials, 2003, 2(2): 101-106.

[42] WANG Y D, PENG R L, MCGREEVY R. High anisotropy of orientation dependent residual stress in austenite of cold rolled stainless steel[J]. Scripta Materialia, 1999, 41(9): 995-1000.

[43] WANG Y D, PENG R L, MCGREEVY R L. A novel method for constructing the mean field of grain-orientation-dependent residual stress[J]. Philosophical Magazine Letters, 2001, 81(3): 153-163.

[44] JIA N, CONG Z H, SUN X, et al. An in situ high-energy X-ray diffraction study of micromechanical behavior of multiple phases in advanced high-strength steels[J]. Acta Materialia, 2009, 57(13): 3965-3977.

[45] ZHANG M, LI R, DING J, et al. In situ high-energy X-ray diffraction mapping of Lüders band propagation in medium-Mn transformation-induced plasticity steels[J]. Materials Research Letters, 2018, 6(12): 662-667.

[46] ZHU Z W, XIONG C Y, WANG J, et al. In situ synchrotron X-ray diffraction investigations of the physical mechanism of ultra-low strain hardening in Ti-30Zr-10Nb alloy[J]. Acta Materialia, 2018, 154: 45-55.

[47] KELEKANJERI V S K G, MOSS L K, GERHARDT R A, et al. Quantification of the coarsening kinetics of γ' precipitates in Waspaloy microstructures with different prior homogenizing treatments[J]. Acta Materialia, 2009, 57(16): 4658-4670.

[48] JALADURGAM N R, LI H, KELLEHER J, et al. Microstructure-dependent deformation behaviour of a low γ' volume fraction Ni-base superalloy studied by in-situ neutron diffraction[J]. Acta Materialia, 2020, 183: 182-195.

[49] YAN Z, TAN Q, HUANG H, et al. Phase evolution and thermal expansion behavior of a γ' precipitated Ni-Based superalloy by synchrotron X-Ray diffraction[J]. Acta Metallurgica Sinica (English Letters), 2022, 35: 93-102.

[50] HAO S, CUI L, JIANG D, et al. Nanostructured Nb reinforced NiTi shape memory alloy composite with high strength and narrow hysteresis[J]. Applied Physics Letters, 2013, 102(23): 231905.

[51] HAO S, CUI L, CHEN Z, et al. A novel stretchable coaxial NiTi‐sheath/Cu‐core composite with high strength and high conductivity[J]. Advanced Materials, 2013, 25(8): 1199-1202.

[52] HAO S J, CUI L S, JIANG D Q, et al. Superelastic memory effect in in-situ NbTi-nanowire-NiTi nanocomposite[J]. Applied Physics Letters, 2012, 101(17): 173115.

[53] HAO S J, JIANG D Q, CUI L S, et al. Phase-stress partition and stress-induced martensitic transformation in NbTi/NiTi nanocomposite[J]. Applied Physics Letters, 2011, 99(8): 084103.

[54] WANG D P, CHEN X, NIE Z H, et al. Transition in superelasticity for Ni55–xCoxFe18Ga27 alloys due to strain glass transition[J]. Europhysics Letters, 2012, 98(4): 46004.

[55] HAO S, CUI L, JIANG D, et al. A transforming metal nanocomposite with large elastic strain, low modulus, and high strength[J]. Science, 2013, 339(6124): 1191-1194.

[56] LEE C, CHOU Y, KIM G, et al. Lattice‐distortion‐enhanced yield strength in a refractory high‐entropy alloy[J]. Advanced Materials, 2020, 32(49): 2004029.

[57] GORDON J V, LIM R E, WILKIN M J, et al. Evaluating the grain-scale deformation behavior of a single-phase FCC high entropy alloy using synchrotron high energy diffraction microscopy[J]. Acta Materialia, 2021, 215: 117120.

[58] SHI Y, LI S, LEE T L, et al. In situ neutron diffraction study of a new type of stress-induced confined martensitic transformation in Fe22Co20Ni19Cr20Mn12Al7 high-entropy alloy[J]. Materials Science and Engineering: A, 2020, 771: 138555.

[59] SHI P, LI R, LI Y, et al. Hierarchical crack buffering triples ductility in eutectic herringbone high-entropy alloys[J]. Science, 2021, 373(6557): 912-918.

[60] MA Z, REN Y, LI R, et al. Cryogenic temperature toughening and strengthening due to gradient phase structure[J]. Materials Science and Engineering: A, 2018, 712: 358-364.

[61] NIELSEN S F, WOLF A, POULSEN H F, et al. A conical slit for three-dimensional XRD mapping[J]. Journal of Synchrotron Radiation, 2000, 7(2): 103-109.

[62] BSTALECKI M. In situ measurement of lattice strain using synchrotron radiation and a conical slit system[D]. Urbana: University of Illinois at Urbana-Champaign, 2011.

[63] STARON P, FISCHER T, EIMS E H, et al. Depth-resolved residual stress analysis with conical slits for high-energy X-rays[J]. Materials Science Forum, 2013, 772: 3-7.

[64] GILL A S，ZHOU Z，LIENERT U, et al. High spatial resolution, high energy synchrotron X-ray diffraction characterization of residual strains and stresses in laser shock peened Inconel 718SPF alloy[J]. Journal of Applied Physics, 2012, 111(8): 084904.

[65] POULSEN H F. Three-Dimensional X-ray Diffraction Microscopy: Mapping Polycrystals and their Dynamics: Vol. 54 [M]. Berlin: Springer, 2004.

[66] HANSON J P, BAGRI A, LIND J, et al. Crystallographic character of grain boundaries resistant to hydrogen-assisted fracture in Ni-base alloy 725[J]. Nature Communications, 2018, 9(1): 3386.

[67] LI R. XIE Q, WANG Y D, et al. Unraveling submicron-scale mechanical heterogeneity by three-dimensional X-ray microdiffraction[J]. Proceedings of the National Academy of Sciences, 2018, 115(3): 483-488.

[68] LARSON B C, YANG W, ICE G E, et al. Three-dimensional X-ray structural microscopy with submicrometre resolution[J]. Nature, 2002, 415(6874): 887-890.

[69] ICE G E, LARSON B C. 3D X-Ray crystal microscope[J]. Advanced Engineering Materials, 2000, 2(10): 643-646.

[70] GUO Y, COLLINS D M, TARLETON E, et al. Measurements of stress fields near a grain boundary: Exploring blocked arrays of dislocations in 3D[J]. Acta Materialia, 2015, 96: 229-256.

[71] GUO Y, COLLINS D M, TARLETON E, et al. Dislocation density distribution at slip band-grain boundary intersections[J]. Acta Materialia, 2020, 182: 172-183.

[72] ALLEN A J, HUTCHINGS M T, WINDSOR C G, et al. Neutron diffraction methods for the study of residual stress fields[J]. Advances in Physics, 1985, 34(4): 445-473.

[73] TOMOTA Y, TOKUDA H, ADACHI Y, et al. Tensile behavior of TRIP-aided multi-phase steels studied by in situ neutron diffraction[J]. Acta Materialia, 2004, 52(20): 5737-5745.

[74] TOMOTA Y, LUKAS P, HARJO S, et al. In situ neutron diffraction study of IF and ultra low carbon steels upon tensile deformation[J]. Acta Materialia, 2003, 51(3): 819-830.

[75] DAYMOND M R, PRIESMEYER H G. Elastoplastic deformation of ferritic steel and cementite studied by neutron diffraction and self-consistent modelling[J]. Acta Materialia, 2002, 50(6): 1613-1626.

[76] OLIVER E C, WITHERS P J, DAYMOND M R, et al. Neutron-diffraction study of stress-induced martensitic transformation in TRIP steel[J]. Applied Physics A, 2002, 74: s1143-s1145.

[77] LEBENSOHN R A, TOMÉ C N. A self-consistent anisotropic approach for the simulation of plastic deformation and texture development of polycrystals: Application to zirconium alloys[J]. Acta Metallurgica et Materialia, 1993, 41(9): 2611-2624.

[78] WANG Y, TOMOTA Y, OHMURA T, et al. Real time observation of martensite transformation for a 0.4C low alloyed steel by neutron diffraction[J]. Acta Materialia, 2020, 184: 30-40.

[79] WEBSTER P J, ZIEBECK K R A, TOWN S L, et al. Magnetic order and phase transformation in Ni_2MnGa[J]. Philosophical Magazine B, 1984, 49(3): 295-310.

[80] BROWN P J, CRANGLE J, KANOMATA T, et al. The crystal structure and phase transitions of the magnetic shape memory compound Ni_2MnGa[J]. Journal of Physics: Condensed Matter, 2002, 14(43): 10159.

[81] RICHARD M L, FEUCHTWANGER J, ALLEN S M, et al. Chemical order in off-stoichiometric Ni-Mn-Ga ferromagnetic shape-memory alloys studied with neutron diffraction[J]. Philosophical Magazine, 2007, 87(23): 3437-3447.

[82] DUNAND D C, MÜLLNER P. Size effects on magnetic actuation in Ni-Mn-Ga shape-memory alloys[J]. Advanced Materials, 2011, 23(2): 216-232.

[83] LAZPITA P, BARANDIARÁN J M, GUTIÉRREZ J, et al. Magnetic and structural properties of non-stoichiometric Ni-Mn-Ga ferromagnetic shape memory alloys[J]. The European Physical Journal Special Topics, 2008, 158(1): 149-154.

[84] CONG D Y, WANG Y D, ZHAO X, et al. Crystal structures and textures in the hot-forged Ni-Mn-Ga shape memory alloys[J]. Metallurgical and Materials Transactions A, 2006, 37: 1397-1403.

[85] ZHELUDEV A, SHAPIRO S M, WOCHNER P, et al. Phonon anomaly, central peak, and microstructures in Ni_2MnGa[J]. Physical Review B, 1995, 51(17): 11310.

[86] ZHELUDEV A, SHAPIRO S M, WOCHNER P, et al. Precursor effects and premartensitic transformation in Ni_2MnGa[J]. Physical Review B, 1996, 54(21): 15045.

[87] WANG Y D, BROWN D W, CHOO H, et al. Experimental evidence of stress-field-induced selection of variants in Ni-Mn-Ga ferromagnetic shape-memory alloys[J]. Physical Review B, 2007, 75(17): 174404.

[88] NIE Z H, PENG R L, JOHANSSON S, et al. Direct evidence of detwinning in polycrystalline Ni-Mn-Ga ferromagnetic shape memory alloys during deformation[J]. Journal of Applied Physics, 2008, 104(10): 103519.

[89] NIE Z H, CONG D Y, LIU D M, et al. Large internal stress-assisted twin-boundary motion in Ni_2MnGa ferromagnetic shape memory alloy[J]. Applied Physics Letters, 2011, 99(14): 141907.

[90] WANG HZ, JIA YH, ZHAO L, et al. High throughput statistic reflection mapping characterization technique based on the non-uniformity nature of materials and its application in the nickel-based superalloys[C]. Beijing: Proceedings of the 2nd Forum on Materials Genome Engineering of Chinese Academy of Engineering, 2018.

[91] SCHWARTZ A J, KUMAR M, ADAMS B L, et al. Electron Backscatter Diffraction in Materials Science[M]. Boston: Springer, 2009.

[92] KAHL S, PENG R L, CALMUNGER M, et al. In situ EBSD during tensile test of aluminum AA3003 sheet[J]. Micron, 2014, 58: 15-24.

[93] 骆靓鉴, 胡汪洋, 陈纪昌, 等. 铁素体不锈钢拉伸变形过程中的原位 EBSD 研究[J]. 电子显微学报, 2012(1): 1-6

[94] LI S, GUO C, HAO L, et al. In-situ EBSD study of deformation behavior of 600 MPa grade dual phase steel during uniaxial tensile tests[J]. Materials Science and Engineering: A, 2019, 759: 624-632.

[95] GUSSEV M N, EDMONDSON P D, LEONARD K J. Beam current effect as a potential challenge in SEM-EBSD in situ tensile testing[J]. Materials Characterization, 2018, 146: 25-34.

[96] OVRI H, LILLEODDEN E T. New insights into plastic instability in precipitation strengthened Al-Li alloys[J]. Acta Materialia, 2015, 89: 88-97.

[97] CAILLARD D, RAUTENBERG M, FEAUGAS X. Dislocation mechanisms in a zirconium alloy in the high-temperature regime: An in situ TEM investigation[J]. Acta Materialia, 2015, 87: 283-292.

[98] KIM S W, CHEW H B, SHARVANKUMAR K. In situ TEM study of crack-grain boundary interactions in thin copper foils[J]. Scripta Materialia, 2013, 68(2): 154-157.

[99] 单智伟, 杨继红, 刘路, 等. 单晶 Ni3Al 裂纹扩展的 TEM 原位观察[J]. 金属学报, 2000(3): 262-267.

[100] 石晶, 郭振玺, 隋曼龄. α-Ti 在原位透射电镜拉伸变形过程中位错的滑移系确定[J]. 金属学报, 2016, 52(1): 71-77.

[101] BAIK S, AHN T, HONG W, et al. In situ observations of transgranular crack propagation in high-manganese steel[J]. Scripta Materialia, 2015, 100: 32-35.

[102] 张静武. 金属塑性变形与断裂的 TEM/SEM 原位研究[D]. 秦皇岛: 燕山大学, 2002.

[103] LI S, CHEN N, ROHATGI A, et al. Nanotwin assisted reversible formation of low angle grain boundary upon reciprocating shear load[J]. Acta Materialia, 2022, 230: 117850.

[104] ZHU Q, HUANG Q, TIAN Y, et al. Hierarchical twinning governed by defective twin boundary in metallic materials[J]. Science Advances, 2022, 8(20): eabn8299.

[105] LIU B Y, WANG J, LI B, et al. Twinning-like lattice reorientation without a crystallographic twinning plane[J]. Nature Communications, 2014, 5(1): 3297.

[106] ZHU Q, CAO G, WANG J, et al. In situ atomistic observation of disconnection-mediated grain boundary migration[J]. Nature Communications, 2019, 10(1): 156.

[107] WANG Y B, SUI M L. Atomic-scale in situ observation of lattice dislocations passing through twin boundaries[J]. Applied Physics Letters, 2009, 94(2): 021909.

[108] KUSHIMA A, HUANG J Y, LI J. Quantitative fracture strength and plasticity measurements of lithiated silicon nanowires by in situ TEM tensile experiments[J]. ACS Nano, 2012, 6(11): 9425-9432.

[109] 杨丽霞. 超临界耐热钢 G115 中 Cu 的跨尺度表征及其成分–组织结构–性能相关性研究[D]. 北京: 钢铁研究总院, 2018.

[110] LEE S, OSHIMA Y, NIITAKA S, et al. In-situ annular bright-field imaging of structural transformation of spinel LiV_2O_4 crystals into defective $Li_xV_2O_4$[J]. Japanese Journal of Applied Physics, 2012, 51(2R): 020202.

[111] PHILLIPS P J, IDDIR H, ABRAHAM D P, et al. Direct observation of the structural and electronic changes of Li_2MnO_3 during electron irradiation[J]. Applied Physics Letters, 2014, 105(11): 113905.

第6章 机器学习在金属材料中的应用

材料产业是国民经济的基础，具有举足轻重的地位。传统工程材料中金属材料具有悠久的历史，被广泛应用于交通运输、能源化工、装备制造、海洋工程、航空航天和军工等领域，是支撑我国制造业长远发展的关键材料，也是关乎国防安全和国民经济的基础材料，对国家的发展具有重要的战略意义。然而，随着科学技术的高速发展，在高新科技领域中，传统金属材料的强度、塑性，以及耐高温腐蚀、耐磨损等性能已难以满足实际应用的要求，尤其在高温、高应力等复杂环境下，更容易发生高温氧化或塑性变形，以致构件发生不可逆转的损伤而失效。因此，为满足更高的服役性能需求，亟须开发具有高比强度、耐腐蚀、耐磨损、耐高温等特性的新一代高性能金属材料，主要包括先进的高强钢、铝合金、镁合金、钛合金、高温合金及高熵合金等。

传统材料主要依靠科学家的经验或者偶然发现，即试错法来开发，存在效率低、成本高、研发周期长等不利因素，难以满足生产与生活的实际需求。近年来，大数据与人工智能深入结合，材料基因工程理念被提出，促进了以数据驱动为主导的材料研发新范式的发展，尤其是以机器学习(machine learning, ML)技术为代表的新方法逐渐被科研人员重视。数据驱动的机器学习技术不再依赖于固有经验，将计算机作为工具，使用算法对材料数据进行学习，建立对应的算法模型，以挖掘材料知识和目标属性背后的价值，突破科学认知的边界与材料发展的瓶颈，实现对未知材料性能与内部作用机制的快速、准确预测，从而高效指导材料设计、性能优化与机理探究。本章将从机器学习方法入手，分别介绍近些年来材料科学，尤其是先进金属结构材料在成分设计、工艺优化、结构性能的准确预测及服役寿命的评估等方面取得的显著成果。

6.1 机器学习方法简介

机器学习主要由输入、学习(训练)和输出三部分组成，合金设计中机器学习的一般流程如图 6-1 所示。具体来说，第一步输入部分指的是样本数据收集，并对其进行预处理。因为原始数据可能以图像或表格等多种形式存在，而计算机通常对输入的数据形式具有严格的要求，并且如果原始数据十分复杂，维度过高，往往会导致过拟合的风险，这不仅不利于模型学习，反而增加任务量，事倍功半。特征作为机器学习模型的重要输入参量，合理的特征选取，不仅能够提高模型的预测精度，还可以提高运算效率。因此，往往需要采用特征工程的方法来去除噪声和冗余数据，加快模型的训练过程，机器学习的输入参量一般称为特征或描述符。第二步是学习(训练)过程，包括模型学习与模型评估，将经过预处理的数据转化为计算机可识别的数据形式进行学习与评估，这个过程不是一蹴而就的，根据选取算法的不同，需要对模型参数进行调试，这是决定模型学习效果的一个重要步骤。第三步是输出，使用训练好的最优化模型对未知数据进行预测分析，得到最终输出结果。

图 6-1　合金设计中机器学习的一般流程[1]

6.1.1　监督学习

根据学习方式的不同，机器学习又可以分为监督学习、半监督学习和无监督学习三类，其中以监督学习应用最广。监督学习是指带有标签的数据样本，通过调整机器学习模型参数，对训练数据进行学习，并做出准确预测。根据标签的属性，又可以分为分类和回归两种类别，其中分类用来解决离散型变量问题，如判断材料的物相结构，回归用来解决连续型变量问题，如预测材料的性能。针对不同的问题，研究人员开发了众多不同的算法，表6-1总结了常见机器学习任务及主要算法功能。

表 6-1　机器学习任务及主要算法功能

项目	学习任务	
	分类	回归
主要功能	对已有数据进行分类，将给定样本放入相应类别	用函数拟合已知数据，从而预测未知样本
常用算法	决策树	线性回归
	随机森林	支持向量回归
	支持向量机	随机森林
	逻辑回归	梯度提升
	K近邻算法	人工神经网络

机器学习技术已经成为人类社会发展进步不可或缺的一环。接下来，将对几种常见的机器学习方法及其原理进行介绍。

1) 线性回归

线性回归是定量预测响应变量的一种方法，可以用拟合直线的方式表示，如式(6-1)所示：

$$\hat{y} = ax + b \tag{6-1}$$

式中，$\hat{y}$ 为输出变量或预测目标值；a 为特征的线性系数；x 为输入变量或样本特征，有多个变量时，可以用向量表示；b 为线性模型的截距。不断调节模型参数，直至拟合误差达到最小。

2) 逻辑回归

逻辑回归是一种分类算法，它通过建立因变量与自变量之间的关系模型，根据已知因变量，对离散型目标变量进行预测，常用于二分类问题。通俗地讲，逻辑回归利用逻辑函数输出一个介于 0～1 的值，对事件的发生概率进行预估，当预测概率≥0.5 时属于一类，预测概率<0.5 时属于另一类。

3) K 近邻算法

K 近邻算法是最简单的机器学习(ML)算法之一，通过计算空间中样本与训练数据之间的距离，再以 K 个"最近邻"点中大多数点的类别决定样本类别。K 近邻算法精度高，但是当数据量增加时，空间计算复杂程度也相应提升。

4) 决策树

决策树基于树形结构，结构简单、效率较高，是一种常用的分类和回归方法。决策树以流程图的方式将一个类标签分配给一个实例，从包含训练集中所有数据的根节点开始，根据一个属性的值分成两个子节点，选择属性和相应的决策边界，使用其他属性从两个子结点继续分离，直到一个结点中的所有实例都属于同一个类，结束节点通常被称为叶结点。

5) 随机森林

随机森林是一种集合式机器学习算法，用于分类和回归任务。它是以决策树为基础构成的，对于决策树的每个结点，先从该结点的属性结合中随机选择一个包含 k 个属性的子集，然后再从这个子集中选择一个最优属性用于划分。以回归问题为例，该算法的最终的结果是通过对森林中所有树的预测进行平均来实现的。

6) 支持向量机

支持向量机的基本思想是基于训练数据在样本空间找到一个超平面，将不同类别的样本分开。同一问题可能有多个超平面满足，支持向量机要做的就是找到使各数据点与超平面间隔最大化，其结构如图 6-2(a)所示。

7) 人工神经网络

人工神经网络是基于生物学中神经网络的基本原理，在理解和抽象了人脑结构和外界刺激响应机制后，以网络拓扑知识为理论基础，模拟人脑的神经系统对复杂信息处理机制的一种数学模型。人工神经网络是一种运算模型，由大量的节点(或称神经元)相互连接构成。每个节点表示一种特定的输出函数，称为激活函数(activation function)。每两个节点间的连接都表示一个对于通过该连接信号的加权值，称为权重(weight)。网络结构由三部分组成：输入层、输出层和隐藏层，如图 6-2(b)所示。输入层接收外部世界的信号与数据；输出层实现系统处理结果的输出；隐藏层是处在输入和输出单元之间，不能由系统外部观察的单元。

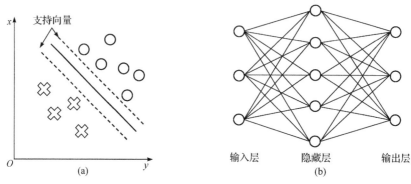

图 6-2　支持向量机和人工神经网络的结构示意图
(a) 支持向量机；(b) 人工神经网络

6.1.2　无监督学习

无监督学习常用于聚类。输入数据没有标记，也没有确定的结果，而是通过样本间的相似性对数据集进行聚类，使类内差距最小化，类间差距最大化。无监督学习的目标不是告诉计算机怎么做，而是让它自己去学习怎么做，去分析数据集本身。常用的无监督学习算法有 K 均值(K-means)聚类、主成分分析(principal component analysis，PCA)。

1) K 均值聚类

K-means 是聚类中最常用的方法之一，基于点与点之间距离的相似度来计算最佳类别归属。在 K-means 算法中，簇的个数 K 是一个超参数，需要人为输入来确定。K-Means 的核心任务就是根据设定好的 K，找出 K 个最优的质心，并将离这些质心最近的数据分别分配到这些质心代表的簇中去。具体过程可以总结如下：①随机选取样本中的 K 个点作为聚类中心；②分别算出样本中其他样本距离这 K 个聚类中心的距离，并将这些样本分别作为自己最近的那个聚类中心的类别；③对上述分类完的样本再进行每个类别求平均值，求解出新的聚类质心；④与前一次计算得到的 K 个聚类质心比较，如果聚类质心发生变化，转过程②，否则转过程⑤；⑤当质心不发生变化时，停止并输出聚类结果。

2) 主成分分析

主成分分析是一种常用的数据分析方法，它通过线性变换将原始数据变换为一组各维度线性无关的表示，可用于提取数据的主要特征分量，常用于高维数据的降维。

在降维过程中，会减少特征的数量，这意味着删除了数据，数据量变少则模型可以获取的信息量会变少，模型的表现可能会因此受影响。同时，在高维数据中，必然有一些特征是不带有效的信息(如噪声)，或者有一些特征带有的信息和其他一些特征是重复的(如一些特征可能会线性相关)。因此，希望能够找出一种特征选择办法，既能够减少特征的数量，又可以保留大部分有效信息。方差过滤是一种常见的方法，即如果一个特征的方差很小，则意味着这个特征很可能有大量取值都相同，那这一个特征的取值对样本而言就没有意义(不带有效信息)。从方差的这种应用可以推断出，如果一个特征的方差很大，则说明这个特征上带有大量的信息。因此，在降维中 PCA 使用的信息量衡量指标就是样本方差，方差越大，特征所带的信息量越多，该方法可用式(6-2)表示：

$$\text{var} = \frac{1}{n}\sum_{i=1}^{n}(x_i - \hat{x})^2 \tag{6-2}$$

式中，var 为一个特征的方差；n 为样本量；x_i 为一个特征中的每个样本取值；$\hat{x}$ 为这一列样本的平均值。

6.1.3　性能评估

性能评估是机器学习过程中必不可少的一个环节,对于不同的机器学习算法,需要通过一定的评价指标来判断算法性能优劣,根据任务需求,需要选择合适的评估手段或方法。

1. 回归任务

对于回归问题，总会根据机器学习模型得到一个预测值，因此预测值和真实值之间的差异是评估这类模型性能的重要手段。常见的用于评估回归模型的指标有决定系数(coefficient of determination，R^2)、均方误差(mean square error，MSE)、均方根误差(root mean square error，RMSE)、平均绝对误差(mean absolute error，MAE)等。R^2 是一种常用的回归模型评估指标，用于衡量模型对数据的拟合程度；MSE 是真实值与预测值差值平方后的平均值；RMSE 衡量预测值与真实值之间的偏差；MAE 是平均绝对误差，又称 L1 范数损失。通过计算预测值和真实值之间距离绝对值的平均值，来衡量预测值与真实值之间的真实距离。

$$R^2 = 1 - \frac{\sum\limits_{i=1}^{n}(y_i - \hat{y}_i)^2}{\sum\limits_{i=1}^{n}(y_i - \overline{y}_i)^2} \tag{6-3}$$

$$MSE = \frac{1}{n}\sum\limits_{i=1}^{n}(y_i - \hat{y}_i)^2 \tag{6-4}$$

$$RMSE = \sqrt{\frac{1}{n}\sum\limits_{i=1}^{n}(y_i - \hat{y}_i)^2} \tag{6-5}$$

$$MAE = \frac{1}{n}\sum\limits_{i=1}^{n}|y_i - \hat{y}_i| \tag{6-6}$$

式中，n 为模型样本总数；y_i 为第 i 个样本的真实值；$\hat{y}_i$ 为第 i 个样本的预测值；$\overline{y}_i$ 为所有样本预测值的均值。

不同的指标有各自的衡量标准，R^2 的取值范围在[0,1]，R^2 越大说明预测值与真实值相关性越高，预测效果越好；MSE、RMSE 和 MAE 的取值越小，表示预测值与真实值越接近，算法对样本数据拟合程度越好，预测效果也越好。

2. 分类任务

在介绍分类任务评价指标之前，需要先了解混淆矩阵(confusion matrix)。混淆矩阵本身是对于预测结果的一个粗略评价，在计算评价指标时会用到混淆矩阵中的数据。混淆矩阵的一般形式如表 6-2 所示。

表 6-2　分类结果的混淆矩阵

真实情况	预测结果	
	正例	反例
正例	真正例(TP)	假反例(FN)
反例	假正例(FP)	真反例(TN)

根据混淆矩阵，可以得到以下 3 种常见的用于评估分类模型性能的指标。

1) 错误率和准确率

错误率(error rate)和准确率(accuracy)是最常用的两个评价指标。错误率即预测错误的样本占总样本的比率，用 $(FP + FN)/(TP + TN + FP + FN)$ 计算；准确率则是预测正确的样本占总样本的比率，用 $(TP + TN)/(TP + TN + FP + FN)$ 计算；两者之和为 1。

2) 查准率和查全率

查准率(precision，P)针对预测结果的精确度量，用 $TP/(TP+FP)$ 计算，查全率(recall，R)针对真实样本的度量，用 $TP/(TP+FN)$ 计算。

3) F1 得分和受试者工作特征曲线下面积

F1 得分(F1-score)是综合考虑查准率和查全率的结果而计算的衡量分数。数学上来看，F1-score 是查准率(P)和查全率(R)的调和平均数，可以用 $2\times PR/(P+R)$ 计算，它能够更全面地评估模型在处理不平衡数据集时的性能。F1-score 越高，表示模型的准确率和召回率都较高。

受试者工作特征(receiver operating characteristic，ROC)曲线下的面积(area under the curve，AUC)，通常用于衡量一个模型在连续阈值范围内对样本进行排序的能力。AUC 取值范围在 0～1，AUC 越高，意味着模型性能越好。一个理想的模型具有接近 1 的 AUC，这表明模型在所有阈值下都能很好地预测正负类。在评估分类模型时，AUC 可以作为模型选择和性能比较的一个指标。

6.2　金属材料的性能预测与成分设计

机器学习是一个涉及计算机科学、统计学、概率论等多个领域的交叉学科，它通过机器学习模型不断学习积累的数据来自动优化，提高对未知问题的处理能力，已经广泛应用于计算机视觉、数据挖掘、生物医学等领域，将机器学习技术融入材料科学是近年来的一个重要研究方向，尤其是美国于 2011 年提出材料基因组计划之后，基于机器学习的材料科学研究如雨后春笋般层出不穷。化学成分的调整是改善材料性能最有效的手段，改变金属材料元素配比或加入其他元素，能有效调整合金组织，改善合金性能。相比于步骤繁琐、周期漫长的实验试错法，机器学习技术的成功应用，开创了材料研发的新模式，加快了材料的研发效率[2-5]。

6.2.1　成分与性能的定量预测

基于化学成分的本征属性及其组合，以及材料科学的理论知识，能够获得反映合金不同属性的特征参量。通过构建特征参量与目标属性的机器学习模型，可实现基于化学成分快速预测材料性能的目的。事实上，在机器学习过程中引入特征参数主要是为了构建一个完美的输入(材料特征)和输出(材料特性)的映射，以实现准确的预测和材料设计。常见的用于材料性能预测的常用特征如表 6-3 所示。

表 6-3　机器学习模型预测时常用的特征[6]

类别	特征
化学成分	化学元素摩尔分数
原子结构	密度
	原子半径
	原子尺寸错配
	摩尔体积
热力学	混合焓
	混合熵
	吉布斯自由能
	理论熔点温度
电子属性	鲍林电负性
	价电子浓度
	电子功函数

　　众所周知，对于材料性能而言，尤其是金属材料的力学性能，还会受到制备工艺、加工方式的影响，甚至在某些情况下，工艺对力学性能的影响更加显著，如热处理温度、时间等参量。因此，除了将材料的化学成分当作机器学习模型的输入外，也可将加工工艺考虑进去，并且还可以根据特定性能进行逆向设计。高通量计算及机器学习技术的应用为新材料的研发提供了强有力的数据支持和优化工具。

　　1. 基于传统机器学习模型预测性能

　　传统机器学习模型是指在机器学习领域中较早期和基础的一类模型，它们通常是在统计学和数学方法的基础上构建而成的，用于从数据中学习模式、关系和规律，以便进行预测、分类、聚类等任务。相对于基于神经网络的深度学习而言，传统机器学习模型是浅层模型，相对简单。常见的传统机器学习模型有线性回归、决策树、随机森林、支持向量回归(support vector regression，SVR)、K 近邻算法等。应用这些算法预测材料的物理化学性能，指导材料设计，能大大降低实验试错成本，加快材料研发进程。

　　高熵合金因多种合金元素以等原子比或近等原子比的组合，展现出高强度和硬度，以及优异的抗疲劳性、耐腐蚀性、耐辐照性等特性，在金属结构领域有巨大的应用前景。在利用机器学习进行高熵合金的性能预测中，力学性能是至关重要的一部分。硬度作为基本力学性能指标，对金属结构材料的设计具有重要意义。

Li 等[7]为预测 Al-Co-Cr-Cu-Fe-Ni 体系高熵合金的硬度，首先采用皮尔逊相关系数、穷举法、前向序列选择、后向序列选择及遗传算法等 5 种特征筛选方法，分别对收集的 20 个直接或间接影响硬度的特征进行筛选。之后利用筛选出的最优特征组合(价电子浓度(VEC)、混合熵(ΔS)、原子尺寸相关参数(γ)、流动电子数目(e_1/a))构建 ML 模型，SVR 的 R^2 达到了 0.948，RMSE 为 47.754HV。除高熵合金外，Shen 等[8]利用化学成分作为输入，构建了预测不锈钢硬度的 SVR 模型，其 R^2 也能达到 0.9 以上。

　　传统机器学习模型固然有利于新材料性能预测，但并不是万能的，单一模型并不能适用于所有数据。因此，可以对其进行适当的改进，以求得到更好的效果。Slavkovic 等[9]为了有效地从可用的数据集中检测白铁铸件的磨损率，将传统 SVR 模型进行改进，用两个混合的核函数来进行训练和测试。结果表明，与仅利用一种核函数的 SVR 模型相比，改进后的模型能够更准确预测磨损率。在很多情况下，单一的弱 ML 模型并不能取得很好的效果，将多个弱学习器整合往往可以提高预测性能和泛化能力，这种学习方法称为集成学习(ensemble learning，EL)。利用集成学习方法改善金属材料性能近年来取得了重大进步。杨威等[10]针对国内某大型热连轧机组生产的 3000 多组含铌高强钢，利用 Mn、Cs 等 9 个因素建立了随机森林(RF)模型预测抗拉强度，平均绝对误差为 2.52%，RMSE 为 21.65MPa。Roy 等[11]收集了 87 个高、中、低熵合金的弹性模量和 10 个特征，采用梯度提升算法预测弹性模量。模型输出显示，26 个预测结果中有 19 个误差在 20%以内，14 个误差在 12%以内，回归模型的预测精度可以达到 87.76%。随后对影响性能的特征重要性进行分析，发现熔点温度和混合焓是影响弹性模量最重要的两个特征，而混合熵对性能并没有显著影响。Xiong 等[12]收集到 290 个高熵合金的硬度数据，利用对高熵合金相结构有重要影响的 11 个特征，采用 RF 算法对硬度进行预测。由于特征空间较小，因此他们采用暴力搜索的方法，最终发现在特征数量为 6 个的时候性能预测就趋于稳定，然后通过网格搜索的手段确定该算法的超参数，最终模型的皮尔逊相关系数 r 达到了 0.9062，模型预测效果优良。除了硬度，他们还构建了皮尔逊相关系数 r 为 0.9498 的抗拉强度模型，基于随机森林算法预测高熵合金的硬度和抗拉强度如图 6-3 所示。

　　综上，每种 ML 算法都有各自的特点，选择不同的算法可能有不同的结果，然而在如何选择合适的机器学习算法上，并没有一个明确的规则。比较多种常用的算法，同时建立预测模型，根据评价指标，选出性能最优异的算法模型作为最终的预测模型不失为一种合理的方式。尽管合金成分对材料的性能有重要的影响，但并不是唯一因素，加工工艺和外部环境也是影响结构材料服役性能的重要指标，因此将这些因素考虑到 ML 算法可能获得更高的预测精度，促进材料的快速设计。Geng 等[13]利用 5 种不同的 ML 算法，分别对硼钢的硬度进行预测，通过比较训

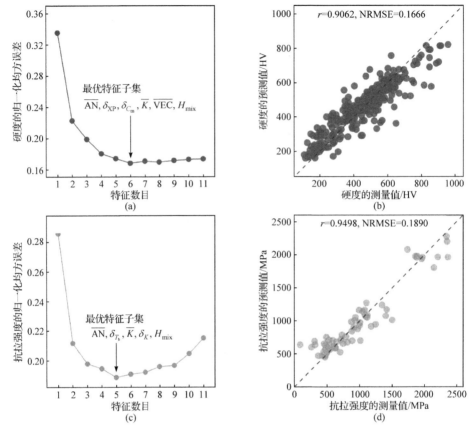

图 6-3 基于随机森林算法预测高熵合金的硬度和抗拉强度[12]

(a)、(c) 特征筛选过程；(b)、(d) 预测结果

$\overline{AN}$-平均原子序数；δ_{XP}-鲍林电负性偏差；δ_{C_m}-摩尔热容偏差；$\overline{K}$-平均热导率；$\overline{VEC}$ 平均价电子浓度；

H_{mix}-混合熔；δ_{T_b}-沸点偏差；δ_K-热导率偏差

练集和测试集的预测精度，发现 RF 同时满足高皮尔逊相关系数和低误差，在预测精度和硬化曲线变化趋势方面均优于经验公式法。Guo 等[14]选取了 63137 个钢铁样本，这些数据都具有包含工艺参数和化学成分在内的 27 个影响因素(特征)，以及三个性能，分别是屈服强度(YS)、拉伸强度(TS)和伸长率(EL)。分别建立普通最小二乘(OLS)、SVR、回归树(RT)和 RF 模型，结果表明基于树的模型(RF 和 RT)预测效果更好，能更准确预测钢材的力学性能。Agrawal 等[15]为预测钢的疲劳强度，以化学成分、变形量、回火温度、冷却速率等 25 个材料参数为输入，对比了 ANN、DT、SVM 等 12 种 ML 模型，最低的误差小于 4%，最后利用相关性分析讨论了各种材料参数对钢疲劳强度的影响。

铝合金是一种轻质结构材料，在航空航天、交通运输、机电和日用品等领域具有广阔的应用前景，除合金成分外，它的力学性能也会受到加工工艺的影响。Chaudry 等[16]利用 1592 个 Al-Cu-Mg-X(X = Zn、Zr 等)合金的硬度数据样本，以成分和时效温度、时效时间等材料参数为输入，建立了铝合金在各种时效处理条件下的硬度预测模型，梯度提升模型的 R^2 和 MSE 分别达到 0.94 和 7.27，准确地预测了 Al-4Cu-0.5Mg-0.15Si-0.1Sc 合金在 175℃和 225℃时效的性能，证明了化学成分和加工参数与显微组织(如晶粒尺寸和析出相)密切相关，均是影响镁合金力学性能的关键因素。在众多工程结构应用中，往往需要材料(如低合金钢)具有一定的韧性来抵抗变形，避免灾难性的断裂。Chen 等[17]利用 6 种不同的 ML 算法分别建立了低合金钢中夏比冲击韧性(Charpy impact toughness, CIT)和三种特征的模型：①成分；②成分与热处理工艺；③成分、热处理工艺和物理特征。通过比较这些模型在 R^2、RMSE、MAE 等评估指标上的数值，发现成分、热处理工艺和物理特征构建的特征组合要比仅基于成分得到的模型精度高。

2. 基于神经网络及深度学习模型预测性能

受到生物学神经网络的启发而开发的 ANN 算法是解决非线性问题的一个有效工具。ANN 具有自适应性好、非线性建模能力强等优点，而深度学习本质上是具有多个隐藏层的 ANN 模型，基于这些模型能有效解决特征维度高、规律复杂场景下的问题。

Dewangan 等[18]利用 ANN 预测 AlCrFeMnNiW 体系高熵合金的硬度，仅利用 16 组数据的化学成分作为模型的输入，就获得了 93.54%的预测精度，通过分析合金成分与硬度的相关性，发现了 Ni 和 Fe 对硬度的影响比 Cr、Mn、W 更加显著。Malinov 等[19]基于 764 个钛合金数据样本，以成分、热处理条件和工作温度等参数为输入，建立了屈服强度、抗拉强度、伸长率、洛氏硬度(HRC)、弹性模量、疲劳强度等力学性能的多层前馈神经网络模型，同样取得了良好的预测结果。

相变诱发塑性(TRIP)钛合金具有较好的强度和塑性，但合金中通常包含昂贵的 V、Nb、Mo 等高熔点 β 相稳定元素，为合金设计增加了困难。Jeong 等[20]利用人工神经网络，基于 30 个 Ti-Al-Fe-Mn 基 TRIP 合金的实验数据样本，以 Mn 元素含量和热处理温度为输入，建立了极限抗拉强度和伸长率的 ML 模型(图 6-4)，预测结果与实验结果的 R^2 达到 0.999。通过考虑廉价的合金化元素，开发出了具有更优性能的 TRIP 合金，在 883℃热处理后的 Ti-4Al-2Fe-1.4Mn(系数表示质量分数)合金比强度和伸长率分别达到 289MPa/(g·cm^{-3})和 34%。

当金属材料在海水或其他强腐蚀性环境中服役时，耐腐蚀性是重要的衡量指标。Wei 等[21]基于三亚海水环境的 196 条低合金钢腐蚀数据，建立了海水环境因素、化学成分与低合金钢腐蚀电位关系的 ANN 模型。通过皮尔逊相关性分析发现影响低合金钢腐蚀电位的关键合金元素为 Ni、Cr、Mo、Si 和 V。然后，对低

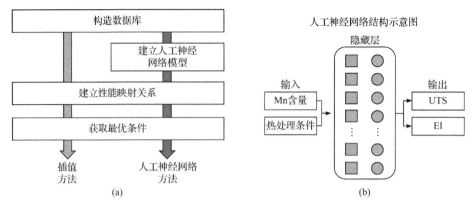

图 6-4 相变诱发塑性钛合金力学性能的预测流程及神经网络结构[20]
(a) 预测流程；(b) 神经网络结构
UTS-极限抗拉强度；El-伸长率

合金钢的腐蚀电位随合金元素含量变化进行了分类，发现了低合金钢腐蚀电位随关键合金元素变化的分布规律。Xia 等[22]基于 53 个镁合金腐蚀数据样本，以合金成分为输入训练 ANN 模型，准确地预测了镁合金在海水(0.1mol/L NaCl 溶液)中的腐蚀速率，并利用模糊曲线分析得到了 Zn、Ca、Zr、Gd 等合金元素对镁合金海水腐蚀的影响规律，为耐蚀镁合金的设计提供了数据指导。Shi 等[23]利用神经网络算法，以屈服强度、电导率、温度、主应力因子等材料性能和环境因素为输入，准确预测了镍基合金在高温高压水环境中应力腐蚀裂纹的扩展速率，预测结果与实验的 R^2 达 0.98；基于预测结果，通过模糊曲线敏感性分析，研究各变量对裂纹扩展速率的影响，确定了应力强度因子和腐蚀电位是应力腐蚀裂纹扩展速率的主要影响因素。

3. 基于可解释机器学习模型预测性能

尽管利用机器模型在材料研发、性能预测等方面取得了重大进展，但其建立的结构与性质的关系模型是不透明的，近乎一个"黑箱模型"。这些"黑箱模型"内部映射机制非常复杂，通常由大量的参数和复杂的结构组成，预测结果通常只能通过输入和输出之间的关联来解释，而无法提供具体的解释或推理过程。因此，机器学习"黑箱模型"的材料输入变量与输出结果之间一般不具有普遍意义的物理相关性或因果关系。与之相对的"白箱模型"指的是内部映射关系可理解或可解释的机器学习模型，这类模型的预测精度有限，但可以用来理解材料输入变量与目标量的关系。根据解释形式的不同，又可分为事后可解释性模型和内在可解释性模型。事后可解释性意味着选择和训练合适的"黑箱模型"并在训练后应用可解释性方法，内在可解释性本质上就是利用可解释的机器学习模型(如线性模型或符号回归等)。

特征重要性排序是一种有效的事后可解释手段, Si 等[24]利用多个机器学习模型对 14 个材料特征进行排序, 发现原子半径差、价电子浓度、电负性差、经验参数(Λ 和 Ω)和剪切模量错配等是决定 Zr-Ti-Nb-O 固溶体强度的关键特征, 由于添加氧和金属原子间电负性差, 提升了传统屈服强度公式精度, 同时发现价电子浓度、经验参数 Λ、剪切模量错配和局域模量错配是合金塑性的主要影响因素。Xie 等[25]基于 11101 个数据样本, 利用热轧钢板成分和生产工艺等 27 个材料参数为输入, 建立深度神经网络模型预测热轧钢板屈服强度、抗拉强度、伸长率和冲击功等力学性能, 均方根相对误差分别为 4.7%、2.9%、7.7%和 16.2%, 基于预测模型, 采用局部可解释算法(LIME)对深度神经网络模型进行了解释和知识提取, 利用权重因子的绝对值来表示特征的重要性。分析表明, 等温过程结束后最终的冷却温度是屈服强度和抗拉强度最重要的影响参量, Nb、Cr 和 V 等是伸长率的重要影响元素, C 含量主要影响材料的冲击功。Yang 等[26]利用价电子浓度(VEC)、平均熔点(T_m)等五个描述符构建了高精度的高熵合金硬度预测模型, 为了进一步理解各个特征对硬度的影响, 引入了一种事后可解释方法, 沙普利加性解释(SHAP)(图 6-5)来评估各描述符的重要性, 发现价电子浓度在硬度预测中发挥着重要作用, 并且当 VEC 小于 7.5 时, 对硬度有积极影响。

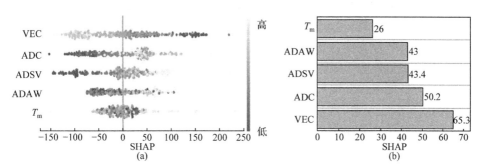

图 6-5　高熵合金硬度的 SHAP 分析[26]

(a) 不同样本的 SHAP 分布; (b) 基于 SHAP 的特征重要性排序

ADC-列平均偏差; ADSV-比体积平均偏差; ADAW-原子量平均偏差

和事后可解释模型相比, 内在可解释模型可直接通过自身参量的变化获得对目标属性影响。工模具钢是磨具的重要组成部分, 对推动国家制造业的发展有重要的作用。王家豪等[27]通过使用聚类和套索(Lasso)回归的机器学习技术, 研究了合金成分对 79 组工模具钢硬度的影响, 并建立了二者之间的显性函数关系, 为其设计研发提供了重要参考。他们首先用聚类的方法将收集的数据分为低铬钢(Cr 的质量分数为 0%~5.18%, 共 18 组)和高铬钢(Cr 的质量分数为 7%~18%, 共 56 组)。用 Lasso 回归进行特征选择与预测, 再利用最小二乘法对得到的特征进行二次拟合以优化系数, 最终分别得到低铬钢和高铬钢成分与硬度的显性数学表达(式(6-7)和式(6-8)), 其误差分别为 1.5466HRC 和 1.2396HRC, 远小于理论模型的误差。通过对 Lasso 回归路径分析发现，铬元素对高铬钢硬度影响最大，而钨元素在低铬钢中更重要，在这两类钢中都起到重要作用的元素是碳元素。众所周知，马氏体是钢铁材料中的重要强化相，在工模具钢中碳含量会影响马氏体开始转变温度，进而影响获得马氏体的能力。Cr 的加入可以显著提高淬透性，使得在高铬钢数据集中铬的影响占了首要地位，此外，在低铬钢数据集中，碳和钨反应易形成 WC 硬质颗粒，从而影响硬度，因此该数据集中钨的影响要高于其他元素。

$$
\begin{aligned}
H(\text{HRC}) = &-0.40\omega_{\text{Cr}} + 1.36\omega_{\text{Mo}} \\
&+ 4.96\omega_{\text{Si}} + 14.69\sqrt{\omega_{\text{C}}} \\
&+ 2.88\omega_{\text{Ni}} - 5.09\omega_{\text{Mn}} + 44.60
\end{aligned}
\tag{6-7}
$$

$$
\begin{aligned}
H(\text{HRC}) = &-0.43\omega_{\text{W}} - 61.25\omega_{\text{C}} + 1.08\omega_{\text{Mo}} \\
&- 1.01\omega_{\text{Mn}} + 1.00\omega_{\text{Ni}} - 0.33\omega_{\text{Cr}} + 126.09\sqrt{\omega_{\text{C}}} \\
&+ 0.59\omega_{\text{Co}} - 0.47\omega_{\text{Si}} - 1.11\omega_{\text{V}} + 17.52\omega_{\text{S}} \\
&+ 2.34\omega_{\text{Nb}} - 6.39\omega_{\text{Cu}} - 4.30\omega_{\text{Al}} + 1.18
\end{aligned}
\tag{6-8}
$$

符号回归(symbolic regression，SR)是一种有监督的 ML 方法，能够发现材料数据中隐藏的数学关系，从而最佳地拟合给定的数据集。与传统的回归方法不同，符号回归将数学运算符(+、-、·、/等)和材料描述符或特征组合，自动构建出一系列关于目标属性和输入变量之间的数学表达式，并通过适应度函数的评估，输出误差最低的显性数学表达，是为数不多的可解释 ML 方法。Chen 等[17]研究发现，尽管 RF 算法能够很好地预测低合金钢的 CIT，但其"黑箱"特性降低了模型的可解释性。因此，利用符号回归建立了一个有物理意义的公式(式(6-9))，为设计具有优异 CIT 的低合金钢提供了新的见解：

$$
\begin{aligned}
\text{CIT} = &0.0598\text{RA}^2 - 0.0005\text{RA}\cdot\text{TS} + 0.5223\text{TS}\cdot d(\text{AR}^{\text{Fe}}) \\
&- 21.2216\text{RA}\cdot d(\text{AR}^{\text{Fe}}) + 0.029\text{TT} - 79.4107
\end{aligned}
\tag{6-9}
$$

式中，RA 为断面收缩率；TS 为抗拉强度；$d(\text{AR}^{\text{Fe}})$为铁的原子半径偏差；TT 为回火温度。

霍尔-佩奇关系($\sigma_y = \sigma_0 + k_y d^{-0.5}$，其中 σ_y 为屈服强度，d 为晶粒尺寸，σ_0 和 k_y 为表示晶格摩擦阻力和晶界势垒的常数)是一种常用的描述多晶金属屈服强度与晶粒尺寸关系的经验模型，在工程设计中具有重要的指导意义。然而，该公式仍然存在两个缺陷：①当晶粒较粗(毫米级以上)或较细(纳米级)时，屈服强度与晶粒尺寸之间函数关系存在明显偏差，②σ_0 和 k_y 的内在因素及其物理机制需要进一步阐明。北京科技大学谢建新团队通过可解释的 ML 方法挖掘传统霍尔-佩奇关系中影响常数变量的内在因素，发现影响 σ_0 的关键物理量是价电子距离(S)、内聚能(W)和线性热膨胀系数(l_t)[4]；同时，影响 k_y 的关键物理量是晶界界面能(γ)、弹性模量(E)和线性热膨胀系数。然后，通过符号回归方法构建了具有高预测精度的新型霍尔-佩奇关系(式(6-10)),仅通过关键物理量就可以直接预测多晶金属的屈服强度(图 6-6),并且具有优异的泛化能力,可以推广到计算单相合金的成分、晶粒结构和力学性能,为金属材料的跨尺度计算提供了新的理论方法。

$$\sigma_y = \frac{79W}{S^3 \sqrt{l_t}} + 1.2\sqrt{\frac{E\gamma}{l_t}} d^{-0.5} \tag{6-10}$$

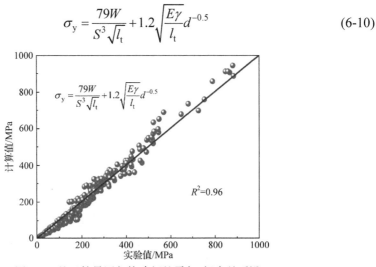

图 6-6　基于符号回归构建新的霍尔-佩奇关系[4]

6.2.2　成分的高效设计

材料设计和应用过程中,最先明确的往往是材料的性能需求,需要面向性能需求进行材料设计。已知的材料数据仅是一小部分,以材料核心性能为目标建立的高精度 ML 模型能够为材料优化提供理论指导,将其应用于广泛的未知空间,能够加快材料的研发进程。根据材料设计方向的不同,可分为正向设计和逆向设计。以材料参数和材料因子为输入,性能为目标量,通过穷举法或优化特征设计新材料的方法称为正向设计(即成分→性能)。但是,在广阔的设计空间中,使用正向建模工具(其至包括预测性机器学习模型)来探索所有可能的组合都是不可行的,无论可用的计算能力有多大,或者正向建模工具有多高效,巨大的复杂性都会导致较差的结果,即强制筛选不可能实现。以材料目标性能为输入,预测对应的材料成分、工艺与组织等材料参数的方案称作逆向设计(即性能→成分)。通常基于化学成分预测性能是一个降维过程,可以获得较高的预测精度,但是利用性能逆向设计成分,是一个升维的过程,导致同一目标属性可能对应若干个不同的解。因此,需要选择合适的策略才能设计出满足工程需求的材料。

1. 正向设计

1) 单目标优化
单目标优化,即一个目标需要一组对应的特征来描述,处理目标和特征之间复杂的关系是一项具有挑战性的任务。Rickman 等[2]结合多元回归分析评估了关键物理描述符对 82 个高熵合金硬度的影响。之后为了设计具有更高硬度的合金成分，借助于遗传算法在 Co、Cr、Fe、Ni、Al、Cu、Mn、Ti、Mo、Nb、Ta、V、W、Zr、Zn 和 Sn 等 16 种元素组成的 5 元成分空间中进行快速筛选，成功设计出两种硬度超过 1000HV 新型高熵合金($Co_{33}W_7Al_{33}Nb_{24}Cr_3$ 和 $Ti_{18}Ni_{24}Ta_{12}Cr_{22}Co_{24}$)。除了将实验数据作为 ML 模型的输入，高质量低成本的模拟数据也是备受研究人员青睐的研究对象。Li 等[28]为了在 $Cr_xCo_yNi_{100-x-y}$ 中熵合金中寻找最佳的元素配比以优化机械性能，将机器学习和分子动力学模拟相结合，建立的成分与力学性能之间的关系为实验提供了重要的参考。

　　尽管材料学家为高性能材料的研发付出了重大努力，但漫长的实验周期与高昂的成本导致研发的材料是有限的。尤其对于金属材料而言，小体量的数据集通常难以建立高质量的预测模型。因此，有学者提出了主动学习的研究思路，将 ML 模型和实验设计有效结合，在构建 ML 模型的基础上，通过不确定性分析，建立平衡材料性能预测值与模型不确定性的效能方程(如期望提升、上置信边界)，推荐具有最大收益的数据点进行实验验证，并反馈迭代，用最少的实验筛选出具有最优目标性能的材料[29]。Wen 等[30]为了在 Al-Co-Cr-Cu-Fe-Ni 体系中寻找高硬度的高熵合金，利用主动学习的策略，通过 7 次迭代制备出了硬度比原始训练数据集中的最高值提升 10%的新合金成分，其迭代过程如图 6-7 所示。

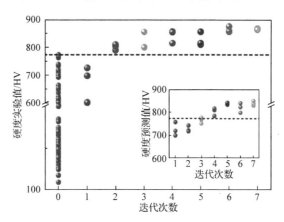

图 6-7　高熵合金硬度和主动学习迭代次数的关系[30]

　　西北工业大学 Li 等[31]提出了一种融合领域知识的主动学习策略设计高熵合金，结构如图 6-8 所示。他们基于 50 个 Al-Co-Cr-Fe-Ni 体系高熵合金样本，以合金成分作为输入构建了误差为 8%的抗拉强度模型，对大约 42 万种未知合金进行预测。鉴于金属材料难以同时满足高强度和塑性需求，他们经过分析发现大的 VEC 有利于伸长率的提高，因此利用该规律对候选成分空间进行限制。仅对

VEC≥7.5 的合金进行预测。由于原始数据量的限制，机器学习具有一定的误差，仅以模型预测来推荐合金成分可能并不合理，因此他们分别对预测值(开发)、预测不确定性(探索)，以及预期改进(平衡开发和探索)最大的成分进行实验测试，并将实验结果反馈到原始数据集，共迭代 6 次。随着迭代的进行，新成分的实验与预测误差在逐渐缩小，说明 ML 模型学到了更多的知识，最后成功合成一种极限抗拉强度为 1258MPa、伸长率达 17.3%的新型高熵合金($Al_{19}Co_2Cr_{18}Fe_{21}Ni_{40}$)，相较于已有体系，该合金的强度、塑性都得到了显著的提升。

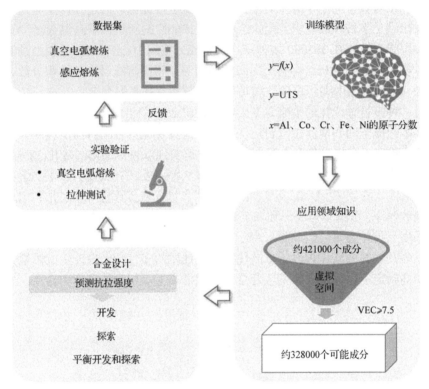

图 6-8　基于融合领域知识的主动学习策略设计高熵合金[31]

2) 多目标优化

多目标 ML 仅用一组特征变量来描述多个目标，可以在不同目标间具有相互冲突的特征变量上，更好地优化材料的多种力学性能。新材料的工程化应用应该满足多项性能指标，因此综合性能的评估是至关重要的。由于影响材料性能的因素是复杂、高维的，并且各性能之间也可能是相互制约的，如强度和塑性，此消彼长。因此，设计平衡材料各类性能的最优值，是材料界面临的一大难题。利用 ML 的手段，进行材料性能的多目标优化，具有重大的价值和应用前景。

对于多目标优化问题，一种策略可以采用逐层筛选优化，利用专家知识或

ML 模型，以材料基本性能下限为过滤器，过滤出基本性能满足要求的候选空间，再优化关键性能。γ'相作为高温合金的强化相，其体积分数决定了材料的承温能力，直接影响高温合金的服役需求。Liu 等[32]提出利用逐层筛选策略，研发具有更高性能的钴基高温合金，利用热力学计算数据，首先构建了预测 γ'相组织稳定性的分类模型对候选空间进行筛选，之后以固溶温度、固相线、液相线、密度等为目标构建 6 种不同的回归模型。通过计算数据驱动的相分类和实验数据驱动的性能回归来严格筛选，最初的 210792 种未知成分成功减少到 6000 种以下。在此基础上利用有效全局优化策略对 γ'相溶解温度进行优化，通过 3 次实验迭代，成功研发出满足多种性能需求，承温能力高达 1266℃的新型钴基高温合金。Yu 等[33]通过逐层筛选策略在 363000 余种候选合金成分空间中，先利用分类模型预测是否存在 γ'相和其他有害相，再利用回归模型预测 γ'相固溶线温度和体积分数，研发出 6 种 γ'相溶解温度和体积分数满足需求的新型钴基高温合金。

　　另一种多目标优化的策略是基于帕累托(Pareto)前沿的方法，帕累托前沿是无差别样本组成空间曲面。以双目标优化为例，其优化过程是将前沿面向非支配解空间逐步推进，通过寻找非支配空间的最优解实现双目标的协同优化(图 6-9)。由于该方法搜索空间巨大，通常会结合遗传算法等启发式算法或引入主动学习的思想，提高优化的效率。Dutta 等[34]将 ANN 和多目标遗传算法串联，并利用现有的双相钢数据库，考虑了与成分和加工参数相关的 13 个输入变量，分别建立了预测屈服强度、抗拉强度、均匀伸长率、总伸长率、屈服比和应变硬化指数的 ANN 模型。将开发的模型作为遗传算法优化冲突性质的多目标函数，生成帕累托前沿解，最终确定了最佳组成和工艺变量，同时提高了双相钢的强度和韧性。

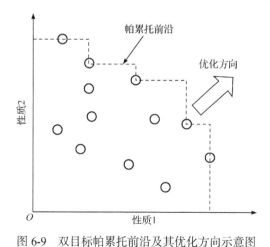

图 6-9　双目标帕累托前沿及其优化方向示意图

材料样本数据的不充分加剧了建模过程中随机因素对模型参数及预测结果的

影响，导致模型预测结果伴有较大的不确定性。物理模型和专家知识是研究学者经验的积累，将其与 ML 模型结合，不仅能够提高预测精度还能增强可解释性。Menou 等[35]将物理模型、热力学计算和机器学习相融合，利用 Pareto 优化遗传算法，设计同时满足单相结构、高硬度和低密度需求的五元以上高熵合金，在 Al、Cu、Fe 等 16 种元素构成的巨大成分空间内，优化出了上千种高熵合金的候选合金，选择 $Al_{35}Cr_{35}Mn_8Mo_5Ti_{17}$ 合金进行实验验证，证明了制备的合金为 FCC 单相固溶体，且满足高硬度(维氏硬度 1.78GPa)和低密度(7.95g/cm³)的要求。

钼当量是钛合金设计时的一个重要参考指标，是衡量钛合金 β 相稳定性的重要参数；d 电子理论通过合金电子结构计算得出 Md 和 Bo 两个参数，能够衡量相的稳定性，作为相分类预测的依据。西北工业大学袁汀焕等提出将钛合金设计时的钼当量、d 电子等物理理论与考虑不确定性的主动学习框架相结合，同时优化钛合金的屈服强度和断裂伸长率。通过设定元素范围，先随机生成 100 万个候选样本。计算钼当量及 d 电子理论参数，筛选出 24 万个钼当量范围在 8~12 的亚稳 β 相样本，然后通过 d 电子理论相图中 TWIP/TRIP 区间来进一步筛选样本，最终留下约 8 万个满足要求的未知样本。通过结合领域知识的两层筛选方法，使得整体搜索空间缩小了 1/12，降低了计算成本。同时，在此未知空间中，更有可能挑选出能够发生 TWIP/TRIP 效应的亚稳 β 钛合金，因为这类合金在拉伸过程中有较大的加工硬化及较好的协调变形能力，从而展现出更好的强塑性匹配特性。

引入贝叶斯全局优化方法，结合最优模型对 8 万个候选样本进行性能预测以及不确定性量化，使用超体积预期改进函数作为决策函数，筛选出最具潜力的新样本。其中，超体积预期改进函数是由单目标的预期改进函数向多目标任务拓展而来的。现有数据的帕累托集在目标性能空间中构成阶梯式的帕累托前沿。考虑某一样本的超体积预期改进，首先需要机器学习模型对样本各个目标性能的预测和不确定性量化结果作为参数，构成样本在目标空间内的联合分布。如图 6-10(a)所示，在目标空间中同一样本以不同帕累托前沿值为参考所求得的预期改进不同，以帕累托前沿作为网格划分区域，不被帕累托支配的区域中的改进积分对预期改进做出贡献，最终超体积预期改进就是这些有效区域内预期改进的总和。对筛选后的样本进行超体积预期改进计算并排序，预期改进最大的前 5 个样本的分布如图 6-10(b)所示，结果表明这些样本有潜力优化强度与塑性的帕累托前沿，有望实现强度与塑性的良好匹配。

2. 逆向设计

逆向设计的概念颠倒了传统的设计过程，只需输入一组所需的属性，然后使用优化算法获取目标成分，但因为逆向设计是一个维度升高的过程，对于给定的属性可能对应于数十或数百种可能成分，因此通常需要添加限制条件才能获取满

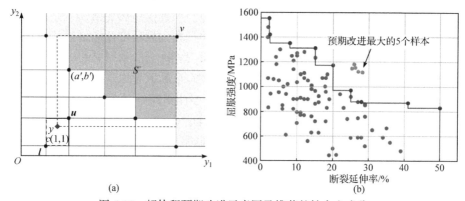

(a)   (b)

图 6-10   超体积预期改进示意图及推荐的钛合金成分

(a) 超体积预期改进示意图；(b) 推荐的钛合金成分

S-参考点 v 和帕累托前沿超体积预期改进

意效果。为了促进低弹性模量 β 钛合金的开发，大连理工大学的 Yang 等[36]提出一种逆向设计策略。首先，考虑钼当量作为判据，然而因为钼当量没有考虑元素之间的相互作用，在形成固溶体时，合金元素和基体之间的相互作用可能发生微观结构上的短程有序，溶质元素局部分配不均匀，影响钛合金的性能。为了解决这个问题，在逆向设计中采用了团簇成分公式法(cluster-formula approach)和钼当量相结合的方式。对于 Ti-Mo-Nb-Zr-Sn-Ta 体系，通过团簇成分公式以及钼当量进行限制，大大缩小成分搜索空间。给定不同的目标取值，通过遗传算法成功设计了几种具有最低弹性模量($E=48\text{GPa}$)和特定弹性模量($E=55\text{GPa}$ 和 60GPa)的新型 β 钛合金。

北京科技大学谢建新团队开发了一种基于机器学习的合金设计方法(machine learning design system，MLDS)[37]，如图 6-11 所示，该方法将建模和训练、性能

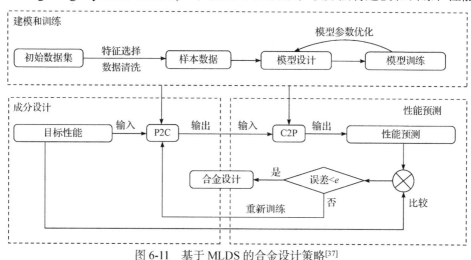

图 6-11   基于 MLDS 的合金设计策略[37]

P2C-性能预测成分；C2P-成分预测性能

预测、成分设计融为一体，利用正向设计模型筛选成分组合，将筛选出的成分组合作为逆向设计时模型的输入，根据模型预测性能和目标性能的误差选择成分，直到误差小于设定值时输出。为优化铜合金的抗拉强度和电导率，他们基于 300 组铜合金的数据，利用 MLDS 策略，成功设计出高强高导的铜合金(Cu-2.20Ni-0.42Si-0.08Mg-0.30Zn)，促进了合金成分的快速优化。利用同样的策略，该团队还逆向设计出极限抗拉强度为 707～736MPa，伸长率为 7.8%～9.5%，断裂韧性满足 33～35MPa·$m^{1/2}$ 的新型铝合金，新合金的塑性和韧性指标与目前最先进的 7136 高强高韧铝合金相当，并且抗拉强度提高了 100MPa[38]。

6.3　金属材料的结构预测与工艺优化

除了化学成分外,金属材料的结构和制备工艺与性能也具有十分密切的关系。由于金属原子在晶胞中占据点位的不同，通常会呈现不同的点阵结构，不同的晶体结构可能会有截然相反的物理化学性质，体心立方结构强度高、塑性差，而面心立方结构强度低、塑性好。热力学计算和相图是材料设计的重要手段，对于低组元材料，采用热力学计算方法可以很好地计算出材料的相结构，为新材料设计提供指导。但是，对于多组元材料，由于热力学基础数据匮乏，应用上述手段难以实现高精度的相结构预测。在不同的应用领域下，应选择满足特定性能需求的材料。以高熵合金为例，它的相结构预测是成分设计的重要一步，ML 技术强大的数据拟合能力，为材料的结构预测提供了有力的保障。

6.3.1　结构的高效预测

1. 基于传统机器学习方法预测相结构

相结构在很大程度上影响材料的力学性能。和传统合金类似，高熵合金的结构可分为晶体(crystal)和非晶(amorphous，AM)两大类，而晶体又包括金属间化合物(intermetallic，IM)、单相固溶体(solid solution，SS)和多相固溶体，结构不同导致性能上具有巨大的差异。一直以来，研究学者都在为准确预测高熵合金的相结构而努力，并根据经验总结出不同的经验参数模型。Guo 等[39]在统计 100 多组高熵合金后发现混合焓(ΔH_{mix})、混合熵(ΔS_{mix})、和原子尺寸错配(δ)会影响其相结构，形成固溶体需要同时满足-22kJ/mol $< \Delta H_{mix} < 7$kJ/mol，11J/(K·mol) $< \Delta S_{mix} < 19.5$J/(K·mol)，0% $< \delta < 8.5$%等条件。Liu 等发现 VEC 对单相固溶体的形成有重要影响，当 VEC $<$ 6.87 时，合金倾向于形成 BCC 结构，当 VEC $\geqslant 8$ 时会形成 FCC 结构[40]。北京科技大学张勇教授团队结合混合焓和混合熵提出一个新的参数 Ω，基于此又提出高熵合金固溶体形成的另一个判据：$\Omega \geqslant 1.1$ 并且 $\delta \leqslant 8.5$%[41]。可以看出，同样是对

固溶体预测，结果不尽相同，主要原因是这些经验参数往往是研究学者根据有限的高熵合金数据或者基于二元合金相形成规律推广总结得到的，而高熵合金组成空间广阔复杂，这些经验参数推广到该体系得到的预测结果往往不太准确，因此基于传统的经验参数预测相结构的方法受到了挑战。

机器学习为解决这些难题提供了新的工具和方法，越来越多地用于高熵合金相预测的研究中。值得注意的是，基于 ML 模型的方法比传统经验参数在相预测时更加准确。例如，Islam 等[42]构建了一个反向传播神经网络模型来区分 118 个铸造高熵合金的单相固溶体、非晶和金属间化合物三种相结构，他们以 VEC、电负性错配($\Delta\chi$)、δ、ΔS_{mix} 和 ΔH_{mix} 作为输入，预测高熵合金可能的相结构，最终准确率达到 83.0%。Pei 等[43]引入一种高斯过程分类的方法，以组成元素的加权平均性质作为特征输入，再排除相关性不大的性质，最终保留体积模量、摩尔体积和熔点三个特征，实现了对 625 个单相和 627 个多相高熵合金 93%的分类准确率。Kaufmann 等[44]针对收集到的 134 个 BCC、FCC 实验数据，为避免信息冗余，用递归特征消除的办法，从 300 多个成分和热力学特征中筛选 13 个特征，之后用 RF 模型对两相进行分类，准确率可达 100%。

数据和特征决定机器学习模型的拟合上限，算法和模型使得拟合结果无限接近这个上限。对不同问题而言，选取的模型不同，结果也可能会有所差异。高熵合金中有多种可能的相结构，不同的结构划分方式有时会导致不同的预测结果。Krishna 等[45]为区分固溶体和固溶体+金属间化合物混合相，用 5 个基本属性作为输入特征，对比 6 个 ML 分类模型，其中 SVM 的预测精度最高，达到 83.02%。Zhang 等[46]为完成高熵合金中固溶体和非固溶体二分类，BCC、FCC、BCC+FCC 双相三分类问题，构造了一个包含 70 个特征的特征池和 9 个 ML 模型的模型池，利用遗传算法筛选二者的最优组合。最终发现在第一种分类方式下，具有径向基函数的 SVM 模型的测试精度达到 88.7%；第二种分类方式下，ANN 的准确率为 91.3%。Huang 等[47]基于 401 个高熵合金数据样本，以 ΔS_{mix}、ΔH_{mix}、VEC、δ 和 $\Delta\chi$ 作为输入，采用 K 近邻算法、SVM、ANN 等分类模型，对高熵合金中的 SS、IM、SS+IM 进行预测。经过交叉验证得到的 3 种模型三分类的预测精度分别为 68.6%、64.3%和 74.3%，整体准确率偏低，图 6-12 为利用人工神经网络模型预测高熵合金相结构的示意图。通过自组织映射神经网络发现分类准确率偏低的原因在于 SS 和 SS+IM 的边界不清晰。利用多层神经网络改进分类方式，并建立了三个二分类模型：SS 和 IM、SS+IM 和 IM、SS 和 SS+IM，分类准确率分别提高到 86.7%、94.3%和 78.9%。

利用机器学习对高熵合金相结构进行预测，主要是将经验规则得到的判据作为输入参数，通过训练模型建立参数与相结构之间潜在的关系，大多数情况下得到的精度高于经验描述符的二维映射结果，这为预测高熵合金相结构提供了新的

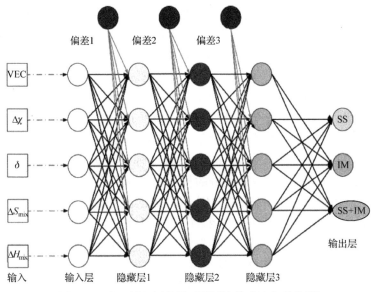

图 6-12　人工神经网络模型预测高熵合金相结构[47]

研究思路，基于此，可以间接辅助设计具有目标属性的合金成分。

　　高温合金包含 γ 基体相、γ′增强相、拓扑密堆(TCP)相和几何密排(GCP)相等结构，TCP 相和 GCP 相是有害相，高温合金设计时应避免有害相的析出。Qin 等[48]利用材料高通量实验和微区 X 射线荧光光谱仪自动采集高温合金成分和显微组织信息，快速获取了 8371 个镍基高温合金成分和相结构的数据样本。利用相关性筛选和递归特征消除法筛选出了混合熵、原子尺寸差、熔点和价电子数等材料因子，比较了线性回归、K 近邻算法、梯度提升、RT、RF 和 SVM 等 6 个分类模型，发现 K 近邻算法模型对 TCP 相和 GCP 相的 AUC 分别为 0.88 和 0.92。Yu 等[49]利用 458 个实验数据样本，以成分、时效温度和时效时间等 23 个材料参数为特征，通过主成分分析降维，建立了是否存在 γ′相的 RF 分类模型，预测准确率超过 95%，基于此开发出了一系列含 γ′相的 Co-Ti-V 基合金。

2. 基于可解释机器学习预测相结构

　　对于分类问题，传统 ML 同样存在可解释性差的问题。鉴于此，Xiong 等[50]基于 6000 多个涵盖非晶类型、非晶形成临界直径、非晶特征转变温度(如玻璃化转变温度、约化玻璃转变温度、液相线温度)和弹性性能的数据，利用符号回归建立了以原子体积和鲍林电负性为变量的体积模量正相关的合金因子，以原子体积和混合熵为变量的剪切模量正相关的合金因子，以及分别以混合熔、混合熵、热导率等为变量和以玻璃转变温度、晶化温度、液相线温度等为变量的非晶形成临界直径的合金因子，利用最小二乘法拟合建立了非晶形成临界直径与上述 4 种合金因子的数学表达式。根据获得的数学表达式，提出了指导大尺寸块状非晶合金筛选的原则如下：①高的混合熵；②高的平均热导率；③适中的负混合焓，约为−28kJ/mol。这些规律为研发和理解具有所需属性的非晶合金提供了一定的指导。

Zhao 等[51]基于高熵合金中可能存在的相结构，从材料描述符角度出发，利用可解释的 ML 算法(SISSO 算法)，构建了新的低维描述符，预测高熵合金可能的相结构。具体来说，为了避免热处理和机械加工等工艺对相结构的影响，他们选取文献报道的铸态高熵合金为研究对象，因为在这种状态下形成的相更稳定，更接近平衡态。最终获得涉及 33 种元素的 541 个样本数据集，并计算了 85 个可能影响相结构的描述符。根据这些成分的相结构，设计了一种四步走的分类策略，即晶体和 AM(类别-1)、IM 和 SS(类别-2)、BCC 或 FCC(单项固溶体)及 BCC 和 FCC(多相固溶体)(类别-3)、纯 BCC 和纯 FCC 固溶体(类别-4)。

SISSO 算法的实现主要是由描述符空间的扩充和低维描述符的识别两步完成的，首先利用数学运算符与初始描述符进行 2 次迭代获得新描述符并扩充空间，之后对新描述符进行重要性排序与筛选，获得预测精度最高的描述符组合。理论上讲，经验描述符和运算符迭代次数(n)越大，越有可能挖掘描述符与相结构的关系，但是 n 越大，描述符形式越复杂，并且描述符子空间越大，降维越困难。因此应综合考虑描述符复杂度，运算效率及预测精度之间的关系。图 6-13 比较了从类别-1～类别-4 的预测精度，除了 $n=1$ 和 $n=2$ 外，不使用数学运算符的情况也被考虑($n=0$)。对于每种分类方式，数据集均按照 4∶1 的比例被随机划分为训练集和测试集，分别用于训练模型和检查新描述符的泛化性。总的来说，四种分类方式的预测精度都随着 n 的增加而增加。对于类别-1 和类别-4，当 $n=0$ 时，就可以达到接近 90%的预测精度，并随 n 的增大略有增加。然而，对于类别-2 和类别-3 而言，预测精度随迭代次数的增大而显著增加。此外，测试集数据的预测精度与训练集数据的预测精度一致，表明新构造的描述符对高熵合金相结构的预测具有良好的泛化性。

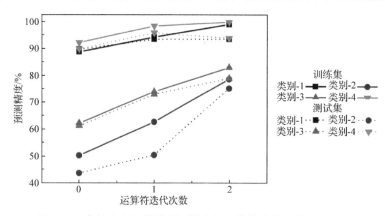

图 6-13　高熵合金相结构预测精度与运算符迭代次数的关系[51]

　　图 6-14 展示了新构建的二维描述符对类别-1~类别-4 训练集的映射结果。在每个分图中，两个凸边形代表不同的相结构。凸边形之间的重叠区域表明，其中的数据很难用该二维描述符区分。理想情况下，如果两类相结构被完全分开，那么它们之间应该是没有重叠的。以图 6-14(a)为例，右侧凸边形包含了标记为非晶的数据点，而左侧是晶体对应的数据。值得注意的是，一个圆点进入菱形点所在的凸边形中，几个菱形点位于圆点的凸边形中，这意味着这些数据很容易被误分。在图 6-14(a)和(d)中，即对于类别-1 和类别-4，不同的相结构之间存在较为明确的边界，然而，对于类别-2 和类别-3 而言，有较多的数据超出了该二维描述符的预测范围。

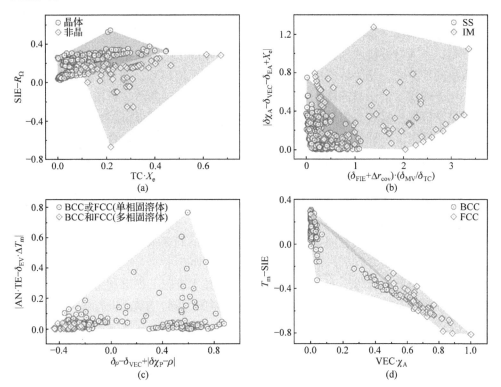

图 6-14　用于相结构预测的最佳二维描述符[51]

(a) 晶体和非晶；(b) 固溶体和金属间化合物；(c) 单相固溶体和多相固溶体；(d) BCC 固溶体和 FCC 固溶体 TC-热导率；X_e-扩展的原子尺寸差异；SIE-第二电离能；R_Ω-电阻率；δ_{FIE}-第一电离能偏差；Δr_{cov}-共价半径差异；δ_{MV}-摩尔体积偏差；δ_{TC}-热导率偏差；δ_{χ_A}-奥尔雷德电负性偏差；δ_{VEC}-价电子浓度偏差；δ_{EA}-电子亲和力偏差；δ_ρ-密度偏差；δ_{χ_P}-鲍林电负性偏差；ρ-密度；AN-原子序数；TE-热膨胀系数；δ_{EV}-蒸发焓偏差；ΔT_m-熔点差异；VEC-价电子浓度；χ_A-奥尔雷德电负性；T_m-熔点

　　为进一步验证新描述符的泛化能力，利用经验描述符和新得到的二维描述符对两个典型的高熵合金体系(Al-Cu-Co-Cr-Fe-Ni 和 V-Zr-Mo-Nb-Ti)的相图进行预测。结果发现两者之间的存在明显偏差，新描述符具有更好的泛化能力。此外，又对重新收集到 14 个新的合金成分以及在一个新合金体系(Hf-Mo-Nb-Ta-W)中进行了实验，再次验证了新描述符具有比经验描述符更稳定的预测能力。相较于传统的"黑箱"机器学习模型而言，该工作提供了显性的数学表达，能够更快速预测未知成分的相结构，有望加速材料研发进程。

6.3.2　工艺的高效优化

金属材料的工程化应用通常需要经过复杂的工艺处理，这样不仅能改善成形过程中的缺陷，还可以提高其服役性能需求，将人工智能技术应用于金属材料的工艺设计与优化中，能够为智能制造提供共性技术和理论支撑。

焊接对金属材料而言并不陌生，焊接质量可通过调整焊道几何尺寸和孔隙度来调整，并通过直接或间接检测焊接过程中涉及的工艺参数来控制。焊接过程中最重要的任务之一是了解焊接参数如何影响焊道几何尺寸，并开发合适的模型以预测优秀焊接质量所需的输入参数。通过严格控制焊接参数，可以在焊接工艺的各种复杂环境中实现高质量焊接。为了评估焊道几何尺寸和焊接参数之间的关系，Lei 等[52]提出了一种结合焊接参数和熔池形态特征的多信息融合神经网络来预测焊缝几何特征的方法。他们改进了一个光纤激光的同轴检测平台，提取熔池的形态特征。通过主成分分析对提取的熔池形态特征进行降维，并将其带入 ANN 模型，以焊缝质量的焊缝腰宽和焊缝背宽作为模型的输出，利用遗传算法优化模型的初始权重和偏差，最终使得预测误差小于 1%。整个系统过程完成时间小于 90ms，可以满足大规模实时薄板激光焊接应用的时间要求，能够有效地预测焊缝的几何特征，提高实际生产中焊接接头的质量。西北工业大学汪欣朝等[53]为了解决钛合金关键管路管件全寿命周期质量管控的技术难题，提出利用深度学习和机器视觉对钛合金管路封焊过程中焊缝工艺-质量的预测。首先，进行脉冲电流下的惰性气体钨极保护焊(P-GTAW)对 GR12 钛合金进行焊接，获取大量不同焊缝形貌的熔池图像，并搭建熔池视觉的采集平台，利用开源计算机视觉库(OpenCV)将焊接过程视频提取为熔池图像。其次，利用卷积神经网络处理高速相机拍摄的钛合金 P-GTAW 熔池原位图像，以不同功率和焊接速度及脉冲频率下的实时熔池图像作为训练集，结合钛合金管板焊后表征所得几何形貌和熔池深度数据，建立 GR12 钛合金 P-GTAW 熔池图像和焊缝成形质量(熔宽、熔深、余高)的映射关系，为焊接工艺的优化提供指导。

增材制造(俗称"3D 打印")作为一种先进的智能制造技术，能够直接快速、方便、高效地制备各种复杂结构金属零部件，目前已应用于航空航天、医疗器械等先进制造领域。然而，适用于增材制造的金属材料成分有限及打印时能量等参数的变化，极容易造成打印成品产生各种缺陷，如图 6-15 所示，低输入能量会使粉末熔化不完全，从而导致未熔合缺陷，而高输入能量会引起表面粗糙及锁眼型缺陷[54]。利用机器学习对金属增材制造过程实施原位缺陷检测，能够改善打印过程中的缺陷，该过程主要有两步：①过程信息收集，通过安装高速相机、声发射传感器等设备，收集打印过程中的光信号、声信号等不同类型的过程信息。②提取缺陷的特征信息，识别出在打印过程中可以收集到的缺陷信息，达到原位检测的目的。增材制造高能束扫描前的粉床铺粉过程会产生缺陷，粉床表面异常不仅会影响到当前层的打印，也会导致后续层的打印出现孔洞、裂纹等缺陷，最终影响成形零部件的质量。Scime 等[55]通过在成形室内安装与激光轴同轴的工业相机收集每一层的铺粉图像信息，开发了一种多尺度卷积神经网络，用于对收集的粉床图像信息进行处理，并在不锈钢和钛合金等金属材料打印过程中进行了验证，成功实现了自主粉床铺粉异常检测和分类，异常检测和异常区分准确率分别达到 85% 和 93%。

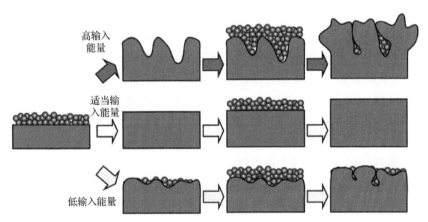

图 6-15　增材制造工艺中输入能量与表面形貌及缺陷产生的关系示意图[54]

　　增材制造金属零部件最终的成形质量是由众多微小熔池单元共同决定的。每个熔池及熔道在打印过程中对后续打印及最终成形质量都会产生影响。因此，研究打印过程中的熔池和熔道，并建立高质量的打印工艺参数窗口，是保证最终成形零部件质量的关键步骤。Tapia 等[56]探究了粉末床激光熔融(LPBF)打印 316L 不锈钢时激光功率和扫描速度对熔池深度的影响，利用高斯过程回归算法在小样本数据集上成功预测了单熔道深度，能够根据指定尺寸的单熔道调控出合适的工艺参数，提升金属零部件的整体成形质量。Lee 等[57]将材料成分、导热性等物理属性及激光功率、扫描速度、层厚等打印参数作为 ML 模型的输入，研究了这些特征对熔池深度、高度、宽度等指标的影响。使用最大信息系数和皮尔逊相关系数对输入特征和目标进行相关性分析，以确定影响熔池几何形貌各种特征参数的优先级。结果表明，激光穿透、流体对流和流体特性分别与熔池的深度、宽度和高度具有强数学相关性。

增材制造金属零部件的一个质量特征是表面粗糙度,ML 能够建立工艺参数(激光功率、铺粉层厚、打印速度和打印方向等)与表面粗糙度之间的联系。Aoyagi 等[54]通过观察零部件的表面形貌,将其分为"好"和"差",并作为标签输入到 SVR 模型中进行训练,赋予样本点到分类超平面距离指标(距离超平面越远,表面形貌越"好"),将其作为探寻材料打印工艺窗口的简单方法。此外,如果将传感器收集打印过程熔池温度等状态信息,融合到表面粗糙度的预测模型中,有望进一步提高 ML 模型的预测性能。可以看出通过 ML 建模可以高效准确地确立打印参数与打印质量指标之间的联系,为金属增材制造质量控制及打印参数优化提供指导。

6.4 金属材料微观结构的预测与重构

材料的微观结构含有丰富的信息,通常以图像的形式呈现在人们眼前,在材料研发过程中具有重要作用。数据对机器学习至关重要,很多模型由于数据的限制,难以获得优异的预测效果与良好的鲁棒性,相对于成分、工艺等数值化表示,微观结构图像包含大量的多尺度物理信息。材料的宏观性能与其微观组织有着密不可分的联系,建立宏观性能与微观组织间的联系可以提升材料工作者对其内部作用机制的理解,进而通过微观组织来评估宏观性能,减少成本较高的宏观性能实验。将微观结构这一关键物理量融入材料科学,对构建更精确、更具预测能力的模型至关重要;同时,发展考虑微观结构的预测模型,有望根据所需目标性能逆向设计微观结构及其对应的成分和工艺,最终实现金属材料的理性、高效设计与研发。微观结构图像包含大量的多尺度物理信息,利用经典的算法模型难以有效地对图像信息进行全面表征,而深度学习可以对材料图像的隐藏信息进行精准和快速地识别,使其在图像领域大放异彩。

6.4.1 基于深度学习的材料微观结构表征与性能预测

微观结构的表征指的是通过一组(有限的)特征函数或特征对材料的形态进行统计表示,提供了通过成像数据深入研究材料微观结构的不同长度尺度上详细形态特征的手段。在材料基因工程中,这一过程可以帮助构建正向的性能预测模型,或者深入理解微观结构与成分、加工历史的形成关系等,并且为后续的微观结构重建和生成提供可用的信息。传统的微观结构表征方法如下:①统计物理描述符,包括相体积分数、平均晶粒尺寸、再结晶比例等。物理描述符的优势在于能够直接构建材料结构-性能关系,帮助研究人员理解材料的内部机理。但是,物理描述符往往只能表征有限的图像信息，并且其提取过程依赖于专业的处理软件，如 Channel 5 等。②统计函数描述符，通常使用相关函数，如两点相关统计、线性路径函数、基于频域的统计等。这些统计函数本质上是在概率意义上捕捉不同位置之间的空间相关性程度。统计函数可以提取更完整的图像信息，但是在面对多相异质微观结构时，计算和解释相关函数会变得非常复杂，导致结构-性能关系难以构建。重要的是，这些传统的方法已经难以满足高通量时代快速表征复杂材料微观结构的速度和灵活性要求。数据驱动的深度学习算法能够使用潜在变量来表示微观结构，这些潜在变量通常是通过采用监督深度学习或无监督深度学习算法直接从图像数据中学习的。由于深度学习模型强大的拟合和特征提取能力，已经成功解决了许多材料领域的微观结构表征与性能预测问题。

1. 基于监督深度学习的微观图像表征和性能预测

结构和性能之间的相关性涉及大量物理现象，这些现象仅被部分理解并且很少精确建模[58]。因此，在它们之间建立关系是非常具有挑战性的。要想在整个结构空间中构建微观结构和性能之间的可靠关系，可能需要的微观结构的数量始终是天文数字。因此，需要在结构空间上建立一个具有良好泛化能力和可忽略计算成本的代理模型。卷积神经网络(CNN)等深度学习算法可以通过反向传播学习从原始像素到高级特征的映射，分层次地提取图像局部和整体的信息并进行抽象表达，从而构建结构-性能的端到端模型，但是这一过程往往对训练数据的需求很高。与传统 ML 方法不同，深度学习算法的复杂性和灵活性将研究人员从特征工程的束缚中解放出来。尽管具有手工特征的 ML 很大程度上减少了数据需求并使模型更容易优化，但选择适当的微观结构特征集作为结构-性能关系模型的有效输入需要大量的先验知识。相比之下，深度学习模型无须手工制作特征，使用原始数据即可构建结构-属性关系。这表明影响材料性能的一些基本特征已经在深度学习模型中得到体现。

Li 等[59]通过神经网络模型建立了镍基高温合金微观组织和宏观维氏硬度之间的关系。首先，他们通过图像识别技术(OpenCV)从 483 张微观组织图像中提取了包含 γ' 相的体积分数、面积和数量等 23 个微观组织描述符。其次，在浅层神经网络的辅助下选择了 10 个描述符以减小计算成本。最后，在深度神经网络(DNN)中加入了两个描述符(γ' 相面积分布与冷却速率)进一步提升了 DNN 的预测精度。在 483 张微观组织图像中，有 478 张图像是固溶处理未经过时效的，另外 105 张图像是经过时效处理的。将这两类数据的训练集、验证集和测试集比例按照 6：2：2 划分，训练了两个微观组织关联硬度的 DNN 模型。经过浅层神经网络(SNN)的筛选和两个描述符的引入，两个模型的决定系数从 0.672 和 0.890 分别提升至 0.856 和 0.945，模型精度有了明显改善且优于既有的经验公式。Gebhardt 等[60]从

70 个有限元模拟数据样本中提取了球墨铸铁中石墨夹杂物形状和尺寸等组织特征，以安定极限(shakedown)为目标，建立了简化的残差神经网络预测模型，模型的绝对平均误差和偏差相对于有限元模拟均小于 3.5，并且模拟计算时间由 8h 缩短到 40s。

此外，西北工业大学廖玮杰等使用基于 CNN 的监督学习进行高温合金图像到屈服强度的端到端预测。他们使用的 CNN 模型由多个卷积层和两个线性层组成，为了更好地训练模型，将 25 张像素为 800×1000 的原始图像按比例分割成 20 个像素为 200×200 的小图像，最终生成了 500 张小图像，并假设标签与原始图像相同。按照 8∶2 的比例随机划分训练集和测试集后，将这些小图像输入 CNN 模型进行训练。为保证模型训练的稳定性，共进行 200 轮迭代(读取训练数据一遍称为进行了"一轮"学习，也叫一次 epoch)。模型的迭代过程如图 6-16(a)所示，当模型迭代次数小于 20 时，模型的损失迅速下降。当模型迭代次数为 20～100 时，模型的损失函数呈现波动，但仍保持逐渐减小的趋势。当模型迭代次数大于 150 时，训练集和测试集的损失逐渐稳定，并趋近于 0。模型的预测结果如图 6-16(b)所示，展示了同一幅原始大图中所有裁剪后的小图像的屈服强度预测值和实验值。测试集中的 R^2(0.759)略低于训练集中的 R^2(0.873)，这表明模型预测存在轻微的过拟合。这种过拟合现象可能因为微观结构的不均匀性，即裁剪后的小图像所代表的结构信息与原始的大图像不同，所以监督模型在训练过程中存在偏差。

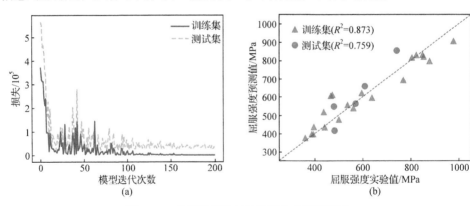

图 6-16　基于监督学习的高温合金屈服强度
(a) CNN 模型的迭代过程；(b) 高温合金屈服强度预测值和实验值

上述研究实现了在小数据集上的 CNN 模型训练和性能预测，但是从预测结果可以看出，模型的性能较差，这降低了模型的应用能力和可信度。为了提高 CNN 模型在小规模微观图像数据中的预测能力，东北大学徐伟团队采用多模态数据融合的方法，将成分(Mn 含量)和显微组织信息(EBSD 图像)耦合输入 CNN 模型进行训练，实现了双相钢拉伸性能的准确预测(图 6-17)[61]。研究表明，多源微观结构图像，即能带对比度(BC)、相(phase)和核平均取向误差(KAM)图像的组合，对材料性能的准确预测具有重要贡献。并且与单源和两源输入相比，三源输入显示出更高的准确性，这体现了多源信息集成的必要性。虽然模型通过多模态数据融合的方法实现了材料性能的准确预测，但是也为数据库的准备提供了更多的难题。

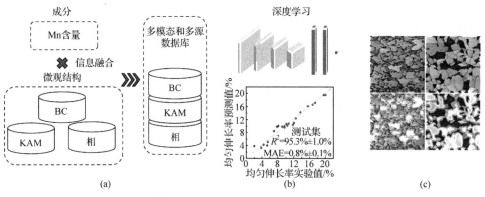

图 6-17　基于多模态数据融合的双相钢性能预测[61]

(a) 多模态数据融合；(b) 拉伸性能预测；(c) 可视化算法

　　监督学习的训练依赖标记数据集来指导模型并生成预期响应。该数据集中包含一组输入数据及其相应的正确输出，即标签，允许模型通过损失函数评估其准确性，并在训练的过程中通过反向传播进行学习和调整，直到将误差降低到可接受的水平。要训练具有良好泛化性能的 CNN 模型往往需要大量的数据和高置信度的标签，或者需要借助多模态的数据融合以丰富信息量。在材料领域，通过实验和文献中找到大量具有准确对应关系的结构-性能数据是困难的。因此，当面临更复杂和不均匀的小样本异质微观结构图像时，监督模型只能从训练数据中学习与标签相关的局部信息，而忽略了更全面的图像信息，从而产生模型性能较差，过拟合严重等问题。

2. 基于无监督深度学习的微观图像表征和性能预测

　　无监督深度学习从非结构化或未标记的数据中发现模式和见解，能够自动地从图像数据中学习。这使得模型能够发现数据中的复杂和抽象特征，从而提高了图像表征能力，即低维特征能够提取更为丰富的图像信息。无监督深度学习算法有助于发现数据中的潜在结构和模式，这对于理解数据的内在特性非常重要。学习到的特征表示通常具有很好的泛化性能，可以被迁移到其他任务上，如回归和分类，从而提高了模型的预测能力。其中，变分自编码器(VAE)模型就是一种广泛使用的无监督学习模型，模型的一般结构如图 6-18 所示，通过编码器将输入数据映射到高斯分布的潜在空间，再利用解码器进行解码重构来训练模型，更注重于图像低维特征的提取。因此，VAE 模型具有优异的图像表征能力。基于此，Zhao 等[62]通过 VAE 模型以无监督的方式通过模拟合成的 10000 个多孔膜微结构进行训练。通过对提取的低维特征进行主成分分析发现，VAE 模型可以有效区分具有不同结构的多孔膜，这表明该模型已经学习了一些有关结构信息的知识。之后采用迁移学习的方法将 VAE 模型的编码器部分取出作为构建基于神经网络的回归器的基本部分，用于预测多孔膜的弯折度。对比发现，使用基于 VAE 模型的迁移预测比重新训练的监督学习模型具有更好的准确性和泛化性能。

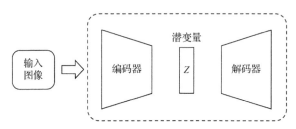

图 6-18　变分自编码器的结构示意图

　　西北工业大学廖玮杰等使用了先进的 σ-VAE 模型，通过学习解码器的方差来提高表征能力，并减少超参数调优的需求。数据增强是深度学习中提高模型泛化性能的常用方法。在监督学习中，模型的训练必须依赖于图像和标签之间的关系。因此，增强后的图像一定不能破坏这种关系，这就导致可以采用的增强方法非常有限。VAE 模型的训练过程是实现图像重建和提取微观结构的特征变量，与后续的迁移预测独立。这种灵活性使得 VAE 模型比监督学习模型可以采用更多的图像增强方法。为了充分训练 VAE 模型，设计了一种两步模型训练法。首先，从 25 张像素为 800×1000 的图像中，随机裁剪成 20 张像素分别为 64×64、128×128、192×192、256×256 和 320×320 的图像，共 2500 张。之后进行两阶段模型训练，第一阶段通过翻转(水平和垂直)和旋转(90°、180°、270°)生成新的图像，得到 12500 张图像。这些图像保留了原始信息，用于模型的重建训练，训练后保留模型参数。第二阶段对第一阶段增强的图像进行进一步的变换，如高斯模糊、扭曲、添加遮挡等，得到 62500 张图像。这些图像中出现信息的丢失，这一阶段的目标是将它们恢复到第二阶段变换前的图像，称之为图像恢复。图像恢复的训练增强了模型提取图像中关键信息的能力，提高了模型的泛化性能。

　　通过数据增强，分别对第一阶段的 12500 幅和第二阶段的 62500 幅图像输入 VAE 模型进行训练。每个阶段将数据集随机划分为 80% 的训练集和 20% 的测试集。训练集用于模型训练和超参数优化，测试集用于评估最终模型的性能。图 6-19(a) 显示了 VAE 模型两个阶段共 200 次迭代的损失变化，每个阶段 100 次迭代。在第一阶段，损失在开始时迅速降低，并在 20 次迭代左右稳定下来。随后，测试集的损失逐渐收敛，而训练集的损失继续缓慢下降。在第二阶段开始时，由于训练方法和数据的变化，训练和测试集的损失都呈现出急剧的增加。随着时间的推移，测试集的损失趋于稳定。为了评估不同的潜变量维数对模型训练的影响，搜索了从 32 维到 512 维的 5 个不同的超参数。如图 6-19(b)所示，随着潜变量维数的增加，训练集和测试集的损失都有所下降。然而，当潜变量维度超过 128 后，训练集和测试集损失之间的差距显著扩大，表明过拟合加剧。因此，选择 128 维的潜变量作为最优维数。利用训练后的 VAE 模型对不同图像进行重建和恢复，结果表明，由 VAE 提取的低维变量可以捕获丰富的原始图像信息，对于信息丢失的图像也可以提取关键特征。预训练的 VAE 模型具有良好的图像表征能力，可用于材料性能的迁移预测。

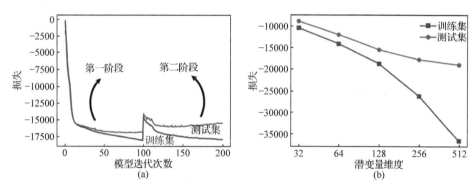

图 6-19　变分自编码器模型的训练过程和结果
(a) 训练过程中 VAE 模型的损失；(b) 不同潜在变量维度对 VAE 模型训练结果的影响

综上，无监督深度学习模型，如 VAE 通过学习图像数据的内在结构和模式，优先考虑图像的整体表示，为进一步的分析和预测奠定基础。在进行下游任务的迁移预测时能够产生更好的结果，优于初始权重的随机初始化，特别是当仅提供少量的标记数据时。因此，虽然无监督学习在小样本材料数据中的应用还非常少，但是其优异的表征能力有望指导材料研究人员从金属材料复杂的异质微观结构中学习图像信息，以实现材料性能的精准迁移预测。

6.4.2　基于深度学习的材料微观结构重构与生成

深度学习在材料微观结构领域的应用得到了广泛的扩展，如从微观结构识别和分类到分辨率增强。尽管如此，微观结构图像生成仍然是一个研究较少的领域，因为它是一项技术上更具挑战性的任务。三种主要类型的深度学习模型已用于生成微观结构图像：生成对抗网络(GAN)模型、VAE 模型和去噪概率扩散(DDPM)模型[63]。其中，已经有多项研究采用 GAN 模型来生成微观结构图像。Iyer 等[64]采用条件生成模型来加速生成高质量的超高碳钢模拟图像，采用了一个辅助分类器来帮助模型解释加工条件的影响。此外，为了缓解 GAN 模型训练过程中的梯度消失问题，采用了一种带有梯度惩罚的距离函数作为损失函数。为了评估合成图像与实际数据集的相似性，使用了两点相关统计函数，并开发了一种替代方法来提取图像特征并将其投影到二维空间上以进行分布比较。然而，该工作仅限于研究一种给定工艺条件的图像生成，它缺乏对未知的或其他过程条件的预测能力。Moon 等[65]使用有限元结合晶体动力学理论，根据变形加工历史(包括温度、应变和应变速率)计算高温合金显微组织的动态再结晶(DRX)比例和晶粒尺寸。通过应用计算出的 DRX 分数和 DRX 尺寸作为标签数据，训练条件 GAN 模型来生成微观结构。已证实可以真实地再现变形历史导致的微观结构演变。此外，通过比较合成和实际微观结构的平均晶粒尺寸和晶粒尺寸分布，证明所提出的模型不仅可以准确预测微观结构的形状，还可以准确预测微观结构的定量特征。

尽管 GAN 模型的图像生成性能有了显著提高，但与 GAN 模型相关的几个问题尚未解决。第一，GAN 模型的训练通常比较不稳定，容易受到超参数的选择和初始条件的影响。有时候 GAN 模型的训练可能会出现损失函数不收敛、模式振荡等问题，需要仔细调整训练参数和网络结构。第二，GAN 模型在训练过程中可能出现模式崩溃问题，即生成器可能会在生成的图像中忽略输入数据的某些特定模式或信息，而忽略了其他模式。这导致生成的样本缺乏多样性和创造性，或者生成的样本不准确，甚至失真，使 GAN 模型在材料、生物、医学等领域的应用受到严重限制，这些问题促使研究人员去寻找更好的替代方案。

与 GAN 模型不同，VAE 模型通过将高维数据编码为低维潜在变量，然后通过从这个空间采样生成新的数据点。与传统的自动编码器不同，VAE 模型引入了稳定的组件，使其能够捕获底层的数据分布。VAE 模型通过对输入数据进行编码，使用标准编码进行重构来进行训练，并通过正则化学习高斯分布的潜空间[66]，这些性质使 VAE 模型不易受到模式崩溃、训练不稳定等问题的影响。Kim 等[67]基于有限元合成的微观结构图像，设计具有出色的强度和延展性组合的双相(DP)钢(图 6-20)。基于 VAE 模型，使用 4000 个具有不同晶粒尺寸、相形态、相体积分数和取向分布的微观结构图像进行训练。并通过构建代理的性能预测模型在连续的微观结构空间中找到具有目标机械性能的所需微观结构。与输入数据相比，VAE 模型往往会生成模糊且不太详细的输出。这是 VAE 模型固有的问题之一，归因于 VAE 模型将图像从高维数据空间到映射低维潜在空间的建模使得图像信息量的损失。微观结构图像通常包含精细特征，如晶界或第二相粒子，其大小只有几个像素，而 VAE 模型的有损压缩特性缺乏精细细节会导致微结构生成应用中此类重要信息的丢失。

DDPM 模型的出现及其作为 GAN 模型和 VAE 模型替代方法的应用，改变了高质量合成图像的生成方式。DDPM 是基于概率扩散的生成模型，通过一系列变

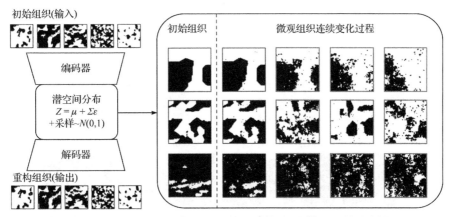

图 6-20　基于变分自编码器模型的双相钢微观结构图像重构与生成[67]

Z-潜空间；μ-均值向量；Σ-协方差矩阵；ε-随机向量

换逐渐将简单噪声分布(通常是高斯分布)转化为目标数据分布(图 6-21(a))[63]。DDPM 模型的优势在于它能够捕捉图像数据的逐步生成过程，提供了对数据分布更加细致的建模。相比于传统的生成模型，DDPM 模型具有更好的性能，尤其在处理高维、复杂数据分布时表现出色。鉴于该模型相对较新，目前很少有人尝试利用DDPM 模型来生成高质量的微观结构图像。Lee 等[63]开发了一种 DDPM 模型来生成包含几种不同类型的微观结构(如多晶合金、碳酸盐、陶瓷、共聚物、树脂、复合材料等)数据集的图像。他们采用像素为 64×64 的图像，成功生成了视觉上类似于目标材料微观结构的合成图像(图 6-21(b))。然而，该研究不能保证生成的图像符合材料的物理特征。在另一项研究中，Vlassis 等[68]通过嵌入特征向量结合材料特性来调节 DDPM 模型，以产生与目标机械性能相关的微观结构。他们并没有使用真实的微观结构图像，而是使用了机械 MNIST 数据集，该数据集是来自 MNIST手写数字数据库的图像(像素为 28×28)，通过对应的总应变能进行有限元模拟结果的数据集。他们使用 DDPM 模型生成了类似于机械 MNIST 数据集中存在的拓扑和能量响应的微观结构图像。由于缺乏用于模型训练和评估的真实微观结构图像，因此无法确定所提出的模型是否能够有效捕获与制造过程相关的物理特征。

材料的结构和性能有着密不可分的关系，既然 VAE 模型能够合成微观结构图像生成连续微观结构空间，而 ML 代理模型能够构建材料的结构-性能关系，那么根据连续潜空间中的材料性能分布设计具有目标性能的最佳材料的候选材料也是可行的。例如，Kim 等[67]使用高斯过程回归以潜变量和铁素体晶粒尺寸作为输入，机械性能作为输出。通过探索 VAE 模型的潜空间分布成功预测了新生成的具有目标机械性能的微观结构。Pei 等[69]采用 VAE 模型从 9%Cr(质量分数)马氏体/铁素体钢微观结构图像中提取感兴趣的特征变量，考虑到类似微观结构带来的挑战，将 VAE 模型与回归方法结合起来以帮助指导潜空间的分布。发现图像以"心

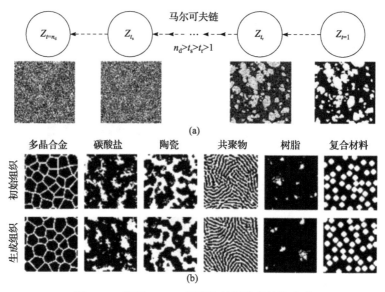

图 6-21　基于 DDPM 模型的材料微观结构生成
(a) DDPM 图像生成过程；(b) 不同类型的微观结构图像生成对比[63]
n_d-正向扩散步骤的步数；Z-潜变量，如 $Z_{t=n_d}$ 表示第 n_d 步的潜变量

形"分布在潜空间，形成两个分开的簇。"心"的右侧部分具有较低的机械性能。"心"的左侧部分具有较高的机械性能。通过这样的操作将相似的微观结构图像和机械性能联系起来，在一定程度上可指导新合金成分的设计。

6.5　金属材料的服役寿命评估

　　金属材料结构件的服役寿命受到多种因素的影响，包括材料的内在性能、工作环境、载荷条件、制造和加工工艺等。首先，材料的内在性能，如强度、韧性、耐磨性和耐腐蚀性决定了其在不同应用场合中的基本适用性。其次，工作环境中的温度、湿度、介质的腐蚀性等外部条件会加速材料的老化和退化，影响其使用寿命。再次，载荷条件的复杂性，如静载荷、动载荷、冲击载荷和循环载荷等，会对材料的服役状态产生不同的影响。最后，制造和加工工艺，如热处理、焊接质量、表面处理等，也会在很大程度上影响材料的最终性能和使用寿命。

　　在这些影响因素中，疲劳寿命和蠕变寿命是衡量结构件长时服役的关键性能。疲劳寿命是指金属材料在周期性应力作用下，经过多次循环后发生断裂所需的时间。对于机械零部件和结构件，疲劳失效是最常见的失效模式之一。循环应力作用下的微小裂纹不断扩展，最终导致材料的断裂。蠕变寿命则是指材料在高温和恒定应力下，发生塑性变形直至断裂的时间。高温环境中的结构件，如燃气轮机叶片、锅炉管道等，常常受到长时间的高温应力作用，蠕变现象显著。蠕变变形不仅会影响材料的尺寸和形状，还会导致内部微观结构的变化，最终失效。疲劳寿命和蠕变寿命的评估传统上依赖于大量的物理实验，这些实验不仅耗时且成本高昂。利用理论模型和大数据技术不仅能显著降低测试成本和时间，还能提高预测准确性和材料设计效率，接下来主要介绍疲劳寿命和蠕变寿命的传统评估方法及其在人工智能技术辅助下取得的进展。

6.5.1　基于传统经验及理论的服役寿命评估

1. 疲劳寿命评估

金属结构和部件的疲劳断裂/失效是工业中最常见的灾难之一。疲劳断裂发生前，无论是高强材料还是延性材料，通常都没有明显的塑性变形。疲劳曲线是疲劳应力和疲劳寿命的关系曲线，即 S-N 曲线，它是确定疲劳极限、建立疲劳应力判据的基础。确定材料的疲劳极限对评估其疲劳寿命至关重要，目前在工程中应用最广的金属疲劳分析方法是名义应力法，其主要内容如下：计算得到金属构件的名义应力应变关系，基于金属材料的 S-N 曲线，根据迈纳(Miner)线性累积损伤准则对金属构件进行疲劳寿命预测。

相对于屈服强度、抗拉强度等准静态力学性能，疲劳强度数据库的构建更为复杂。因此，有学者构建了将疲劳强度和准静态力学性能联系起来的经验模型，利用它们来预测抗疲劳性是一种经济有效的策略。在早期研究中，定义了疲劳强度与硬度或拉伸强度之间的线性关系，这一定义已广泛应用于钢、铜和铝合金等合金体系。然而，在后来的研究中发现这种线性关系过于简单，不适用于硬度或拉伸强度超过临界值的工程钢种。例如，当抗拉强度超过约 1800MPa 时，SAE 4340钢的疲劳强度甚至会随着抗拉强度的增加而降低[70]。为了描述高抗拉强度下的这种非线性关系，Pang 等[70]提出了一个更通用的公式，将疲劳强度与抗拉强度以二次表达式的形式关联起来，并且对于合金钢和铜合金等多种材料都很有效。然而，该模型是严格的现象学，只将疲劳强度与抗拉强度联系起来，并没有对非线性进行解释。

此外，基于理论模型下的数值模拟技术的发展也促进了疲劳寿命的预测。主要有连续介质损伤力学(CDM)模型和有限元模拟，这些方法更侧重于疲劳发生的物理机制。CDM 模型提供了一种有效的非线性累积损伤规则。Huang 等[71]基于 CDM模型的疲劳损伤模型分别研究了低碳锰钢的低周疲劳(LCF)和超高周疲劳(VHCF)行为，发现预先单调塑性变形(5%)增加了 VHCF 的疲劳强度，但 LCF 载荷对 VHCF是有害的。在 0.62%应变幅载荷下进行 100 次循环后，VHCF 强度的损伤效应非常显著。提出的扩展的两级疲劳损伤模型与 LCF 和 VHCF 累积疲劳实验非常一致，并正确地预测了更高的事先 LCF 载荷会导致 VHCF 疲劳强度的进一步降低。

在微观尺度上可利用有限元模拟来描述材料的塑性变形过程，观测微裂纹成核和生长的过程，预测材料的疲劳寿命。值得注意的是，疲劳裂纹萌生的微观机制可以使用恒定应变幅度下的实验数据来确定，如 Mughrabi[72] 使用有限元对循环载荷下的微观塑性变形建模，并预测其疲劳寿命。Shibanuma 等[73] 基于小裂纹行为的微观机制，提出了一个预测带状铁素体-珠光体组织钢疲劳寿命和极限的模型。所提出的模型是使用多尺度模型综合方法开发的，集成了宏观有限元分析、铁素体晶粒和珠光体群的几何形状和空间分布，以及裂纹萌生和扩展三个元素模型。所需的输入数据仅包括微观结构信息、单调拉伸性能和测试条件。通过比较具有不同珠光体相体积分数和晶粒尺寸钢的实验结果来进行模型验证。预测的疲劳寿命和极限与所有钢种的实验数据吻合良好。此外，该模型可以准确模拟光学显微镜观察到的裂纹扩展行为，可以作为预测金属结构材料疲劳寿命的基础。

2. 蠕变寿命评估

蠕变是指固体材料在恒定载荷或应力(低于屈服强度)作用下，逐渐发生的缓慢、连续变形[74]。蠕变断裂是指材料在恒定应力下不断变形直至断裂失效，这在合金高温机械故障中尤为常见。高温高压环境中的金属零件不可避免地会出现与时间、应力和温度相关的蠕变现象。当应力达到材料的蠕变极限时，蠕变断裂失效便会发生。加上压力和温度变化引起的应力波动，会导致高温蠕变疲劳失效，进一步缩短产品的服役寿命。因此，合金产品的使用寿命受到材料抗蠕变性的严重限制。

虽然高温合金的蠕变寿命可以通过实验方法确定，但高温蠕变实验通常需要几十小时才能完成，合金制造及测量成本很高。高温应用的先进合金的设计需要考虑多组分、多相、多种物理因素及不同尺度的多种描述符，仅通过实验来促进这种复杂的研究是十分困难的。因此，研究人员希望能够对合金性能进行预测。基于经验和理论，前人提出了几种加速预测合金蠕变寿命的理论方法，大致可以分为以下几类：时间-温度参数(time-temperature parameter，TTP)方法、蠕变本构模型(creep constitutive model，CCM)，以及利用声发射方法进行寿命预测等[75]。

1) 时间-温度参数方法

时间-温度参数方法最为传统，它的一个显著特点是将蠕变寿命与外加应力和温度关联起来，可以将代表不同实验温度的多条蠕变断裂曲线叠加到主曲线上，这种数据处理方法可以在很大程度上缩短实验时间。其主要模型如公式(6-11)所示：

$$f(\sigma) = P(t_r, T) \tag{6-11}$$

式中，T 是温度，℉；t_r 是断裂时间，h；P 是 t_r 和 T 的函数；$f(\sigma)$ 是应力 σ 的函数，定义主曲线。一旦确定 $f(\sigma)$，就可以快速地计算出给定应力和温度下的断裂时间。

作为依赖时间与温度对材料蠕变寿命进行预测的方法中的一种，参数化数值等温数据(parametric numerical isothermal datum，P-NID)建模方法能够以更高的精度表示数据，并且该模型和数据之间的有密切的对应关系。Bolton[76]发现该方法在外推中满足适当的可靠性标准，并且证明了采用该方法在中低实验温度下，断裂时间可以外推超过 15 倍。该方法通过建立应力和断裂时间之间的经验关系，将常规认为必要的总测试时间减少到不到 1/10。随后，他为了验证 P-NID 模型的准确性与可靠性，又采用 4 组大型数据集进行验证，证明了该方法在有限数据的近 30 倍外推化上的可靠性[77]。

Dang 等[78]使用拉森-米勒(LM)模型和 Manson-Haferd(MH)模型，在 650～850℃的温度下预测 Inconel 740 和 Inconel 740H 的长期蠕变寿命。蠕变断裂值的 LM 模型和 MH 模型描述分别如式(6-12)和式(6-13)所示：

$$P_{LM} = T(\lg t_r + C) \tag{6-12}$$

$$P_{MH} = T(\lg t_r - \lg t_a + T - T_a) \tag{6-13}$$

式中，P_{LM} 与 P_{MH} 分别为蠕变断裂值的 LM 模型和 MH 模型描述；C 是 LM 模型中的材料常数；T_a 和 $\lg t_a$ 是 MH 模型中的材料常数，其值通常由实验数据所得，两者呈线性关系。LM 模型方法表示观察到的函数与 $\lg t_r$ 恒定应力下温度倒数的近似线性关系，而 MH 模型方法表示与温度的近似线性关系。用短期数据对两种合金蠕变寿命的预测结果如图 6-22 所示。结果证实在该数据集中，对于 MH 模型参数，由短期数据和整个数据集得到的预测结果与实验数据吻合得很好。

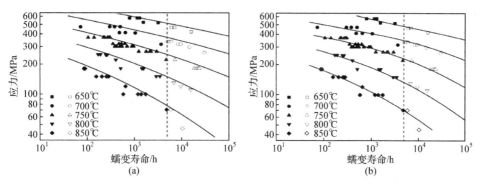

图 6-22 使用时间-温度参数方法比较 Inconel 740 和 Inconel 740H 的蠕变断裂预测曲线和实验数据[78]
(a) LM 模型参数；(b) MH 模型参数

因为传统方法与蠕变断裂数据不完全匹配，并且对长期蠕变寿命的预测总是存在高估现象，而多常数法与蠕变断裂数据显示出良好的一致性。Kim 等[79]为了准确预测 Inconel 617 合金在 900℃以上的长期蠕变强度，用具有两个 C 的多常数方法预测了 Inconel 617 合金的长期蠕变寿命，而不是采用只有单一常数 C 的 LM

模型常规方法。采用多常数 LM 模型与传统模型对 Inconel 617 合金进行预测的结果对比见图 6-23。在 950℃下 10^5h，常规单一常数方法的蠕变强度为 7.2MPa，但对于多常数方法，蠕变强度降低至 4.7MPa。多常数法与蠕变断裂数据显示出良好的一致性，可准确预测 Inconel 617 合金的长期蠕变断裂。

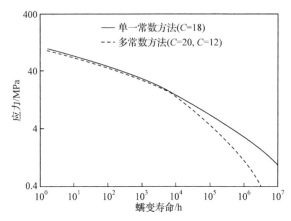

图 6-23　在 950℃时由单一常数和多常数方法预测的蠕变强度对比曲线[79]

2) 蠕变本构模型

随着晶体塑性理论和连续力学的推广，用于预测蠕变寿命的蠕变本构模型近年来发展迅速。连续介质损伤力学理论不仅描述材料的损伤行为，而且讨论宏观裂纹的形成过程，并从材料科学和连续介质损伤力学角度研究损伤变量的演化及其对材料寿命的影响。目前，国内外学者采用连续介质损伤力学原理对蠕变损伤、蠕变疲劳损伤进行了大量研究，并基于宏观变形行为提出了许多预测材料在蠕变疲劳交互作用下寿命估算模型。

MacLachlan 等[80]发展了一种改进的损伤力学方法来模拟现代单晶高温合金的应力断裂特性，其采用改进的连续介质损伤力学模型结合与蠕变变形和微观结构变化相关的描述符，对 4 种单晶高温合金的应力断裂性能进行了模拟和预测。以 RR2000 为例，不同温度下其断裂数据与文中所建模型的拟合结果如图 6-24 所示，可见拟合效果良好。

随后，Feng 等[81]提出了一种用于解释蠕变损伤的各向异性连续介质损伤力学模型，该模型基于连续介质损伤力学的各向异性损伤力学模型来模拟单晶高温合金的蠕变行为，不仅可以测量损伤程度，还考虑了损伤的各向异性。所建立的损伤晶体模型能够反映微观组织，证实晶格取向、自硬化、潜在硬化和速率敏感性等对蠕变和损伤发展有很大影响。

Vladimirov 等[82]考虑了单晶合金蠕变各阶段的位错运动特征，建立了一个扩展的 Cailletaud 单晶塑性模型，该模型是通过为每个滑移系统引入一个标量损伤

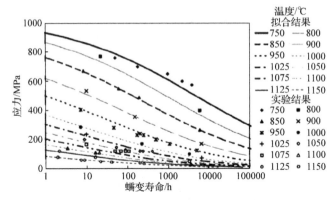

图 6-24　不同温度下 RR2000 应力断裂数据和文中描述模型的拟合[80]

变量的附加演化方程来实现的。与单轴和多轴实验数据的比较表明，该扩展材料模型与实验结果吻合良好，可用于模拟单晶高温合金的一次蠕变、二次蠕变、三次蠕变及寿命估算，目前该模型已经应用于研究镍基单晶高温合金 LEK94。同样是镍基高温合金，Fedelich 等[83]建立了单晶高温合金高温力学行为的本构模型并引入了微观结构参数，以考虑 γ 相筏化引起的变化及其对合金蠕变的影响。该模型能够表示筏化后高应力下的机械软化且已应用于模拟几种晶体取向的单轴蠕变过程中的筏化，包括缺口试样和循环加载试样，已被证明能够描述 CMSX-4 合金在高温大范围载荷条件下的力学行为和筏化动力学。

为进一步加速蠕变特性的建模，Kim 等[84]通过对已有模型的修正和组合，建立了一个基于微观组织、工艺和蠕变条件及材料性能的镍基高温合金中温抗蠕变性预测模型并进行了修改，以便根据 CALPHAD 热力学计算确定尽可能多的必要模型参数。该模型可以重现各种镍基高温合金的最小蠕变速率、蠕变断裂时间和比应变时间，与实验数据有很好的对应，无须进一步的蠕变实验。该法仅限中间温度的抗蠕变性预测，不适合研究高温蠕变。

以上采用本构模型对蠕变寿命进行预测虽已取得良好的成果，但采用蠕变本构模型对材料的抗蠕变性进行预测存在一个问题，即实验参数很难做到全面，也很难全面考虑到某些与蠕变高度相关的微观组织结构演化信息，如晶格参数、层错能等。

3) 声发射方法

以上方法通过公式的建立、模型的构造来对材料的蠕变寿命进行预测，而没有考虑断裂过程中发出的更为直观的物理信号，如断裂过程中发出的声信号。数千年前人们通过听声识别材料内部的缺陷或损伤，如今专业人员通过声发射对材料的损伤及其机理进行识别和研究。这种方法最常用于追踪材料破坏的过程，其基础是加载过程中材料内部能量的释放，然后在转换器上记录信号。以弹性波形式在材料中传播的声信号具有许多与信号特性相关的参数。通过声发射检测，裂纹扩展易于监测，具有极高的速度、精度。就目前的研究结果来看，通过声发射进行预测的效果并不理想，主要因为声发射信号随机性较高，难以对断裂时刻进行准确预测，且声发射信号中携带的物理信息无法清晰辨别，将其与机器学习进行结合或可实现更精准的预测[85]。

6.5.2 基于机器学习的服役寿命评估

疲劳和蠕变性能的测试，均需要研究人员花费大量的时间和精力，效率低下。传统物理模型或理论，只考虑了影响服役寿命的部分因素，随着考虑因素的增多及数据量的增大，传统物理模型的构建变得愈发困难，且服役寿命预测表现欠佳。前文提到的数据驱动的 ML 方法已成功应用于材料机械性能以及微观结构预测，并加深了科研人员对材料现象的理解，接下来介绍利用 ML 模型进行金属材料服役寿命预测，以及通过大数据技术提高实验效率和预测精度的最新进展。

1. 疲劳寿命评估

1) 钢

钢材是现代工业中应用最广泛的金属结构材料，其可靠性和使用寿命直接关系到结构安全和经济效益。不锈钢在具备钢材基本性能的同时，还具有优异的耐腐蚀性和美观性，适用于更苛刻的环境和对外观要求更高的应用场合。机器学习技术的引入为疲劳寿命预测提供了全新的解决方案。Agrawal 等[15]针对来自日本国立物质材料研究所(NIMS)公共领域数据库中提供的碳钢、低合金钢及弹簧钢数据，利用 ANN、DT 和多元多项式回归等 ML 模型准确预测了它们的疲劳强度。Zhang 等[86]采用自适应神经模糊推理系统(ANFIS)，评价了不同加工条件(激光功率、扫描速度和层厚度)、后加工处理(退火和热等静压)和循环应力对激光增材制造不锈钢的高周疲劳寿命的影响。疲劳强度的形成机理复杂，目前对其还不完全了解。He 等[87]根据合金特征和化学成分的对 AISI304、AISI310、AISI316 和AISI316FR 等奥氏体不锈钢的疲劳寿命进行了研究。在输入合金特征和化学成分的条件下，比较了 8 种不同算法的精度，其中 SVR 和 ANN 表现最佳。基于化学成分、静态力学性能和实验条件建立的疲劳寿命评估模型，总结了输入变量与目标变量的关联重要性程度和基于化学成分的模型的 SHAP。研究表明，总应变范围是影响疲劳寿命最关键的变量，而实验温度、钒元素添加量等变量也与疲劳寿命有较高的关系。

为了提高现有 ML 模型的预测精度和泛化能力，Yan 等[88]提出一个混合模型用来预测钢材的疲劳强度，该混合模型由极端梯度提升(XGBoost)和轻量级梯度提升(LightGBM)两个基本模型组成，每个模型被赋予了不同的权重系数(α、β)，通过非线性加权的方式组合，该模型结构如图 6-25 所示。结果表明，混合模型的预测精度与单一模型相比得到了显著提升，同时引入了一种可解释性方法(SHAP)，进一步讨论了该混合模型对疲劳强度的特征重要性，为抗疲劳钢材的发展提供了有力的指导。

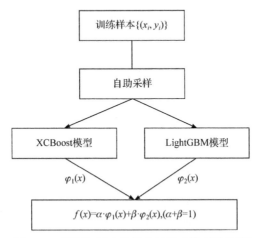

图 6-25　预测钢材疲劳强度的混合模型结构[88]

相对于屈服强度、抗拉强度等准静态力学性能，疲劳强度数据库的构建更为耗时费力。数据又是 ML 建模必不可少的元素，传统的 ML 模型需要大量的标注数据进行训练，而迁移学习(transfer learning，TR)通过在已有的大规模数据集上进行预训练，然后在较小的数据集上进行微调，可以显著减少目标任务的数据需求。因此，Wei 等[89]提出了一种利用 TR 来预测钢的疲劳强度并进行合金设计的策略。具体来说，迁移模型的第一层使用基于深度学习概念的卷积神经网络(CNN)框架或基于传统机器学习算法的简化机器学习(simplified machine learning，SML)框架来预测准静态力学性能(屈服强度、抗拉强度和伸长率)。这两种模型的输入都是钢的成分和加工参数(特别是关键热处理参数)，这些参数都有一个大型数据库。第二层将预测的准静态性能与高周疲劳强度联系起来，但高周疲劳强度只有一小部分验证集可用。将迁移学习模型的预测能力与化学成分和热处理参数直接与疲劳强度相关的模型(非迁移学习模型)的预测能力进行比较，结果如图 6-26 所示，迁移学习模型的预测结果比非迁移学习模型准确得多，特别是在低疲劳强度和高疲劳强度领域。对于迁移学习，CNN 模型和 SML 模型在精度上没有太大差异，非迁移学习模型在低强度和高强度区域的精度有限，可归因于用于训练的数据集较小。迁移模型的使用扩大了在同一小型数据库的基础上做出准确预测的能力。

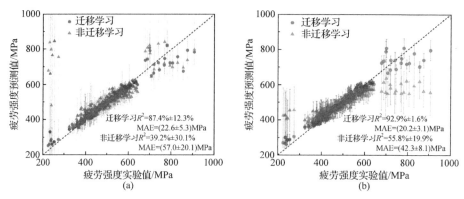

图 6-26 由 CNN 框架和 SML 框架生成的验证集中的实验值与预测值[89]

(a) CNN 框架；(b) SML 框架

S-N 曲线对预估材料疲劳寿命至关重要，通常表现为斜双曲线模式和双线性模式，这与材料种类有关。He 等[90]针对这两种 *S-N* 曲线模式，利用 ML 算法精确评估不同强度的材料在恒定载荷条件下的 *S-N* 曲线。此外，利用有限疲劳寿命数据确定了不同 *S-N* 曲线模式所用钢材(AISI316、AISI4140 和 CA6NM 系列)的疲劳极限，并进行了基于贝叶斯优化的逆分析。结果表明，利用 AISI4140 和 CA6NM 的 RF 算法和 AISI316 的 ANN 对所用数据集的疲劳寿命预测在 2 个因子误差范围内。在基于贝叶斯优化的逆向分析时，将优化后的最大疲劳寿命视作疲劳极限，预测的疲劳极限大多近似或略微低估了实验结果。以上分析表明，将 ANN 或 RF 直接和贝叶斯优化结合，可以评估斜双曲线和双线性模式的 *S-N* 曲线。

为预测钢材高周疲劳 *S-N* 曲线，东北大学徐伟等提出了一种将长短期记忆网络(LSTM)和 TR 相结合的预测 *S-N* 曲线的新方法(TR-LSTM)[91]。该方法的结构如图 6-27 所示，分为两个步骤，首先，源 LSTM 模型用于预测旋转弯曲 *S-N* 曲线，该模型包含一个 LSTM 层、一个全连接层和一个输出层。LSTM 层中的隐藏神经元数量和全连接层中的神经元数量均设置为 20。然后，用于反向扭转 *S-N* 曲线预测的目标

图 6-27 *S-N* 曲线的 TR-LSTM 结构示意图[91]

TR-LSTM 模型训练如下：①将源 LSTM 隐藏层复制到目标模型的相应层，称为转移层，转移的特征层保持冻结状态，不参与进一步的训练。②然后随机初始化目标模型的可调全连接层，并针对反向扭转 S-N 曲线进行训练。为了进行比较，以类似的方式训练了相应的用于反向扭转 S-N 曲线预测的非 TR-LSTM 模型作为对照模型。

为探究 TR-LSTM 方法在不同数据量和模型参数下的通用性，对 12 个钢种的 S-N 曲线进行了预测。图 6-28 显示了四个钢种的 TR-LSTM、非 TR-LSTM 和传统模型预测的反向扭转 S-N 曲线。对于非 TR-LSTM 模型，曲线的大多数阶段偏离实际值，尤其是在高循环条件下，导致 RMSE 和 MAE 分别超过 5.1MPa 和 3.7MPa。非 TR-LSTM 模型的预测趋于定值，最终达到 LSTM 预测模型的极限。这表明，LSTM 模型的预测能力在很大程度上取决于数据量，仅依靠小部分 S-N 曲线数据来获得准确的预测模型是不可行的。相比之下，在 TR-LSTM 框架下，预测结果与实际值一致，表明与非 TR-LSTM 模型相比有显著改进，四种钢的 RMSE 和 MAE 分别小于等于 1.4MPa 和 1.0MPa，远优于非 TR-LSTM 模型的预测值。

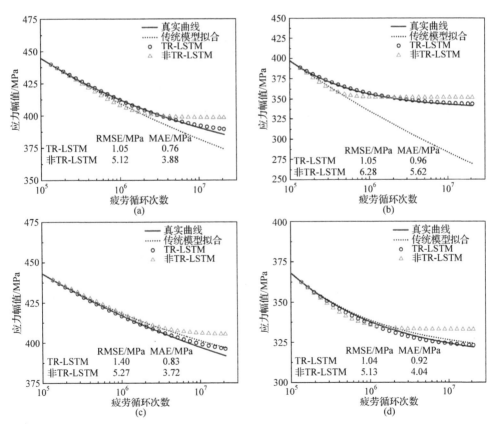

图 6-28　TR-LSTM、非 TR-LSTM 和传统模型预测的数据集中的几种反向扭转 S-N 曲线比较[91]

(a) SNCM439；(b) S55C；(c) SCr440；(d) SMn443

2) 铝合金及钛合金

詹志新等[92]研究了基于数据驱动增材制造铝合金的疲劳寿命预测(图 6-29)，对于不同的增材工艺，计算了 Al-Si-10Mg 在不同循环载荷作用下的疲劳寿命，并利用 K 近邻算法模型预测了增材制造 Al-Si-10Mg 金属材料的疲劳寿命，所有的预测寿命均处在 2 倍误差带以内，通过进一步计算发现疲劳寿命随缺陷尺寸参数和椭圆的长宽比参数的增大而降低，随最大应力的增大而降低，随着应力比的增大而增加。周书蔚等[93]测试了增材制造 6005A-T6 铝合金试样在不同应力比下的疲劳裂纹的扩展速率，基于 4 种 ML 模型建立了应力比与应力强度因子范围的疲劳裂纹扩展速率模型。研究表明，ML 模型均能体现出裂纹扩展速率的非线性特征，实验结果的训练集与测试集有良好的拟合效果，且采用 ML 方法建立的裂纹扩展速率模型准确性均高于传统物理模型。

图 6-29　基于数据驱动增材制造 Al-Si-10Mg 的疲劳寿命预测流程图[92]

钛合金由于其较高的强度质量比和优异的耐腐蚀性而被用于质量关键和刚度关键结构中。小裂纹的扩展严重影响结构件的疲劳寿命，Rovinelli 等[94]提出了一种识别微观结构上小疲劳裂纹驱动力的新方法，利用贝叶斯网络和机器学习技术用于识别影响疲劳裂纹扩展方向和速率的相关微观机械和微观结构变量。以方向和速率方程的形式表示小裂纹驱动力，更可靠地预测了小疲劳裂纹扩展的方向，但在利用选区激光熔化技术制备时通常会引入制造缺陷，影响抗疲劳性。Bao 等[95]利用 SVM 模型对选区激光熔化 Ti-6Al-4V 合金的关键几何缺陷特征进行训练，并采取交叉验证的网络搜索方法对参数进行拟合。预测疲劳寿命与实验疲劳寿命之间的决定系数可达 0.99。Zhan 等[96]提出了一种结合连续介质损伤力学模型的机器学习框架，用于循环载荷下的增材制造钛合金疲劳损伤分析和寿命预测，如图 6-30 所示。从基于连续介质损伤力学的疲劳模型的数值实现和构造随机森林模型两个方面详细阐述了计算方法。之后，对不同应力水平和应力比下的增材制造钛合金光滑和缺口试件分别进行了疲劳寿命预测。将预测结果与实验数据进行比较，发现该方法具有较强的预测能力。

3) 高温合金

材料的微观结构变化是其在工作条件下疲劳失效的主要因素，这主要包括晶体和晶粒形态分布、晶粒内成分的变化，以及退火孪晶等。Pinz 等[97]针对疲劳载荷下的镍基高温合金开发了一种基于贝叶斯推理的概率裂纹成核模型，利用机器

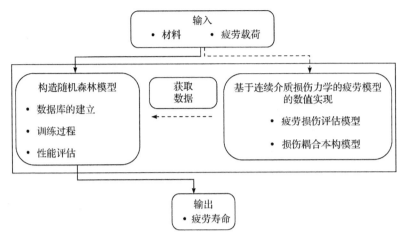

图 6-30　基于连续介质损伤力学的机器学习方法计算钛合金疲劳寿命的流程图[96]

学习方法，以确定驱动裂纹成核的潜在机制。他们利用扫描电子显微镜和电子背散射衍射图像，对裂纹成核位置附近的疲劳载荷微观结构进行表征，分析晶粒形态和晶体与裂纹形核位置之间的关联。通过开发用于疲劳模拟的并行多尺度模型，有效地将实验的多晶微观结构代表性体积元嵌入均质材料中。又通过一种贝叶斯分类方法，实现了裂纹形核的信息状态变量预测值的最优选择，建立了一个简单的标量裂纹形核指示器。

粉末冶金高温合金具有组织稳定性好、屈服强度高、高抗蠕变性和优异的高温损伤容限等特点，被广泛应用于先进航空发动机涡轮盘的制造。在粉末冶金工艺制备高温合金的流程中，由于制粉的污染、容器材料剥落等，不可避免地会引入非金属夹杂物，夹杂物的存在是粉末冶金涡轮盘低周疲劳失效的主要原因。西北工业大学张国栋等[98]以 FGH-96 合金涡轮盘为研究对象，以夹杂物的分布与尺寸为特征参数，采用机器学习算法建立"夹杂物特征-低周疲劳寿命"的定量关系模型，预测合金的低周疲劳寿命，其流程如图 6-31 所示。

具体来说，通过超声波探伤、CT 扫描、X 射线等实验表征技术，同时进行疲劳测试，建立了一个包含 64 条数据的小型数据库。每条数据具有相同的成分，并在相同的加工工艺下制备。涡轮盘中的夹杂物具有不同的尺寸($26.5 \sim 648.0 \mu m$)，并分布在不同的部位。通过统计夹杂物距表面距离与低周循环次数的关系，发现二者并没有明显的相关性，并且夹杂物尺寸与低周循环次数之间存在粗糙的相关性，这表明仅通过夹杂物尺寸与低周循环次数之间的关系难以有效预测盘件的抗疲劳性。

为了准确预测盘件的寿命，他们利用 SVR、RF、梯度提升机(GBM)、Lasso回归和核岭回归(KRR)5 种机器学习算法分别建立了夹杂物距表面的距离和夹杂物的尺寸与低周循环次数之间的定量预测模型。为了评估预测模型的可靠性，采用自助抽样 1000 次的方式计算了预测值的不确定性，其预测结果如图 6-32 所示。

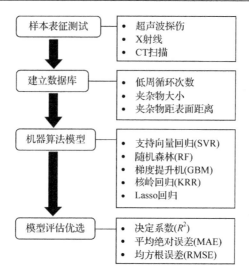

图 6-31　机器学习算法预测高温合金涡轮盘疲劳寿命流程图[98]

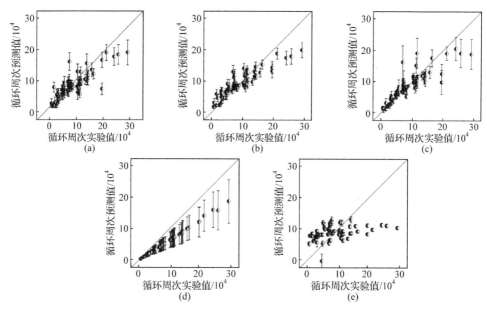

图 6-32　五种不同机器学习模型对高温合金涡轮盘疲劳寿命的预测结果[98]

(a) 支持向量回归；(b) 随机森林；(c) 梯度提升机；(d) 核岭回归；(e) Lasso 回归

以图 6-32(a)为例，支持向量回归模型的拟合效果显示，在循环周次低于 150000 时的数据点较为贴近对角线，表明模型对较低周次的数据预测效果较好，而循环周次高于 200000 时的数据点在对角线下部，说明模型在高周循环周次时效果并不理想。为更直观比较预测结果，分别计算了每种算法的 MAE、RMSE 以及 R^2，发现 GBM 算法的预测效果最好，这表明该算法能够更好地表达涡轮盘的低周疲劳寿命与夹杂物距涡轮盘表面的距离及夹杂物尺寸之间的关系。

2. 蠕变寿命评估

蠕变是金属材料在高温环境下的重要性能之一。然而，高成本的蠕变测试限制了传统试错法开发新合金的效率。蠕变机理的复杂性和影响因素的多样性极大增加了物理建模和仿真设计的难度。利用机器学习来预测抗蠕变性等长期服役性能能够大大节省时间和资源。

1) 钢

蠕变寿命受多种因素影响，对蠕变寿命进行高精度预测及合理设计是一个难题。Wang 等[99]建立了一个提高蠕变寿命的合金设计框架，包括蠕变寿命预测和高通量设计两个模块(图 6-33)。对于第一个模块(预测模块)，基于本研究中使用的蠕变数据集，通过比较 7 个机器学习模型，获得了用于蠕变寿命预测的高精度ML 模型。通过这种方法，部分消除了复杂蠕变机理的局限性，建立了准确的通用模型。对于第二个模块(设计模块)，使用带过滤器的遗传算法，在特定蠕变条件下获得具有最佳成分和加工参数的有前途的新合金方案。

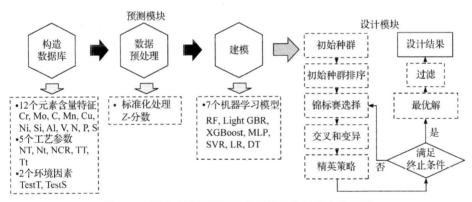

图 6-33　蠕变寿命预测模块和设计模块的基本流程[99]

NT-正火温度；Nt-正火时间；NCR-正火冷却速率；TT-回火温度；Tt-回火时间；TestS-蠕变应力；TestT-蠕变温度

具体来说，基于美国国家材料科学研究所蠕变数据库，建立了一个包含 1770 个样本的低合金钢蠕变数据集。该数据集包括 19 个输入特征和一个输出特征(蠕变寿命)。对于输入，除 12 个元素(Cr、Mo、C、Mn、Cu、Ni、Si、Al、V、N、P 和 S)含量特征，还将 5 个工艺参数(正火温度(NT)、正火时间(Nt)、正火冷却速率(NCR)、回火温度(TT)和回火时间(Tt))，以及蠕变应力(TestS)和蠕变温度(TestT)2 个环境因素考虑在内。对于提供的数据集中，蠕变寿命分布广泛，50%的数据点的蠕变寿命小于 5000h，数据集的蠕变寿命标准偏差较大，为了便于计算，蠕变寿命以对数形式表示(lg(寿命))，并且在数据预处理中，对所有数据进行标准化处理，以避免不同特征之间存在较大范围差异的问题。通过比较多种 ML 模型的性能，选择了多层感知器(MLP)作为后续合金设计的通用模型。之后，为设计满足特定条件(蠕变应力设置为 137MPa，蠕变温度 500℃)的合金，他们以 50 个 MLP模型作为遗传算法的目标函数。在遗传算法中，随机创建 40 个包含所有输入特征的解作为初始子集。经过遗传算子的迭代优化，从特定蠕变温度和应力下获得 50个最优解，为具有复杂目标性能的高效合金设计提供了初步指导。

　　对于某些合金，仅通过传统 ML 模型难以获得理想预测结果，需要对其进行改进或多种算法融合。Tan 等[100]以 9%Cr(质量分数)马氏体耐热钢为研究对象，将其化学成分、热处理条件和蠕变测试条件等变量纳入各种 ML 模型来预测蠕变寿命。通过评估一系列典型的单一回归算法，发现预测结果并不完美。通过集成学习算法进行优化后，预测性能有显著提高，尤其是极端梯度增强算法。模型的 R^2、MAE 和 MSE 分别为 0.918、0.516 和 0.450，相对于单一 ML 模型，预测精度得到了显著提升。Xiang 等[101]在对 Fe-Cr-Ni 耐热合金的蠕变断裂时间研究时发现，仅靠化学成分和实验条件数据无法提供足够的信息，对目标的预测效果不佳，因此开发了一种融合文本(化学成分和蠕变实验条件)和视觉(铸态组织)数据的深度学习模型，以定量预测 Fe-Cr-Ni 耐热合金蠕变断裂时间。如图 6-34 所示，采用多

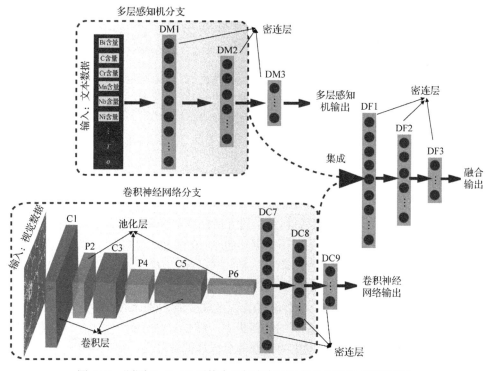

图 6-34　预测 Fe-Cr-Ni 耐热合金蠕变断裂时间的深度学习结构[101]

层感知器(MLP)和卷积神经网络(CNN)分别对文本和视觉数据进行挖掘,将提取到的特征集成在一起,这些连接的特征反馈给一个密集连接的多层神经网络,该神经网络作为其单一输出来估计蠕变断裂时间。这种通过融合深度学习模型对多源异构数据进行集成的方法,与单个 MLP 和 CNN 模型相比,预测精度得到了显著提高。

在基于机器学习蠕变寿命预测研究中,大多数研究人员只分析了材料数据的统计关系,没有运用传统的蠕变研究基础。基于此,Wang 等[102]将时间-温度参数(TTP)方法与机器学习相结合,探索了利用机器学习建立定量模型的想法,以借助常规蠕变知识预测 Cr-Mo 钢的蠕变寿命。他们将目标特征(蠕变寿命)转换成 lg(寿命)以及 3 个时间温度参数(拉森-米勒参数(LMP)、Manson-Haferd 参数(MHP)和 Manson-Succop 参数(MSP))的形式进行预测。之后采用主成分分析对输入特征降维,比较 9 种 ML 回归模型的预测结果。图 6-35 展示了 4 种形式目标特征的最优回归模型结果,从图中发现将蠕变寿命转化为 LMP、MHP 和 MSP 三种参数,有效地提高了预测精度,其中 MSP 的预测结果精度最高。为进一步探究输入特征和 MSP 之间的内在关系,计算了皮尔逊相关系数和斯皮尔曼相关系数,发现和 MSP 最相关的特征是应力、Nb 含量和回火温度,这一发现与先验知识一致。应力与 MSP 之间的相关性最大,且呈负相关性,而应力越高,钢材蠕变断裂的趋势越大,Cr-Mo 钢的蠕变寿命会降低。Nb 含量与 MSP 正相关,Nb 可以与 C 和 N 形成稳定的 MX 沉淀物,自由位错和亚晶界被 MX 沉淀物钉扎,从而增加蠕变寿命。回火温度也与 MSP 呈正相关,提高回火温度有利于降低钢组织中的位错密度,提高钢的韧性,进而提高钢的抗蠕变性。该研究成功地证明了将机器学习与时间-温度参数相结合预测蠕变寿命的可行性,为预测钢的蠕变寿命提供了新的思路。

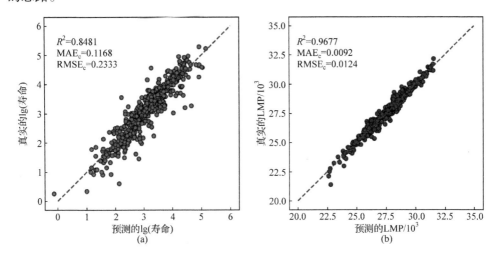

(a)　(b)

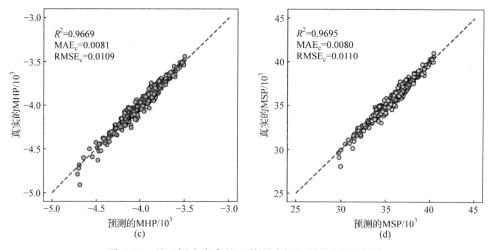

图 6-35 基于蠕变寿命的 4 种形式的机器学习预测[102]

(a) lg(寿命); (b) LMP; (c) MHP; (d) MSP

MAE$_c$ 和 RMSE$_c$ 表示对 MAE 和 RMSE 的计算结果进行了归一化处理

2) 钛合金

迁移学习能够利用从具有大数据集中学到的知识,优化只有少量数据的任务,缓解小型数据集中数据不足的问题。面对极小数据样本下的高温钛合金蠕变寿命预测精度不足的问题,西北工业大学 Zhou 等[103]提出了两种迁移学习策略来预测高温钛合金的蠕变寿命,其结构如图 6-36 所示,第一种迁移学习策略(参数迁移)使用卷积神经网络方法,通过该方法,将基于铁基、镍基和钴基高温合金的预训练参数迁移到高温钛合金的模型;第二种迁移学习策略(数据融合迁移)是将高温合金数据集与高温钛合金融合,以改进蠕变寿命的预测模型。

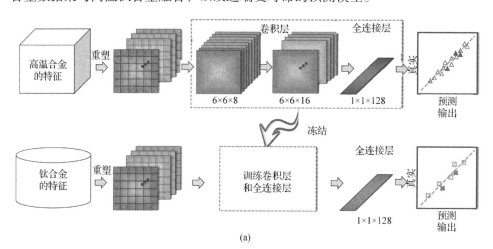

(a)

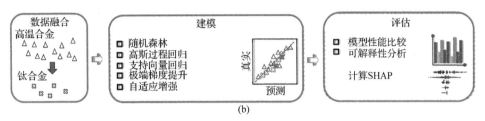

图 6-36　使用铁基、镍基和钴基高温合金知识迁移预测高温钛合金蠕变寿命的示意图[103]

(a) 参数迁移；(b) 基于数据融合的迁移

　　为进行迁移学习，首先对原始数据进行统计，使用公共数据集(NIMS 数据库)中的 753 个实验测量的铁基、镍基和钴基高温合金蠕变寿命样本，每个样本由 33 个特征描述，包括化学成分(22 种元素)、热处理工艺(9 个参数)和实验条件(2 个，测试温度 T 和测试应力 S)。为了检测数据集中的异常值，对数据集进行了主成分分析和 K 均值聚类分析，没有发现异常值。钛合金是从已发表文献中手动收集的，共有 88 个样本，包含 25 个特征，远小于高温合金数据，并且钛合金的特征分布不均匀，大多数蠕变寿命偏低。因此，使用蠕变寿命对数，即 lg(蠕变寿命)作为两个数据集中的输出，因为这样数据更符合正态分布，并且可以提高 ML 模型的性能。此外，通过最大-最小方法对所有特征进行归一化，以避免不同大小的特征对模型的影响。

　　迁移学习有两种策略。在第一种参数迁移策略中(图 6-36(a))，在高温合金数据集上训练 CNN 模型，然后将其应用于钛合金数据集。为了便于构建基于 CNN 的迁移学习模型，使用来自两个数据集特征的并集，共 34 个特征。将 34 个维度的特征依次重塑为 6×6 的矩阵，并将矩阵的最后两个元素填充为零。然后将其输入包含两个卷积层和一个全连接层的 CNN 进行训练，经过 1500 次迭代后进行输出。之后，通过使用冻结卷积层和全连接层将 CNN 模型参数迁移到钛合金数据集，并添加了一个新的全连接层来获得预测的属性(TrCNN)。TrCNN 模型对不同训练和测试数据集的预测结果如图 6-37 所示。通过将该模型与 RF、SVR、极端梯度提升(XGBoost)、高斯过程回归(GPR)和自适应增强(AdaBoost)等 5 种典型的 ML 模型对比可以看出，$T \leqslant 600℃$、$S \geqslant 450MPa$(图 6-37(a))、$T \leqslant 600℃$、$S \geqslant 400MPa$(图 6-37(b))和 $T \leqslant 600℃$、$S \geqslant 350MPa$(图 6-37(c))的 TrCNN 模型的 R^2(测试数据)约为 0.93、0.91 和 0.84，远高于传统 ML 典型算法获得的 R^2。在图 6-37(d) 和(e)中，R^2 比较小，但与传统的 ML 模型相比，TrCNN 模型的性能仍有很大改善。在所有情况下，TrCNN 都拥有最高的 R^2、最低的 MSE 和 MAE。因此，该策略能够更好地捕捉高温钛合金背后的潜在趋势。可以看出，随着用于分离测试数据的应力的降低，模型(对测试数据)的性能退化。这主要归因于训练和测试数据中的样本量，随着测试应力的增加，测试数据中样本的数量减少，而训练数据中样本数量增加。通常，训练数据量越大，得到的模型对测试数据的准确性就越高。

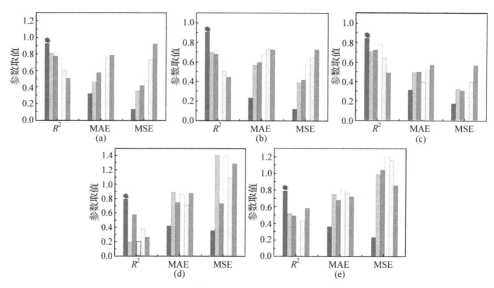

图 6-37　TrCNN 和 5 种典型 ML 模型在不同测试集上的性能比较[103]

(a) $T \leqslant 600℃, S \geqslant 450MPa$；(b) $T \leqslant 600℃, S \geqslant 400MPa$；(c) $T \leqslant 600℃, S \geqslant 350MPa$；(d) $T \leqslant 600℃, S \geqslant 300MPa$；

(e) $T \leqslant 600℃, S \geqslant 250MPa$

每组柱状图从左向右依次表示 TrCNN、RF、SVR、XGBoost、GPR 和 AdaBoost

✱ 表示最优模型，图 6-38～图 6-40 同

　　在第二种基于数据融合的迁移 Tr 策略(图 6-36(b))中，直接将大小两个数据集结合起来，训练钛合金蠕变寿命的 ML 模型。使用了相同的 5 种模型(缩写为 TrRF、TrGPR、TrSVR、TrXGBoost、TrAdaBoost)，相应的模型性能如图 6-38 所示。在这种策略下，并不是所有模型在数据融合后都得到了改进。例如，与没有数据融合的原始 GPR 模型(R^2 = 0.61)相比，TrGPR 的 R^2(约 0.93)得到了很大改进，TrAdaBoost 的 R^2 仅为 0.42，甚至低于 AdaBoost(R^2 = 0.51)。这表明，一些算法可以有效地利用从大型数据集中学习到的知识，但有些算法不能。通过比较 5 个数据集的预测结果发现，除 $T \leqslant 600℃$ 和 $S \geqslant 250MPa$ 条件下的数据，在其余 4 个数据集上，基于迁移学习的数据融合得到的模型比没有数据融合的模型表现更好，只是最佳的迁移模型在不同的测试集上有所不同。这进一步验证了不存在适用于所有情况的通用模型。图 6-38(e)中迁移模型的低精度可归因于训练数据中钛合金数量的减少，因为在这种情况下，测试数据集(49)中的合金数量比训练数据集(39)中的多。基于上述分析，TrCNN 模型和基于数据融合的迁移学习模型都比直接在钛合金上训练的 ML 模型表现更好，特别是 TrCNN 模型最大程度地提高了预测精度。

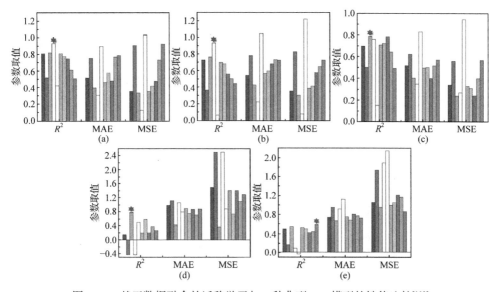

图 6-38　基于数据融合的迁移学习与 5 种典型 ML 模型的性能比较[103]

(a) $T \leqslant 600℃$, $S \geqslant 450MPa$；(b) $T \leqslant 600℃$, $S \geqslant 400MPa$；(c) $T \leqslant 600℃$, $S \geqslant 350MPa$；(d) $T \leqslant 600℃$, $S \geqslant 300MPa$；
(e) $T \leqslant 600℃$, $S \geqslant 250MPa$
每组柱状图从左向右依次表示 TrRF、TrSVR、TrXGBoost、TrGPR、TrAdaBoost、RF、SVR、XGBoost、GPR、AdaBoost

　　为深入了解数据融合如何提高预测的准确性，对其进行了 SHAP 分析。以数据集($T \leqslant 600℃$，$S \geqslant 400MPa$)上的 TrGPR 模型为例，它显示出最高的 R^2。作为比较，还包括了相应的 GPR 模型。结果表明对于这两个模型，测试温度和测试应力对蠕变寿命的影响最重要，而这两个特征是预测蠕变寿命的时间-温度方法中的关键参数。此外还发现热处理温度时效处理温度也具有重要影响，这是因为这些参数影响微观结构并影响蠕变行为。总之，通过上述两种迁移学习策略可以有效改进对高温钛合金蠕变寿命的预测。

　　虽然上述模型均达到了较高的预测精度，然而模型架结构均较为复杂，难以解释，对合金设计的指导有限，针对此问题，西北工业大学王萍等利用可解释性算法预测钛合金的蠕变寿命，以期为该合金设计做出更有效指导。通过从文献中收集，得到 88 个高温钛合金的蠕变数据，为了充分验证模型的外推能力，根据蠕变断裂时间(t_R)进行了 7 种不同的数据划分。以低蠕变寿命值数据进行模型训练，高寿命值数据对模型外推性能进行检验,将 88 个高温钛合金样本划分为训练集和测试集，具体来说，相应的测试集数据以及样本个数分别如下：$t_R > 100h$, 35 个；$t_R > 150h$, 29 个；$t_R > 200h$, 22 个；$t_R > 300h$, 14 个；$t_R > 400h$, 11 个；$t_R > 700h$, 8 个；$t_R > 1000h$, 6 个。随着断裂时间的增加，相应测试集样本个数逐渐减少，每个样本都包含成分和热处理工艺特征(25 个特征)。为了评估 ML 预测效果，对 6 种机器学习模型(RF、XGBoost、SVR、Autogluon、CNN 与多元线性回归(MLR))

进行了对比，最终发现，在所有数据集中 MLR 模型预测效果最好，而其他模型均相对于真实值出现了程度不等的低估。图 6-39 将多元线性回归模型与其他 ML 模型进行了比较，可以看到绝大多数情况下，线性模型有着更低的 MAE、MSE 两个误差指标。这表明相比于其他模型，线性模型能更好地从低目标属性值外推至高目标属性值，并且相对于其他模型，线性模型形式更简单，能够提供可解释性。

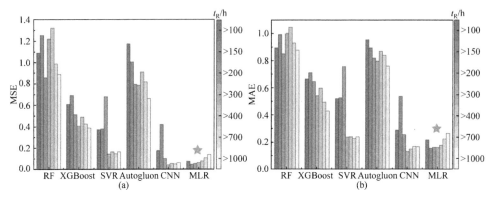

图 6-39　基于 25 个特征的 6 种机器学习模型性能比较
(a) MSE；(b) MAE
Autogluon-自动机器学习模型

上述研究表明，MLR 可以实现较高精度的蠕变寿命外推，但是事先没有进行特征筛选，共有 25 个变量，对于线性模型，复杂度与模型变量数有直接关系，变量越多，复杂度越高。更多的变量在拟合时往往可以给出一个看似更好的模型，但同时也面临着过拟合的风险，如果用全新的数据验证，效果可能不尽如人意，且难以对合金设计进行有效指导。为了进一步降低模型复杂度及筛选特征，引入 Lasso 回归算法，在拟合广义线性模型的同时进行变量筛选和复杂度调整，在丧失较少精度的情况下，使目标和特征之间的关系表达式更加简单与易于理解。结果发现相比于传统多元线性回归，Lasso 回归在进行特征筛选后性能基本没有下降。此时每种数据集下，Lasso 回归筛选的特征维持在 10 个左右，将所有数据划分情况下所剩特征取交集，共剩余 9 个特征，分别为固溶温度、测试温度、测试应力、C 含量、Ni 含量、Nb 含量+Ta 含量、V 含量、Fe 含量和 Sn 含量。然而，10 个特征所构建的模型表达式仍较为复杂，在所有数据划分情况下的固溶处理温度在线性模型中的系数较小，可理解为其在模型构建中重要性较小，对其进行删减。此外，由于钼当量在钛合金 β 相稳定性中扮演重要角色，将所有与成分相关的特征转换为钼当量。最终以钼当量、测试温度和测试应力 3 个特征重新构建线性模型。

如图 6-40 所示，将 3 个特征所构建的多元线性回归模型与其他 ML 模型进行了比较,可以看到绝大多数情况下,线性模型仍有着更低的 MAE、MSE 两个误差指标。线性模型对高温钛合金的蠕变寿命给出了简单、定量的数学表达,可以轻易对新合金设计进行有效指导,这是其他模型所不具备的。例如,RF 与 XGBoost 等算法的工作方式为在每个决策点生成节点,并将数据集合并为几个末端节点,从而产生无法超出数据集边界的节点,导致无法实现较高精度的外推。线性模型精度远高于其他先进复杂模型,这是十分有趣的。通常用于同种材料蠕变寿命外推的时间温度参数外推法仅考虑了测试应力与测试温度两个参数与断裂寿命之间的关系,在这里,除测试条件外,将成分特征转换为能够代表钛合金 β 相稳定性的钼当量,克服了传统经验及理论方法无法跨成分外推的壁垒。

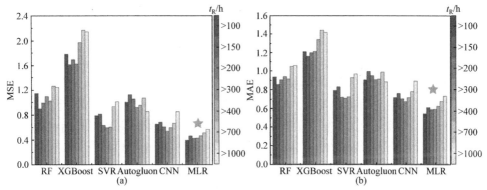

图 6-40　基于 3 个特征的 6 种机器学习模型性能比较

(a) MSE;(b) MAE

3) 高温合金

高温合金广泛应用于航空航天领域,其蠕变寿命受化学成分和实验条件的影响。Yoo 等[104]利用贝叶斯神经网络(BNN)研究单晶高温合金蠕变寿命,建模的基本原理与传统机器学习模型类似,使用化学成分、测试应力和测试温度作为输入。为获得更高的预测精度,他们消耗了更多的计算资源,利用马尔可夫链蒙特卡罗方法(MCMC)训练 ML 模型,最终得到模型的准确率可达 93.2%。然而,该模型并没有考虑到材料的微观结构信息,为此 Liu 等[105]开发了一种分而治之自适应(DCSA)方法(图 6-41)。除基本描述符外,还利用 CALPHAD 方法及结构-性能关系,计算并引入了能反映蠕变变形机制的 5 个微观结构因子(晶格参数、γ' 相摩尔分数、剪切模量、层错能和扩散系数)。具体来说,首先,通过 K 均值聚类算法,根据描述符自动将具有不同蠕变机制的高温合金样品分为若干簇。其次,为揭示不同簇中样本蠕变机制的差异,根据设计的适应度函数,从 5 种候选 ML 模型中自适应地选择最优模型。该方法实现了更好的预测性能,RMSE、MAPE 和 R^2 分别为 0.3839、0.0003 和 0.9176。最后,为了证明模型对其他样品的泛化能力,对 8 个新收集的合金样品进行了实验,结果表明,模型蠕变寿命预测值与实验测量值之间的误差在可接受范围内(6.4486～40.7159h)。

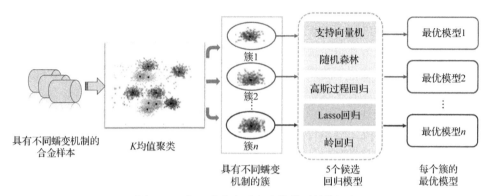

图 6-41　分而治之自适应法的模型结构[105]

研究人员为了更快速、更精准地对高温合金的蠕变寿命进行预测，相继开发了多种基于机器学习的预测方法，且很多都得到了较高的预测精度，但大多蠕变断裂机理无法完全阐明。因此，利用机器学习等方法，合金的蠕变断裂性能仍有进一步研究的潜力。为评估热处理工艺对蠕变寿命的影响，并设计具有高蠕变寿命的高温合金，Yin 等[106]开发了一种结合分类和回归策略的可解释 ML 模型，如图 6-42 所示。首先，利用嵌入物理特征的分类模型对热处理工艺进行初步评估，确定出可以实现最佳蠕变寿命的工艺，对数据集进行过滤。其次，利用筛选特征后的高精度回归模型来预测剩余高温合金的蠕变寿命。最后，以极低的实验成本

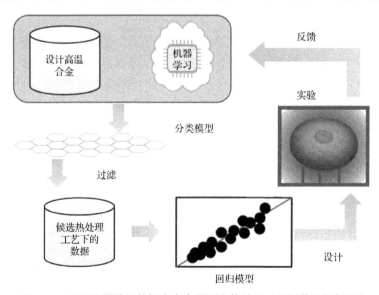

图 6-42　基于机器学习的蠕变寿命预测和热处理工艺评估的框架[106]

实现工艺的优化。利用该策略成功设计了具有高抗蠕变性的热处理工艺，并通过实验得到了验证，抗蠕变性比之前研究高出了 5.5 倍。

西北工业大学 Zhou 等[107]针对蠕变寿命预测中仍存在的精度不足以及模型可解释性差等两个问题开展了研究。以镍基单晶高温合金为研究对象，从已发表文献中获取包括 266 条数据，每条数据包含共有 27 个特征，分别对应 14 种化学成分、6 种热处理工艺参数、2 种实验条件和 5 种热力学计算的微观结构特征(γ'相的摩尔分数、合金元素在 γ 相中的扩散系数以及合金的剪切模量、加权平均晶格参数和层错能)。为消除不同维度特征对 ML 模型的影响，对所有特征进行最大-最小归一化处理(式 6-14)：

$$X^* = \frac{X - X_{min}}{X_{max} - X_{min}} \tag{6-14}$$

式中，X_{min} 和 X_{max} 分别表示特征 X 的最小值和最大值。此外，最终机器模型的输出使用的是 ln(蠕变寿命)。采用一种集成了不同算法的自动机器学习模型(Autogluon)。Autogluon 包含三种结构(图 6-43)。第一种是堆叠，使用初始数据集训练每个单一模型，并考虑训练后权重，使用每个模型的输出之和获得最终预测。第二种是使用装袋(bagging)策略来避免可能的过度拟合，尤其是在数据集稀疏的情况下。第三种是多层堆叠，它将堆叠器模型的预测输出作为输入提供给其他更高层堆叠器模型。以 2 层堆叠为例，将第 1 层的输出作为特征，然后与初始特征相结合来重新训练 ML 模型。对于 3 层堆叠、2 层堆叠的输出与初始特征相集成，以构建 ML 模型。对于更多的堆叠层，重复此过程。

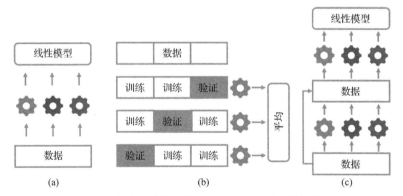

图 6-43　自动机器学习模型(Autogluon)的三种结构[107]
(a) 堆叠；(b) 装袋策略；(c) 多层堆叠

为检验该自动机器学习模型的效果,将最初的 266 个合金按 9∶1 随机分为训练集和测试集，并重复 50 次，对不同模型的误差/准确性进行平均，以获得最终的误差/准确性。将该模型与五个经典 ML 模型(RF、SVR、GPR、Lasso 回归和岭回归(RR))以及 DCSA 进行比较，如图 6-44 所示。图 6-44(a)是自动 ML 模型的对训练集和测试集数据的拟合结果，所有样本在对角线上分布良好，表明镍基单晶高温合金在该自动 ML 模型的稳健性。图 6-44(b)比较了 5 个单一模型的性能，以及 DCSA 和 Autogluon 的结果，通过比较 MAPE 和 MSE，可以发现有一个明显的趋势，即误差从左到右单调递减，这表明 Autogluon 的预测效果最好。因此，在不考虑复杂变形机制的情况下，该模型能够捕捉到高温合金数据背后的主要趋势。

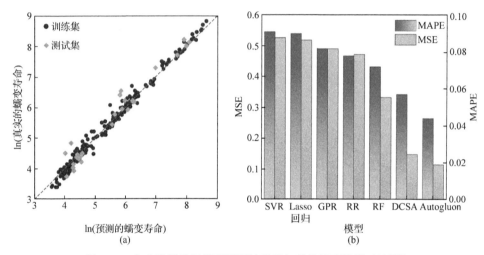

图 6-44　自动机器学习模型预测结果及与其他模型性能对比[107]

(a) 自动机器学习模型；(b) 模型的 MSE 和 MAPE

在上述分析中，包括成分、工艺参数、测试条件和微观结构在内的所有 27 个特征都已用于训练 ML 模型。即使微观结构在蠕变行为中也起着重要作用，然而，在预测未知合金的蠕变行为时，它也有两个缺点：①微观结构的全面量化具有挑战性，如合金中沉淀物的大小、形状和分布；②除非能够实现精确且廉价的多尺度高通量计算，否则许多未知合金的微观结构是无法获得的。因此，他们不考虑微观结构重新训练该模型，结果发现精度并没有明显降低，即在不牺牲精度的情况下进一步简化了代理模型。

为了深入了解微观结构对基于 ML 代理模型的影响，通过考虑特征对模型误差的影响，对特征的重要性进行了排序(图 6-45)。结果显示，热处理工艺参数(时效温度和时间)和测试条件(测试温度和施加应力)对蠕变寿命影响最大。此外，在所有组成元素中，Cr 的质量分数和 Re 的质量分数重要性排名最靠前，这与先前的研究一致，Cr 的质量分数增加可以增加 γ' 相的体积分数[108]，而 Re 的质量分数增加可以增强 Ni 基高温合金的 γ 相和 γ/γ' 界面[109]，都会影响蠕变寿命。尽管蠕变行为在很大程度上取决于微观结构，但他们发现 5 个微观结构特征的重要性相对较低。可能的起源有两个方面：①微观结构信息不足和数据分布，微观结构体现了从原子尺度、介观尺度到宏观尺度的多尺度信息。因此，区分哪些描述符占主导地位是相当复杂和困难的。引入的 5 个热力学和唯象计算的参数可能不足以捕捉完整的微观结构信息。②γ'相的体积分数分布在 30%~40%的非常窄的范围内，在构建 ML 模型时，具有低方差的特征通常传达比较少的信息。

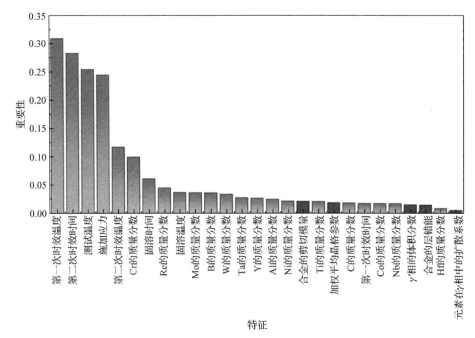

图 6-45　由 Autogluon 算法排名的初始 27 个特征的相对重要性[107]

利用高精度的 Autogluon 模型推荐了 5 个在 900℃和 800MPa 下具有高蠕变寿命的合金，如表 6-4 所示，给出了每种合金对应的化学成分、热处理工艺以及预测的蠕变寿命[107]。

表 6-4　5 种具有最高预测蠕变寿命的候选合金(900℃, 800MPa)[107]

特征	候选合金				
	#1	#2	#3	#4	#5
Ni 的质量分数/%	80.042	81.043	73.123	64.369	69.319
Re 的质量分数/%	3.1	3.2	3.1	3.1	3.1
Co 的质量分数/%	0.1	0.1	0.1	0.1	0.1
Al 的质量分数/%	5.2	4.7	5.2	5.2	5.2
Ti 的质量分数/%	0.5	0.5	0.5	0.5	0.5
W 的质量分数/%	3.5	3.5	7.85	3.5	3.5

续表

特征	候选合金				
	#1	#2	#3	#4	#5
Mo 的质量分数/%	0.5	0.5	0.5	3.65	3.65
Cr 的质量分数/%	5.5	4.9	8.05	8.05	8.05
Ta 的质量分数/%	1.5	1.5	1.5	11.5	6.5
C 的质量分数/%	0.05	0.05	0	0	0.05
B 的质量分数/%	0.004	0.003	0.05	0.004	0.004
Y 的质量分数/%	0.004	0.004	0.027	0.027	0.027
固溶时间/h	1	1	4	3	4
第一次时效时间/h	1	1	6	3.5	1
第二次时效时间/h	16	16	32	32	16
固溶温度/℃	1350	1100	1350	1225	1350
第一次时效温度/℃	1000	1000	1000	1000	1000
第二次时效温度/℃	700	700	800	800	700
蠕变寿命/h	39.985	39.274	39.105	38.562	38.113

　　随着大数据和人工智能技术的迅速发展，材料科学正迎来一场前所未有的变革。这些先进的技术为材料科学提供了全新的机遇和挑战，将极大地推动材料领域的发展和创新。首先，大数据技术的广泛应用将为材料科学研究提供更为丰富和多样的数据资源。通过大规模数据采集、存储和处理，科学家们可以更全面地理解材料的结构、性能和行为，探索材料的内在规律和特性，为新材料的研发和设计提供更为深入的支持。其次，人工智能技术的普及将极大地提升材料科学研究的效率和精度。深度学习、机器学习等算法的应用将使得材料数据的分析和模拟变得更加智能化和自动化，帮助科学家们更快速地识别材料的关键特性，预测材料的性能表现，从而加速新材料的开发和应用。此外，大数据和人工智能技术的结合将促进材料科学与其他学科的交叉融合，推动材料创新的跨领域发展。通过与化学、物理、工程等学科的跨界合作，材料科学将有望在能源、环境、医疗等领域取得更为广泛和深远的应用，为社会的可持续发展做出重要贡献。

　　综上所述，大数据和人工智能技术的发展将为材料科学带来巨大的机遇和挑战，推动材料科学迈向智能化、高效化和可持续化的新时代。期待着在这个充满希望的新时代中，见证材料科学迸发出更多的创新和突破，为人类社会的发展和进步贡献力量。

参 考 文 献

[1] 周岳钰，高静，汪燕，等. 机器学习在材料科学中的应用进展[J]. 信息记录材料, 2022, 23(6): 8-12.

[2] RICKMAN J M, CHAN H M, HARMER M P, et al. Materials informatics for the screening of multi-principal elements and high-entropy alloys[J]. Nature Communications, 2019, 10(1): 2618.

[3] ZHANG H, FU H, HE X, et al. Dramatically enhanced combination of ultimate tensile strength and electric conductivity of alloys via machine learning screening[J]. Acta Materialia, 2020, 200: 803-810.

[4] JIANG L, FU H, ZHANG H, et al. Physical mechanism interpretation of polycrystalline metals' yield strength via a data-driven method: A novel Hall-Petch relationship[J]. Acta Materialia, 2022, 231: 117868.

[5] RAO Z Y, TUNG Y P, XIE W R, et al. Machine learning-enabled high-entropy alloy discovery[J]. Science, 2022, 378: 78-85.

[6] LI X, SHAN G C, ZHAO H B, et al. Domain knowledge aided machine learning method for properties prediction of soft magnetic metallic glasses[J]. Transactions of Nonferrous Metals Society of China, 2023, 33(1): 209-219.

[7] LI S, LI S, LIU D, et al. Hardness prediction of high entropy alloys with machine learning and material descriptors selection by improved genetic algorithm[J]. Computational Materials Science, 2022, 205: 111185.

[8] SHEN C, WANG C, WEI X, et al. Physical metallurgy-guided machine learning and artificial intelligent design of ultrahigh-strength stainless steel[J]. Acta Materialia, 2019, 179: 201-214.

[9] SLAVKOVIC R, JUGOVIC Z, DRAGICEVIC S, et al. An application of learning machine methods in prediction of wear rate of wear resistant casting parts[J]. Computers & Industrial Engineering, 2013, 64(3): 850-857.

[10] 杨威，李维刚，赵云涛，等. 基于随机森林的钢材性能预报与影响因素筛选[J]. 钢铁, 2018, 53(3): 44-49.

[11] ROY A, BABUSKA T, KRICK B, et al. Machine learned feature identification for predicting phase and Young's modulus of low-, medium- and high-entropy alloys[J]. Scripta Materialia, 2020, 185: 152-158.

[12] XIONG J, SHI S Q, ZHANG T Y. Machine learning of phases and mechanical properties in complex concentrated alloys[J]. Journal of Materials Science & Technology, 2021, 87: 133-142.

[13] GENG X, CHENG Z, WANG S, et al. A data-driven machine learning approach to predict the hardenability curve of boron steels and assist alloy design[J]. Journal of Materials Science, 2022, 57(23): 10755-10768.

[14] GUO S, YU J, LIU X, et al. A predicting model for properties of steel using the industrial big data based on machine learning[J]. Computational Materials Science, 2019, 160: 95-104.

[15] AGRAWAL A, DESHPANDE P D, CECEN A , et al. Exploration of data science techniques to predict fatigue strength of steel from composition and processing parameters[J]. Integrating Materials and Manufacturing Innovation, 2014, 3(1): 90-108.

[16] CHAUDRY MASOOD U, HAMAD K, ABUHMED T. Machine learning-aided design of aluminum alloys with high performance[J]. Materials Today Communications, 2021, 26: 101897.

[17] CHEN Y, WANG S, XIONG J, et al. Identifying facile material descriptors for Charpy impact toughness in low-alloy steel via machine learning[J]. Journal of Materials Science & Technology, 2023, 132: 213-222.

[18] DEWANGAN S K, SAMAL S, KUMAR V. Microstructure exploration and an artificial neural network approach for hardness prediction in $AlCrFeMnNiW_x$ high-entropy alloys[J]. Journal of Alloys and Compounds, 2020, 823: 153766.

[19] MALINOV S, SHA W, MCKEOWN J J. Modelling the correlation between processing parameters and properties in

titanium alloys using artificial neural network[J]. Computational Materials Science 2001, 21: 375-394.

[20] JEONG M O, NARAYANA P L, HONG J K , et al. Property optimization of TRIP Ti alloys based on artificial neural network[J]. Journal of Alloys and Compounds, 2021, 884: 161029.

[21] WEI X, FU D, CHEN M, et al. Data mining to effect of key alloying elements on corrosion resistance of low alloy steels in Sanya seawater environment alloying elements[J]. Journal of Materials Science & Technology, 2021, 64: 222-232.

[22] XIA X, NIE J F, DAVIES C H J, et al. An artificial neural network for predicting corrosion rate and hardness of magnesium alloys[J]. Materials & Design, 2016, 90: 1034-1043.

[23] SHI J, WANG J, MACDONALD D D. Prediction of primary water stress corrosion crack growth rates in Alloy600 using artificial neural networks[J]. Corrosion Science, 2015, 92: 217-227.

[24] SI S, FAN B, LIU X, et al. Study on strengthening effects of Zr-Ti-Nb-O alloys via high throughput powder metallurgy and data-driven machine learning[J]. Materials & Design, 2021, 206: 109777.

[25] XIE Q, SUVARNA M, LI J, et al. Online prediction of mechanical properties of hot rolled steel plate using machine learning[J]. Materials & Design, 2021, 197: 109201.

[26] YANG C, REN C, JIA Y, et al. A machine learning-based alloy design system to facilitate the rational design of high entropy alloys with enhanced hardness[J]. Acta Materialia, 2022, 222: 117431.

[27] 王家豪, 孙升, 何燕霖, 等. 基于机器学习的工模具钢硬度预测[J]. 中国科学: 技术科学, 2019, 49(10): 1148-1158.

[28] LI J, XIE B, FANG Q, et al. High-throughput simulation combined machine learning search for optimum elemental composition in medium entropy alloy [J]. Journal of Materials Science & Technology, 2021, 68: 70-75.

[29] XUE D, BALACHANDRAN P V, HOGDEN J, et al. Accelerated search for materials with targeted properties by adaptive design[J]. Nature Communications, 2016, 7(1): 1-9.

[30] WEN C, ZHANG Y, WANG C, et al. Machine learning assisted design of high entropy alloys with desired property[J]. Acta Materialia, 2019, 170: 109-117.

[31] LI H, YUAN R, LIANG H, et al. Towards high entropy alloy with enhanced strength and ductility using domain knowledge constrained active learning[J]. Materials & Design, 2022, 223: 111186.

[32] LIU P, HUANG H, ANTONOV S, et al. Machine learning assisted design of γ'-strengthened Co-base superalloys with multi-performance optimization[J]. Npj Computational Materials, 2020, 6(1): 62.

[33] YU J, WANG C, CHEN Y, et al. Accelerated design of L1$_2$-strengthened Co-base superalloys based on machine learning of experimental data[J]. Materials & Design, 2020, 195: 108996.

[34] DUTTA T, DEY S, DATTA S, et al. Designing dual-phase steels with improved performance using ANN and GA in tandem[J]. Computational Materials Science, 2019, 157: 6-16.

[35] MENOU E, TODA-CARABALLO I, RIVERA-DíAZ-DEL-CASTILLO P E J, et al. Evolutionary design of strong and stable high entropy alloys using multi-objective optimisation based on physical models, statistics and thermodynamics[J]. Materials & Design, 2018, 143: 185-195.

[36] YANG F, LI Z, WANG Q, et al. Cluster-formula-embedded machine learning for design of multicomponent β-Ti alloys with low Young's modulus[J]. Npj Computational Materials, 2020, 6(1): 101.

[37] WANG C, FU H, JIANG L, et al. A property-oriented design strategy for high performance copper alloys via machine learning[J]. Npj Computational Materials, 2019, 5(1): 87.

[38] JIANG L, WANG C, FU H, et al. Discovery of aluminum alloys with ultra-strength and high-toughness via a

property-oriented design strategy[J]. Journal of Materials Science & Technology, 2022, 98: 33-43.

[39] GUO S, LIU C T. Phase stability in high entropy alloys: Formation of solid-solution phase or amorphous phase[J]. Progress in Natural Science: Materials International, 2011, 21(6): 433-446.

[40] GUO S, NG C, LU J, et al. Effect of valence electron concentration on stability of fcc or bcc phase in high entropy alloys[J]. Journal of Applied Physics, 2011, 109(10): 103505.

[41] YANG X, ZHANG Y. Prediction of high-entropy stabilized solid-solution in multi-component alloys[J]. Materials Chemistry and Physics, 2012, 132(2-3): 233-238.

[42] ISLAM N, HUANG W, ZHUANG H L. Machine learning for phase selection in multi-principal element alloys[J]. Computational Materials Science, 2018, 150: 230-235.

[43] PEI Z, YIN J, HAWK J A, et al. Machine-learning informed prediction of high-entropy solid solution formation: Beyond the Hume-Rothery rules[J]. Npj Computational Materials, 2020, 6(1): 1-8.

[44] KAUFMANN K, VECCHIO K S. Searching for high entropy alloys: A machine learning approach[J]. Acta Materialia, 2020, 198: 178-222.

[45] KRISHNA Y V, JAISWAL U K, RAHUL M R. Machine learning approach to predict new multiphase high entropy alloys[J]. Scripta Materialia, 2021, 197: 113804.

[46] ZHANG Y, WEN C, WANG C, et al. Phase prediction in high entropy alloys with a rational selection of materials descriptors and machine learning models[J]. Acta Materialia, 2020, 185: 528-539.

[47] HUANG W, MARTIN P, ZHUANG H L. Machine-learning phase prediction of high-entropy alloys[J]. Acta Materialia, 2019, 169: 225-236.

[48] QIN Z, WANG Z, WANG Y, et al. Phase prediction of Ni-base superalloys via high-throughput experiments and machine learning[J]. Materials Research Letters, 2020, 9(1): 32-40.

[49] YU J, GUO S, CHEN Y, et al. A two-stage predicting model for γ' solvus temperature of $L1_2$-strengthened Co-base superalloys based on machine learning[J]. Intermetallics, 2019, 110: 106466.

[50] XIONG J, SHI S Q, ZHANG T Y. A machine-learning approach to predicting and understanding the properties of amorphous metallic alloys[J]. Materials & Design, 2020, 187: 108378.

[51] ZHAO S, YUAN R, LIAO W, et al. Descriptors for phase prediction of high entropy alloys using interpretable machine learning[J]. Journal of Materials Chemistry A, 2024, 12(5): 2807-2819.

[52] LEI Z, SHEN J, WANG Q, et al. Real-time weld geometry prediction based on multi-information using neural network optimized by PCA and GA during thin-plate laser welding[J]. Journal of Manufacturing Processes, 2019, 43: 207-217.

[53] 汪欣朝, 杜坤, 王毅, 等. 基于机器视觉的钛合金焊接过程非平衡凝固组织性能智能控制[J]. 铸造技术, 2023, 44(2): 169-184.

[54] AOYAGI K, WANG H, SUDO H, et al. Simple method to construct process maps for additive manufacturing using a support vector machine[J]. Additive Manufacturing, 2019, 27: 353-362.

[55] SCIME L, BEUTH J. A multi-scale convolutional neural network for autonomous anomaly detection and classification in a laser powder bed fusion additive manufacturing process[J]. Additive Manufacturing, 2018, 24: 273-286.

[56] TAPIA G, KHAIRALLAH S, MATTHEWS M, et al. Gaussian process-based surrogate modeling framework for process planning in laser powder-bed fusion additive manufacturing of 316L stainless steel[J]. The International Journal of Advanced Manufacturing Technology, 2017, 94(9-12): 3591-3603.

[57] LEE S, PENG J, SHIN D, et al. Data analytics approach for melt-pool geometries in metal additive manufacturing[J]. Science and Technology of Advanced Materials, 2019, 20(1): 972-978.

[58] KARNIADAKIS G E, KEVREKIDIS I G, LU L, et al. Physics-informed machine learning[J]. Nature Reviews Physics, 2021, 3(6): 422-440.

[59] LI Y, LIU Y, LUO S, et al. Neural network model for correlating microstructural features and hardness properties of nickel-based superalloys[J]. Journal of Materials Research and Technology, 2020, 9(6): 14467-14477.

[60] GEBHARDT C, TRIMBORN T, WEBER F, et al. Simplified ResNet approach for data driven prediction of microstructure-fatigue relationship[J]. Mechanics of Materials, 2020, 151: 103625.

[61] REN D, WANG C, WEI X, et al. Building a quantitative composition-microstructure-property relationship of dual-phase steels via multimodal data mining[J]. Acta Materialia, 2023, 252: 118954.

[62] ZHAO Y, ALTSCHUH P, SANTOKI J, et al. Characterization of porous membranes using artificial neural networks[J]. Acta Materialia, 2023, 253: 118922.

[63] LEE K H, YUN G J. Microstructure reconstruction using diffusion-based generative models[J]. Mechanics of Advanced Materials, 2023: 1-19.

[64] IYER A, DEY B, DASGUPTA A, et al. A conditional generative model for predicting material microstructures from processing methods[J]. ArXiv Preprint, 2019: 02133.

[65] MOON I Y, YU J, JEONG H W, et al. Predicting microstructural evolution based on deformation history of A230 alloy using a finite element method-assisted generative model[J]. Materials Science Engineering: A, 2022, 854: 143852.

[66] THAKRE S, KARAN V, KANJARLA A K. Quantification of similarity and physical awareness of microstructures generated via generative models[J]. Computational Materials Science, 2023, 221: 112074.

[67] KIM Y, PARK H K, JUNG J, et al. Exploration of optimal microstructure and mechanical properties in continuous microstructure space using a variational autoencoder[J]. Materials & Design, 2021, 202: 109544.

[68] VLASSIS N N, SUN W. Denoising diffusion algorithm for inverse design of microstructures with fine-tuned nonlinear material properties[J]. Computer Methods in Applied Mechanics and Engineering, 2023, 413: 116126.

[69] PEI Z, ROZMAN K A, DOĞAN Ö N, et al. Machine-learning microstructure for Inverse material design[J]. Advanced Science, 2021, 8(23): 2101207.

[70] PANG J C, LI S X, WANG Z G, et al. General relation between tensile strength and fatigue strength of metallic materials[J]. Materials Science and Engineering: A, 2013, 564: 331-341.

[71] HUANG Z Y, WAGNER D, BATHIAS C, et al. Cumulative fatigue damage in low cycle fatigue and gigacycle fatigue for low carbon-manganese steel[J]. International Journal of Fatigue, 2011, 33(2): 115-121.

[72] MUGHRABI H. Microstructural mechanisms of cyclic deformation, fatigue crack initiation and early crack growth[J]. Philosophical Transactions of the Royal Society A: Mathematical, Physical and Engineering Sciences, 2015, 373(2038): 20140132.

[73] SHIBANUMA K, UEDA K, ITO H, et al. Model for predicting fatigue life and limit of steels based on micromechanics of small crack growth[J]. Materials & Design, 2018, 139: 269-282.

[74] TANEIKE M, ABE F, SAWADA K. Creep-strengthening of steel at high temperatures using nano-sized carbonitride dispersions[J]. Nature, 2003, 424(6946): 294-296.

[75] 周长璐, 廖玮杰, 唐斌, 等. 蠕变断裂寿命预测方法研究进展[J]. 铸造技术, 2022, 43(4): 245-252.

[76] BOLTON J. The potential for major extrapolation of creep rupture and creep strain data[J]. Materials at High

Temperatures, 2014, 31(2): 109-120.

[77] BOLTON J. Reliable analysis and extrapolation of creep rupture data[J]. International Journal of Pressure Vessels and Piping, 2017, 157: 1-19.

[78] DANG Y Y, ZHAO X B, YUAN Y, et al. Predicting long-term creep-rupture property of Inconel 740 and 740H[J]. Materials at High Temperatures, 2016, 33(1): 1-5.

[79] KIM W G, YIN S N, LEE G G, et al. Creep oxidation behaviour and creep strength prediction for Alloy 617[J]. International Journal of Pressure Vessels and Piping, 2010, 87(6): 289-295.

[80] MACLACHLAN D W, KNOWLES D M. Modelling and prediction of the stress rupture behaviour of single crystal superalloys[J]. Materials Science and Engineering: A, 2001, 302(2): 275-285.

[81] FENG L, ZHANG K S, ZHANG G, et al. Anisotropic damage model under continuum slip crystal plasticity theory for single crystals[J]. International Journal of Solids and Structures, 2002, 39(20): 5279-5293.

[82] VLADIMIROV I N, REESE S, EGGELER G. Constitutive modelling of the anisotropic creep behaviour of nickel-base single crystal superalloys[J]. International Journal of Mechanical Sciences, 2009, 51(4): 305-313.

[83] FEDELICH B, EPISHIN A, LINK T, et al. Experimental characterization and mechanical modeling of creep induced rafting in superalloys[J]. Computational Materials Science, 2012, 64: 2-6.

[84] KIM Y K, KIM D, KIM H K, et al. An intermediate temperature creep model for Ni-based superalloys[J]. International Journal of Plasticity, 2016, 79: 153-175.

[85] MUIR C, SWAMINATHAN B, ALMANSOUR A S, et al. Damage mechanism identification in composites via machine learning and acoustic emission[J]. Npj Computational Materials, 2021, 7(1): 95.

[86] ZHANG M, SUN C N, ZHANG X, et al. High cycle fatigue life prediction of laser additive manufactured stainless steel: A machine learning approach[J]. International Journal of Fatigue, 2019, 128: 105194.

[87] HE L, YONG W, FU H, et al. Fatigue life evaluation model for various austenitic stainless steels at elevated temperatures via alloy features-based machine learning approach[J]. Fatigue & Fracture of Engineering Materials & Structures, 2022, 46(2): 699-714.

[88] YAN F, SONG K, LIU Y, et al. Predictions and mechanism analyses of the fatigue strength of steel based on machine learning[J]. Journal of Materials Science, 2020, 55(31): 15334-15349.

[89] WEI X, VAN DER ZWAAG S, JIA Z, et al. On the use of transfer modeling to design new steels with excellent rotating bending fatigue resistance even in the case of very small calibration datasets[J]. Acta Materialia, 2022, 235: 118103.

[90] HE L, WANG Z, AKEBONO H, et al. Machine learning-based predictions of fatigue life and fatigue limit for steels[J]. Journal of Materials Science & Technology, 2021, 90: 9-19.

[91] WEI X L, ZHANG C, XU W, et al. High cycle fatigue *S-N* curve prediction of steels based on transfer learning guided long short term memory network[J]. International Journal of Fatigue, 2022, 163: 107050.

[92] 詹志新, 高同州, 刘传奇, 等. 基于数据驱动的增材制造铝合金的疲劳寿命预测[J]. 固体力学学报, 2023, 44(3): 381-394.

[93] 周书蔚, 杨冰, 王超, 等. 机器学习法预测不同应力比 6005A-T6 铝合金疲劳裂纹扩展速率[J]. 中国有色金属学报, 2023, 33(8): 2416-2427.

[94] ROVINELLI A, SANGID M D, PROUDHON H, et al. Using machine learning and a data-driven approach to identify the small fatigue crack driving force in polycrystalline materials[J]. Npj Computational Materials, 2018, 4(1): 35.

[95] BAO H, WU S, WU Z, et al. A machine-learning fatigue life prediction approach of additively manufactured metals[J]. Engineering Fracture Mechanics, 2021, 242: 107508.

[96] ZHAN Z, HU W, MENG Q. Data-driven fatigue life prediction in additive manufactured titanium alloy: A damage mechanics based machine learning framework[J]. Engineering Fracture Mechanics, 2021, 252: 107850.

[97] PINZ M, WEBER G, STINVILLE J C, et al. Data-driven Bayesian model-based prediction of fatigue crack nucleation in Ni-based superalloys[J]. Npj Computational Materials, 2022, 8(1): 39.

[98] 张国栋, 苏宝龙, 廖玮杰, 等. 机器学习在高温合金粉末盘构件疲劳寿命预测中的应用[J]. 铸造技术, 2022, 43(7): 519-524.

[99] WANG C, WEI X, REN D, et al. High-throughput map design of creep life in low-alloy steels by integrating machine learning with a genetic algorithm[J]. Materials & Design, 2022, 213: 110326.

[100] TAN Y, WANG X, KANG Z, et al. Creep lifetime prediction of 9%Cr martensitic heat-resistant steel based on ensemble learning method[J]. Journal of Materials Research and Technology, 2022, 21: 4745-4760.

[101] XIANG S, CHEN X, FAN Z, et al. A deep learning-aided prediction approach for creep rupture time of Fe-Cr-Ni heat-resistant alloys by integrating textual and visual features[J]. Journal of Materials Research and Technology, 2022, 18: 268-281.

[102] WANG J, FA Y, TIAN Y, et al. A machine-learning approach to predict creep properties of Cr-Mo steel with time-temperature parameters[J]. Journal of Materials Research and Technology, 2021, 13: 635-650.

[103] ZHOU C L, YUAN R, SU B, et al. Creep rupture life prediction of high-temperature titanium alloy using cross-material transfer learning[J]. Journal of Materials Science & Technology, 2024, 178: 39-47.

[104] YOO Y S, JO C Y, JONES C N, et al. Compositional prediction of creep rupture life of single crystal Ni base superalloy by Bayesian neural network[J]. Materials Science and Engineering: A, 2002, 336(1-2): 22-29.

[105] LIU Y, WU J, WANG Z, et al. Predicting creep rupture life of Ni-based single crystal superalloys using divide-and-conquer approach based machine learning[J]. Acta Materialia, 2020, 195: 454-467.

[106] YIN J, RAO Z, WU D, et al. Interpretable predicting creep rupture life of superalloys: Enhanced by domain-specific knowledge[J]. Advanced Science, 2024, 11(11): 2307982.

[107] ZHOU C L, YUAN R H, LIAO W J, et al. Creep rupture life predictions for Ni-based single crystal superalloys with automated machine learning[J]. Rare Metals, 2024, 43(6): 2884-2890.

[108] CHEN J Y, FENG Q, CAO L M, et al. Improvement of stress-rupture property by Cr addition in Ni-based single crystal superalloys[J]. Materials Science and Engineering: A, 2011, 528(10-11): 3791-3798.

[109] WU X, MAKINENI S K, LIEBSCHER C H, et al. Unveiling the Re effect in Ni-based single crystal superalloys[J]. Nature Communications, 2020, 11(1): 389.